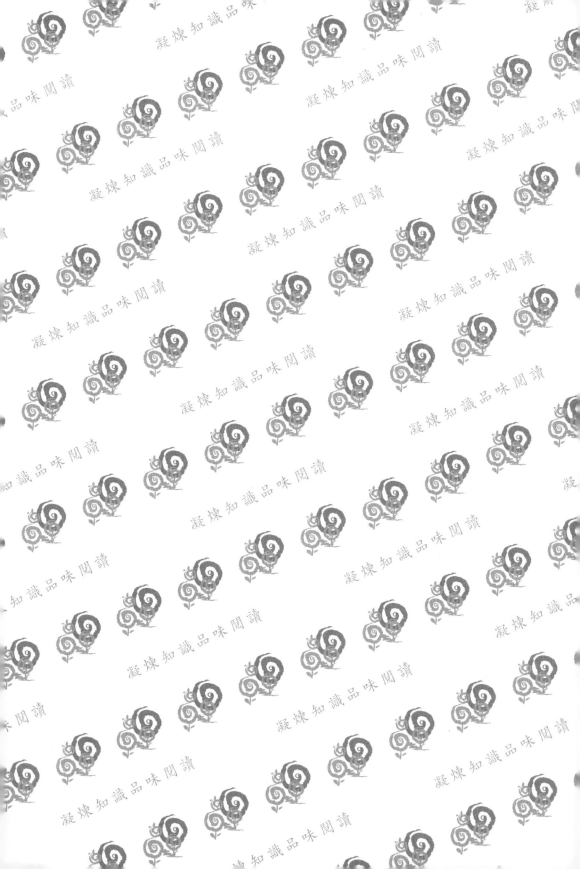

圖解

五南圖書出版公司 印行

財務管理

第三版

戴國良 博士 著

8888

圖解讓
財務管理
更簡單

閱讀文字

理解內容

觀看圖表

圖解系列

自序

　　財務管理是公司營運很重要的一項資源與功能。因為，企業資源中，除了「人才」資源外，就是「資金」資源最為重要。尤其，現在企業的營運規模愈來愈大，早已朝向大型化、規模化、國際化、全球化的方向發展，資金與財務資源就扮演了助燃劑的不可或缺角色。

　　而財務長（Chief Financial Officer, CFO）在公司組織中的重要性，也快凌駕其他同一位階的各部門高級主管，地位愈來愈關鍵。現在愈來愈多跨國大企業的CEO（執行長）都是從CFO（財務長）晉升上來的。

　　因此，財務管理的基本知識與常識，是商學院、管理學院同學們，必須認真學習的一門課程。

　　即使不是財管系、會計系、財金系、企管系或行銷系的同學們，將來出了學校到社會上工作，雖然不是在財會部門工作，但是身為企業的中高階幹部，也必須對財務數據的基本知識有初淺的認識及理解，因為唯有從財務數據中，才能發現問題、分析問題及解決問題。財務管理的意義就在這裡。尤其，身為企業界基層、中階與高階主管，更必須擁有財務管理知識，才可以勝任愉快，並且成為一位合格的高階領導主管。

　　筆者本人以往在企業界工作時，雖然沒有親身在財會部門工作過，但是在相關工作會議上，經常看到財務副總或財務長在會議上的工作報告，因此，還算了解企業財會工作的實務狀況。如今，配合財會理論而撰成本書，希望這是一本結合實務與理論且容易學習好的財務管理專業書籍。

　　本書與其他傳統翻譯的財務管理專業書籍，有非常大的不同，因為本書具有以下幾點特色：

一.本書是國內第一本圖解財管書籍

　　本書以「一單元一概念圖解」的表達方式，將複雜的財會觀念簡化為單純的意象與觀念，可讓人一目了然，快速吸收財管的必要入門知識。

二.本書內容與時代同步

　　本書各章節內容，除了傳統理論必要的東西之外，其他一律均與現代企業經營所面對的東西是一樣的。例如：企業的海外籌資、企業的銀行聯貸、企業的公司治理、企業的信用評等、企業的私募、企業現金減資、企業總市值、企業規模經濟效益、高CP值／高CV值、ESG永續經營……等，都是最新並與時代同步前進，是一本

生活在現代的企業各級主管人員所應學習的財務管理最新知識與常識。

三.本書架構完整周全

　　本書內容相信已涵蓋企業界財務部門人員，應該必須知道的基礎知識，而且也是日常工作中，經常會碰到的。架構完整與內容豐富周全，可說沒有遺漏，是本書的第三特色。

四.本書加入如何撰寫財務企劃案，更是獨具特色

　　在公司財會部門工作，對於重大的財務事項，當然要有所規劃、分析或做檢討報告與計畫報告。因此，如何培養具有撰寫一份好的財務企劃案之能力，也是一件重要的事。本書提供了數個撰寫財務企劃案的綱要項目，主要在訓練財務人員，必須具備完整性與邏輯性的撰寫能力與思考能力。因為，有正確的企劃案，才會使執行力的成功提升加分。

五.本書均採用簡易財務管理知識

　　有些國外財務管理書籍不免有些複雜的數據公式，令人感到畏懼；但依筆者個人過去在企業界工作多年的經驗顯示，財管其實沒有很艱深的財務工程數據的應用，都是普遍的觀念而已，因此本書也刪除不實用的複雜數據公式。

　　本書得以完成並順利出版，衷心感謝五南圖書、我的家人、我在大學任教的長官、同事及同學們，以及我的好朋友們，由於您們的鼓勵、指導與期待，才使我有動機，在漫漫撰寫過程中，努力完成任務。謹以筆者個人喜歡的幾句座右銘，贈送給各位朋友與讀者們：

　　1.成功的人生方程式：觀念（想法）×能力×熱誠。

　　2.胸懷千萬里，心絲細如縷。

　　3.度過逆境，就會柳暗花明。

　　4.從來不敢把「學習」這二個字放下。終身學習必須有目標、有計畫與有紀律地去學習。

　　5.命運可以被安排，但人生卻要自己左右。

　　6.有慈悲，就無敵人；有智慧，就無煩惱。

　　最後，再次深深祝福各位，都有一個美麗、驚奇、進步與滿足的人生旅程，在你們生命中的每一分鐘。

戴國良

mail：taikuo@mail.shu.edu.tw

本書目錄

本書目錄

第 **6** 章　保留盈餘、公積提存、準備提存

第 **7** 章　金融市場與銀行聯貸

第 **8** 章　證券市場與上市申請

本書目錄

第 12 章　投資報酬率計算方法

本書目錄

第 **16** 章　**其他議題**

第 ① 章
財務長角色與財務管理之發揮

●●●●●●●●●●●●●●●●●●●●●●●● 章節體系架構 ▼

Unit 1-1
財務長的角色

在上市櫃公司的法人說明會時，我們會看到該公司的財務長（Chief Financial Officer, CFO）向大小股東們解釋該公司的財務狀況如何？可見得財務長是掌管企業財務的核心人物。

但除我們所了解的財務長應對公司成本節省、現金流動性有所關注外，其實隨著全球歷經金融海嘯的衝擊後，財務長的角色已擴大對企業風險管理的關注。財務長的角色可說是從未如此的重要及被廣泛的定義。

一.財務長已成為企業首席核心人員

根據IBM 2010年9月所做的全球CFO職能大調查中，IBM業務諮詢服務部專訪了三十五個國家、四百五十名CFO。

這些CFO代表了全球平均營業額達84億美元的企業，行業別涵蓋金融服務業（23%）、通訊業（14%）、流通業（包括零售業，24%）、工業（28%）及公共事業（11%）。

IBM提出CFO已逐漸轉變為首席核心人員（Chief Focus Officer）的觀點，認為CFO應肩負的責任，已超越了僅局限於內部的財務工作（傳統的傳票、作帳、監督帳務等），他們認為CFO應該「幫助」並「驅動」整個組織發展，以提升組織核心競爭力。同時成為CEO（Chief Executive Officer，執行長）企業戰略合作的夥伴。IBM的研究更指出，如何將CFO處理交易性活動所耗費的工作時間降到最低，並且大幅提高決策支持及績效管理活動，對企業來說，是刻不容緩的事。

二.CFO應深入了解企業本身及外部產業，才能做決策

CFO如果要變成為CEO（執行長或總經理）的戰略合作夥伴，第一要件就是必須對企業及產業有充分的了解，否則你如何運用專業及你對企業內部資源運用的Know How，來挑戰或檢視前臺的決策？CFO站到前臺輔佐CEO（執行長），倘若對產業、公司業務或產品不夠了解，將難以服眾。

三.CFO可以做更多有價值的工作

首席核心人員除了可以對企業提出投資、績效管理、策略擬定之建言外，更應該對企業內部的人力資源分配提出建議。「因為CFO最了解部門賺錢或不賺錢的主要原因」，CFO其實也可以擔任企業內部薪資或獎金分配的分析師。

除此之外，首席核心人員也應該善用現有的投資，將商業引導的流程結合技術，並擴展到整個價值網路，與資訊主管建立牢密的夥伴關係，發揮技術的最大作用，為企業注入新的DNA，使企業的核心價值升級。

財務長角色的變化

傳統CFO

- ・傳票
- ・作帳
- ・出報表
- ・銀行借款

現代CFO

- ・提升組織核心競爭力
- ・協助執行長做好附加價值活動
- ・提高企業總市值
- ・更了解所處產業與市場狀況，才能有對策
- ・提高財務戰略的視野及眼光

未來CEO最佳儲備人選

- ・CEO人選大都是從COO（營運長）及CFO（財務長）中選任。

Unit 1-2
財務長職責任務與原則

一個稱職的財務長，至少要擔負起二十項職責任務並依循四大原則，才能協助自己與企業推向更領先的市場潮流。

一.財務長的二十大項職責任務

財務長是公司重要的部門主管，他所擔負的職責功能，包括以下二十個重點任務：1.各種資金的籌措及運用；2.配合策略，研討公司中長期經營計畫；3.最適資本結構與政策的研訂；4.集團財務資源面對支援配合與綜效運用；5.投資人關係建立與維繫；6.財務風險控管；7.稅務戰略研訂；8.會計帳務與財務報表編製之督導；9.公司治理的規劃與推動執行；10.全球化日常營運資金之管理；11.內控與內稽作業的督導；12.業績狀況的評估分析及掌握了解；13.中長期大額資本支出預算之研討；14.年度預算管理制度與各事業利潤中心的落實推動；15.董事會及股東大會召開規劃研訂與推動；16.海外各子公司財務、會計及稽核之督導與管控作業；17.公司股價及公司價值維繫與提高的對策研擬及執行；18.重大轉投資計畫之評估、分析與建議；19.公司各項經營分析與績效指標（KPI, Key Performance Indicator）之建立及執行管控，以及20.其他重大財務專案之規劃與推動。

二.財務長應依循的四大原則

《麥肯錫季刊》一篇名為〈財務長回歸基本面〉的文章就提出，隨著投資人開始關注企業基本面與會計制度的可信程度，財務長監督策略規劃與績效的傳統角色就更顯重要，儼然是企業策略規劃與績效管理的守護者和領導者。所以文中建議財務長（CFO）必須要依循以下四大原則，協助自己和公司掌握最新狀況：

(一)了解公司創造價值的方式：很多主管不了解利潤與現金流量對企業價值的影響，而且資本成本的概念也並未落實，所以策略規劃若是與價值創造互相違背，那麼公司的價值就無法提升。要強調的是，很多財務主管只知道結帳、分析報表，但是卻不了解營運單位是否真的在進行與創造價值相關的活動。了解公司創造價值的方式在概念上似乎不難，難的是如何有系統的去了解。

(二)整合財務與營運的績效衡量指標：大部分的規劃與績效衡量系統僅依賴短期的財務衡量指標，同時也將焦點放在過去的資料上，並未將未來可能影響企業價值的衡量指標放入而導致偏離，所以一套好的績效衡量系統應同時整合財務與營運的指標，企業經營才會有方向。

(三)保持財務衡量系統的一致與透明：一致性無庸置疑是必須遵守的準則，而透明要強調的是對內、對外的透明，以確保評量的可靠性與可比較性。

(四)注意溝通：策略規劃與績效管理的成效取決於是否能有效的與營運單位主管達成共識，所以溝通是唯一可行的路，才能達成建立準確的衡量指標與有效可行的策略目標。

CFO應循4大原則

財務長應依循的原則

1. 了解公司創造價值的方式

2. 整合財務與營運的績效衡量指標

3. 保持財務衡量系統的一致與透明

4. 注重溝通

財務長主要8大職責任務

CFO要做什麼？

1. 低成本資金來源的籌措

2. 配合公司經營策略，策定好財務策略

3. 財務風險的控管

4. 做好投資人關係管理（IRM）

5. 預算制度的落實、檢討及達成目標

6. 做好對轉投資子公司的監理

7. 落實公司治理

8. 提升企業總市值

Unit **1-3**
財務管理之功能

財務管理為企業的資金管理，一般而論，不外資金募集及資金運用等相關問題，以下我們將分別說明之。

一.募集資金

任何企業創立時，首先須考慮其所需資金，及運用何種方式募集資金（Raising Funds）。資金可由私人間募集，亦可向外面的資本市場發起。但資本市場競爭甚烈，財務部門必須審度情勢，詳加計畫，提供適當條件，俾可獲取所需。

二.資金運用

資金運用（Investing Funds）必須兼顧其流動性及獲利力（Profitability）為能及時支付，必須多保留現金，此為流動性之最佳選擇。但是現金為非營利資產，且有貶值之虞，獲利力等於零。至於投資營利資產，雖可增加企業之獲利力，但不論營利資產之型態為何，變現性一定沒有現金強，一旦有急需時，便發生周轉不靈。故財務部門必須在流動性及獲利力的比重上，加以適當判斷。

三.流動資金管理

流動資金是指產銷過程所需資金，由於其流動周轉，產生毛利，也是企業每日必須面臨的問題，故流動資金管理（Working Capital Management）是否得宜，乃是非常重要的事。

四.財務計畫與控制

企業無論是創新或擴充、更新設備等，皆須投入一筆可觀的資金。如此龐大的資金調度，財務部門必須做長期而妥善的計畫，此亦為財務部門最重要的職能。財務計畫一旦施行後，即須加以追蹤考核，以確定其是否按軌進行，若有錯誤應立即補救。在控制方面通常是採用報表制度（Report System）將實際發生的數字與預算的數字隨時比較，此即為財務計畫與控制（Financial Planning and Control）。

五.應付特定問題

應付特定問題（Meeting Special Problem）常是財務部門的天職，例如：企業合併或公司解散的評價問題，這些都需要財務人員進一步研究，方能解決。

六.做好投資人關係管理

投資人關係管理（Investor Relations Management, IRM），已日益成為上市櫃公司及公開發行公司的重要工作。這些投資人對象包括法人投資機構、自然人投資及媒體關係等。透過認真的IRM，希望獲取投資大眾的青睞。

財務管理6大基本功能

財務管理具有哪些功能？

1. 募集資金→如何找到足夠的錢，以及找到更便宜的錢。

2. 資金運用→如何更有效、正確的花錢。

3. 流動資金管理→每日營運流通的資金，是否管理得當。

4. 財務規劃與控制→如何妥善規劃並控制企業創新或擴充、更新設備的資金。

5. 應付特定與突發的財務問題→企業合併或解散如何評價。

6. 做好投資人關係管理工作→獲取投資大眾的青睞。

財務管理5大效能

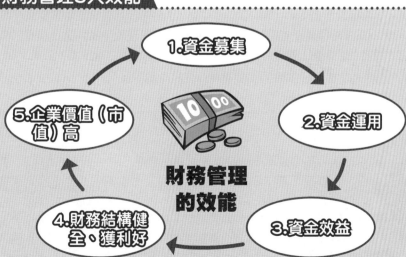

1. 資金募集

2. 資金運用

3. 資金效益

4. 財務結構健全、獲利好

5. 企業價值（市值）高

財務管理的效能

Unit **1-4**
財務部各處工作職掌實例

為使讀者了解公司財務部的工作，茲以大型媒體服務公司為例，說明該公司財務部三處主要工作。當然多少會因行業別及公司別而有所不同，但大致上是大同小異。

一.會計處

本單元以大型媒體服務業公司為例，該公司之會計處負責以下工作職務：1.公司結帳作業；2.營業稅、營所稅等各類稅務彙整及申報；3.數位加值頻道帳務之處理；4.編製英文版之財務報表；5.每月十五日匯總本公司及其各事業部上月之資產負債表及損益表；6.本公司預算之匯總及修正；7.提供各單位及券商專案評估所需之財務資料及財務報表；8.例行性財務報告申報主管機關；9.例行性會計資料進行公開資訊網站上傳之資料提供；10.配合會計師季報財報之出具，相關報表資料之提供，以及11.各類帳款零用金之整理及傳票之出具。

二.財務處

該公司之財務處負責以下工作職務：1.資金調度及例行性銀行往來業務；2.辦理專用器材設備等進口投資抵減；3.每月與會計核對相關帳務及編製銀行調節表；4.國內外信用狀、辦理報關、銀行背書等相關事宜，以及5.職工福利委員會相關事宜。

三.財務規劃處

該公司之財務規劃處負責以下工作職務：1.專案上市櫃之規劃與執行；2.專案合併評估分析；3.專案聯貸案評估與執行；4.國內資本市場資金方案規劃與執行；5.國內投資專案分析事前規劃；6.公開資訊網站重大訊息及非例行資料網站上傳申報；7.籌劃董事會相關事宜；8.中華信評後續作業；9.每季評估各事業體預算執行狀況及經營分析；10.國外專案資金募集與執行；11.國外投資專案評估；12.公開資訊網站每月背書保證及月營業額上傳申報；13.轉投資公司各事業體之營運績效分析；14.企業中長期財務策略規劃，以及15.企業價值提升規劃。

小博士解說

中華信評

中華信用評等公司（中華信評）成立至今已有二十年（1997～）歷史，為臺灣金融市場資訊的主要提供者。中華信評並透過與標準普爾信用評級（Standard & Poor's Ratings Services）的關係，向全球市場傳送品質最佳的金融訊息與分析報告。該公司一直秉持提供客觀獨立之資訊、批判性思考、觀點主張、新聞與數據資料為主要任務，研究分析的層面相當廣泛，包括本地企業與市場，以及其所關聯的國際企業與市場等。

財務部各處工作職掌實例

大型媒體公司的財務部

會計處
1. 結帳作業
2. 稅務處理
3. 損益表、資產負債表、現金流量表之編製
4. 公開資訊站上傳資料
5. 配合會計師作業

財務處
1. 銀行往來與資金調度
2. 辦理投資抵減
3. 信用狀處理事宜
4. 零用金作業

財務規劃處
1. 銀行聯貸事宜
2. 併購事宜
3. 預算規劃與檢討
4. 信用評等
5. 董監事會召開
6. 轉投資評估及監理
7. IRM執行
8. 中長期財務戰略規劃
9. 維護及提升企業價值

第 **2** 章
認識三大財務報表與分析

● 章節體系架構 ▼

Unit **2-1**
認識資產負債表

　　企業實務上有四大報表，包括資產負債表、損益表、現金流量表及股東權益變動表等四種，本單元先介紹資產負債表。

　　資產負債表（Balance Sheet）又稱為財務狀況表（Statement of Financial Position），係將企業某一特定時日之資產、負債及股東權益帳戶匯總集中，以顯示企業當日財務狀況之報表。因其所報導者僅為某一特定時日各帳戶之狀況，為靜態性之表達，故屬靜態報表。而資產總額必相等於負債總額加股東權益總額。

一.標題說明

　　資產負債表標題說明應包括公司正式名稱、報表名稱與編製日期。因為資產負債表在於顯示某一特定日，如民國105年12月31日，不可寫成如1月1日至12月31日或民國105年度等。

二.資產

　　資產（Assets）係指企業所能以貨幣單位且具未來使用效益者，包括現金、銀行存款、應收帳款、存貨、設備、建築物等。此外，尚包括具經濟效益卻沒有實質形體的無形資產，如專利權、著作權、商譽、品牌價值等。另外，資產可以分為三種，包括流動資產、固定資產及無形資產。

三.負債

　　負債（Liabilities）係指企業以前因交易行為所負擔的債務，能以貨幣衡量，且將來必須以勞務或經濟資源償還者，如應付票據、應付帳款等。另外，負債可以區分為短期負債及長期負債兩種。

四.股東權益

　　股東權益（Equity）係指投資者對企業所擁有之權益，包括股本及保留盈餘兩種。股東權益的計算公式如下：

$$Assets \ = \ Liabilities \ + \ Equity$$
$$（資產） \qquad （負債） \qquad （股東權益）$$

　　股東權益係屬於一種剩餘權益，等於資產減負債之差額，有時也稱為「淨值剩下多少」。

資產負債表實例

××公司
資產負債表
民國○○年12月31日

(一)流動資產
　現金
　銀行存款
　有價證券
　應收帳款
　減：備抵壞帳
　預付水電費
　流動資產合計
(二)固定資產
　土地
　建築物
　減：累計折舊
　運輸設備
　減：累計折舊
　固定資產合計
(三)無形資產

(一)流動負債
　應付利息
　應付材料款
　預收租金
　流動負債合計
(二)長期負債
　抵押借款
　負債總額
(三)股東權益
　股本
　保留盈餘
　股東權益總計

資產總計	＝	負債及股東權益總計

資產總計	＝	負債總計	＋	股東權益總計

資產	負債
	股東權益
資產總額	負債＋股東權益

統一超商簡明資產負債表

年度 ＼ 項目	○○年度
流動資產	17,414,985
基金及投資	21,280,468
固定資產	7,619,825
無形資產	282,820
其他資產	2,252,397
資產總額	48,850,495
流動負債　分配前	20,236,262
流動負債　分配後	尚未分配
長期負債	7,100,000
其他負債	10,396,222
負債總額　分配前	29,929,643
股本	10,396,222
資本公積	5,082
保留盈餘　分配前	7,820,448
未實現重估增值	52,646
金融商品未實現損益	595,033
累積換算調整數	58,081
未認列為退休金成本之淨損失	−4,660
股東權益總額　分配前	18,922,852

Unit **2-2**
資產負債表三要素

　　財務報表使用人可藉由分析資產負債表的三要素，評估企業的財務狀況及經營績效，以作為決策之參考依據。

一.評估企業的流動性

　　流動性是資產轉換成現金或負債到期清償所需的時間。資產能愈快轉換成現金者，其流動性愈大，如應收帳款、存貨及短期持有之金融資產等。負債到期日愈短者，其流動性也愈大。

　　因此，資產負債表通常會將資產分為流動資產及非流動資產，負債也分為流動負債及非流動負債。

　　短期流動性不佳的企業，資金周轉不靈造成破產的可能性愈高，故藉著資產負債表所提供的會計資訊，分析企業的流動性，乃是評估企業是否有能力繼續經營的重要參考資訊。

二.分析企業的資本結構

　　企業的資源來自債權人及業主。債權人對企業的資產擁有優先受償的權利，業主則享有剩餘權利。因此，負債與業主權益相對比重的大小，影響到債權人及業主的相對風險。負債比重愈大，債權人所冒的風險愈高，資產負債表可提供該等資訊給財務報表使用人。

三.評估企業的經營績效

　　企業經營績效之好壞，影響企業永續經營之能力，常用來衡量經營績效之指標為投資報酬率，包括資產投資報酬率（Return on Assets, ROA）及業主權益投資報酬率（Return on Equity, ROE），因此資產負債表提供了衡量經營績效的基礎。

小博士解說

何時使用ROE？

ROE即是股東權益報酬率之意，其計算公式為「（稅後淨利÷加權平均股東權益）×100」，通常用來比較同一產業公司間獲利能力及公司經營階層運用股東權益為股東創造利潤能力的強弱，但因沒有考慮到公司運用財務槓桿的程度，在使用上，應以總資產報酬率（ROA）作輔助，如金融、證券及公用事業等，必須運用大量財務槓桿的行業應特別注意。

資產負債表的3大功用

1.可評估企業流動性夠不夠

- 企業短期流動性不佳，可能會造成資金周轉不靈。

- 流動性愈強，代表企業經營力強。

2.可分析企業的資本結構好不好

- 透過負債比例及自我資金比例，可看出企業資本結構穩不穩與好不好，以及資金調度、財務槓桿操作。

3.可評估企業的經營績效

- 可透過ROA、ROE、ROI來評估企業運用既有資產及資金調度、股東權益的效益好不好。

Balance Sheet

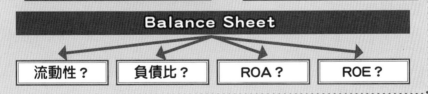

| 流動性？ | 負債比？ | ROA？ | ROE？ |

015

知識補充站

何時使用ROA？

ROA即是資產投資報酬率之意，其計算公式為［稅後淨利＋利息費用×（1－稅率）］÷平均資產總額×100，常用來比較同一產業公司間獲利能力及公司經營階層運用總資產為股東創造利潤能力的強弱，但公司運用財務槓桿的程度高低，對經營風險有一定的影響，因此使用上，應以股東權益投資報酬率（ROE）作輔助，如金融、證券及公用事業等，必須運用大量財務槓桿的行業，ROA會相對較低。

Unit 2-3
認識損益表

損益表（Income Statement）係將企業某一段會計期間的經營成果，亦即一切收入與費用的集中表現，用以表達這段期間的盈虧情形。當收入額大於費用時，所發生的盈餘稱為純益或淨利；反之，則稱為純損或淨損。

合夥經營和有限公司的損益表中會在計算公司淨盈利後加入分配帳（Appropriation Account），以顯示公司如何分發盈利。值得一提的是，損益表乃是以應計基礎入帳（Accrual Basis），甚少機構（如非營利機構）會以現金基礎（Cash Basis）入帳。

為使讀者對損益表有概括性的了解，茲將其組成要素說明如下，以供參考。

一.標題說明

損益表標題應列示企業正式名稱、報表名稱與該表所記錄的會計期間。因為損益表是表達某一會計期間的營運成果，所以報表上應列示該表所包含的日期，如民國○○年1月1日至12月31日或民國○○年1月1日至1月31日，而不是12月31日特定時日。

二.營業收入

收入係指企業因出售商品或提供勞務或其他因營運所發生的一切收入。各行各業的收入內容並不相同，但按其是否為該企業的主要營業行為所產生之收入，可分為營業收入及營業外收入。此外，收入的抵銷項目（銷貨退回、銷貨折扣等）不可視為費用，應列為銷貨收入的減項。

三.營業費用

營業費用係指企業為獲取收入所耗用的各種管銷費用，亦可區分為營業費用與營業外費用。

四.營業成本

營業成本係指企業為製造產品或服務所投入的成本，包括原物料成本、人力成本及其他製造成本等。

圖解財務管理

小博士解說

什麼是分配帳？

分配帳主要顯示該公司如何分發盈利，而且只在合夥經營和有限公司的帳目上出現。分配帳會在公司完成計算淨利後才出現。合夥經營的分配帳中會先加提款利息，然後扣減合夥人的薪金和資本的利息。有限公司則是扣減稅款、股息、今年提撥到儲備的盈餘等。

損益表實例

民國○○年1月1日至12月31日

	項目
①	營業收入總額
	減：銷貨退回及折讓
②	營業收入淨額
③	營業成本
④＝②－③	營業毛利
⑤	營業費用
	推銷費用
	管理費用
	研究發展支出
⑥＝④－⑤	營業淨利
⑦	營業外收入
	利息收入
	投資收益
	處分固定資產利益
	處分投資利益
	兌換利益
	其他收入
	小計
⑧	營業外支出
	利息支出
	投資損失
	處分固定資產損失
	兌換損失
	存貨跌價及呆滯損失
	其他損失
	小計
⑨＝⑥＋⑦－⑧	稅前純益（稅前淨利）
⑩	預計所得稅
⑪＝⑨－⑩	稅後純益
⑫	每股盈餘（元）(EPS)

台積電公司損益表

項目	民國○○年
銷貨收入總額	431,630,858
銷貨退回及折讓	12,092,947
銷貨收入淨額	419,537,911
銷貨成本	212,484,320
銷貨毛利	207,053,591
營業費用	47,878,256
營業利益	159,175,335
營業外收入及利益	13,136,072
營業外費用及損失	2,041,012
稅前利益	170,270,395
所得稅費用	7,988,465
本年度合併總淨利	162,281,930
本年度淨利——母公司股東	161,605,009

統一超商簡明損益表

※單位：千元

項目　　年度	○○年	○○年
營業收入	$102,191,255	$101,756,386
營業毛利	32,734,911	32,965,767
營業損益	4,606,924	4,893,463
營業外收入及利益	1,049,789	1,363,859
營業外費用及損失	1,274,969	1,613,582
繼續營業部門稅前損益	4,381,744	4,643,740
繼續營業部門稅後損益	3,519,681	4,059,124
會計原則變動之累積影響數	－	－
本期損益	3,519,681	4,059,124
每股盈餘（元）	3.39	3.90

Unit 2-4
損益表分析能力

企業管理者必須對企業的營運狀況有所了解，除財會本行的其他專業部門的高階主管，最好養成讀懂財務報表的能力。這樣才能了解企業營運是處在何種階段，要如何改善並採取何種經營策略，才有助於企業未來的發展。

尤其是損益表，可以清楚表達企業每階段的獲利或虧損，其中收入部分能讓企業管理者了解哪些產品或市場可再開源，而哪些成本及費用可控制或減少。

總括來說，數字會說話，每一個數據背後都有它的意涵，管理者不能輕忽。

一.損益表的構成要項

基本上，損益表主要構成要項就是營業收入（各事業總部收入或各產品線收入）扣除營業成本（製造成本或服務業進貨成本），即為營業毛利（一般在25%~40%之間）。

營業毛利再扣除營業管銷費用（一般在5%~15%之間，視不同行業而定），即為營業淨利。

營業淨利再加減營業外收入與支出後，就稱為稅前淨利（一般在5%~15%之間）。稅前淨利再扣除所得稅（17%），即為一般熟知的稅後淨利（一般在3%~10%之間）。稅後淨利除以在外流通股數，即為每股盈餘（EPS）。

每股盈餘乘以十至三十倍即為股價。

股價乘以流通總股數，即為公司總市值（Market Value）。

二.損益表各項分析

從損益表中，可以追蹤出很多「問題及解決方案」的作法，必須逐項剖析探索，每一項都要深入追根究柢，直到追出問題及解決的確切答案。例如：

1.我們的營業成本為何比競爭對手高？高在哪裡？高多少比例？為什麼？改善作法如何？

2.營業費用為何比別人高？高在哪些項目？如何降低？

3.營業收入為何比別人成長慢？問題出在哪裡？是在產品或通路？廣告或SP促銷活動？還是服務或技術力？

4.為什麼我們公司的股價比同業低很多？如何解決？

5.為什麼我們的ROE（股東權益投資報酬率）不能達到國際水準？

6.為什麼我們的利息支出水準與比率，比同業還高？

綜上所述，我們可以得知損益表內的每個科目其實都有其意涵，分別代表並記錄這家企業經營過程中所有發生的交易行為，讓管理者有跡可尋，可說是管理者非懂不可的財務報表之一。

損益表構成要項

1. 營業收入（各事業總部收入或各產品線收入）

－ 2. 營業成本（製造成本或服務業進貨成本）

3. 營業毛利（Gross Profit）（一般在25%~40%之間）

－ 4. 營業費用（管銷費用）
（一般在5%~15%之間，視不同行業而定）

5. 營業淨利

± 6. 營業外收入及支出

7. 稅前淨利（一般在5%~15%之間）

－ 8. 所得稅（17%）

9. 稅後淨利（Net Profit）（一般在3%~10%之間）
10. 每股盈餘（EPS＝稅後淨利÷在外流通總股數）
11. 股價（EPS×10～30倍＝股價）
12. 股價×流通總股數＝公司總市值（Market Value）

從損益表看出6大問題

1. 營業收入夠不夠？與對手相比如何？如何提高？對策為何？
2. 營業成本是否比競爭對手高或低？為何高？原因在哪裡？
3. 營業毛利率與對手相比如何？是否偏低？能否再提高些？
4. 營業費用率與對手相比如何？是否偏高？Why？如何降低？
5. 營業損益與對手相比如何？獲利是否偏低？Why？如何提升？
6. 每股盈餘（EPS）與對手相比如何？EPS是否偏低？Why？如何提升？

損益表最佳6指標

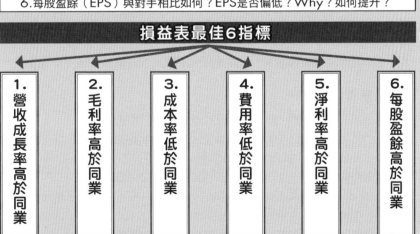

| 1. 營收成長率高於同業 | 2. 毛利率高於同業 | 3. 成本率低於同業 | 4. 費用率低於同業 | 5. 淨利率高於同業 | 6. 每股盈餘高於同業 |

Unit 2-5
認識現金流量表

所謂現金流量表（Cash Flow Statement），係以現金流入與流出為基礎，用以說明企業在一特定期間內之營業活動、投資活動及理財活動之現金流動結果的會計報表。

企業之現金流動，不外由於營業、投資與理財活動所引起。無論負債之清償、現金股利之分配及再投資的擴充營業，端賴有充裕及配合時間的現金流量。有些公司的資產大於負債，且在營業週期皆有獲利，但因為現金控管失當，現金流量評估失誤，造成資金缺口，甚至引發周轉不靈，造成企業營運困難。因此，現金流量表對企業而言是相當重要的。

現金流量表之內容，包括企業在一定期間所有現金的收入與支出。這些現金收入與支出按其發生的原因可分為三類：營業活動、投資活動、理財活動。

例如：某公司某個月分內，銷售1,000萬元，但其應收票據的票期都是四個月後（120天）才到期兌現。但是如果應付帳款是一個月後要付清的話，那麼就會出現這兩者間，有三個月現金需求的落差，值得公司注意調度觀念。

為使讀者更加認識現金流量表的功能，以下我們將分別摘要說明之。

一.營業活動

營業活動係泛指投資及理財活動外之交易及其他事項，例如：產銷商品或提供勞務等營業活動之現金流量表所產生的現金流入與流出。

二.投資活動

投資活動係指包括進行與回收貨款，取得處分非營業活動所產生之債權憑證、權益證券、固定資產、天然資源、無形資產及其他投資。

三.理財活動

理財活動係包括業主投資及分配給業主，與融資性質債務之舉借及償還等。

四.現金流量表的目的

現金流量表的編製目的，主要是希望能從中獲得以下資訊：

1.表現企業當期的實際現金流量，並預估未來的淨現金。

2.評估企業償債能力與支付股利的能力。

3.可看出企業各期間投資於廠房設備及其他非流動資產的數額。

4.需要多少對外的融資準備安排，例如：半年後，要投資建廠，需求10億資金，那麼財務部就要準備這些大量資金的需求。

5.評估企業在現金基礎下，現金與非現金的投資、理財活動。

圖解財務管理

現金流量表3大內容

營業活動的現金流量	投資活動的現金流量	融資活動的現金流量
1.折舊費用及各項攤提 2.處分因非交易目的而持有之短期投資利益 3.短期投資跌價損失提列（回轉）數 4.依權益法認列投資利益 5.備抵呆帳提列數 6.處分固定資產損（益）淨額 7.備抵存貨跌價及呆滯損失提列數 8.應收票據增加 9.應收帳款增加 10.存貨增加 11.預付款項增加 12.其他流動資產增加 13.應付票據增加（減少） 14.應付帳款增加 15.應付費用增加 16.應付所得稅增加 17.其他流動負債增加（減少）	1.因非交易目的而持有之短期投資增加 2.出售因非交易目的而持有之短期投資款 3.受限制資產（增加）減少 4.購買長期投資價款 5.購置固定資產價款 6.處分固定資產價款 7.其他資產增加	1.短期借款增加（減少） 2.應付短期票券增加 3.長期負債減少 4.發放董事酬勞及員工紅利 5.現金增資溢價發行 6.長期應付票據減少

註：上表是較為明細的項目，實務上，企業在編製此表時，通常會加以簡化項目，以大項目表示即可。

現金流量表一如心臟

知識補充站

- 現金流量表最主要的目的，是在估算及控管公司每月、每週及每日的現金流出、現金流入與淨現金餘額等最新的變動數字，以了解公司現在有多少現金可動用或是不足多少。
- 當預估不足時，就要緊急安排流入新資金的來源，包括信用貸款、營運周轉金貸款、中長期貸款、海外公司債或股東往來等方式籌措。
- 而對於現金流出與流入的來源，主要也有三種：一是透過「日常營運活動」而來的現金流入、流出，包括銷售收入及各種支出等；二是「投資活動」的現金流入與流出，是指重大的設備投資或新事業轉投資等；三是指「財務面」的流出與流入，例如：還銀行貸款、別公司還回來的錢或轉投資的紅利分配等。
- 總結而言，現金流量表就像一個人的心臟，每天輸送著人體的血液，如有不足則會休克。

Unit 2-6
財務報表彙整摘要

前面介紹了認識資產負債表、損益表及現金流量表等三種財務報表的重要功能，為使讀者能更有通盤的了解，茲將這三種公司最常用，也是最重要的財務報表，摘述如下並簡要說明，俾使讀者能一窺其差異性並予以運用。

一.企業最常用的報表

企業實務上最常用、最重要的三大報表，茲簡要說明如下：

(一)資產負債表：該表主要在了解一個公司的資產、負債及股東權益三大項目的結構、內涵，以看出財務結構的健全性與否，以及財務彈性能力高與否。

(二)損益表：該表主要在了解一個公司在某一個月、某一季、某一年，或連續幾年的營運效益好不好，包括營收、毛利、成本、費用、稅前淨利、EPS等是否有所成長、績效良好。

(三)現金流量表：該表主要在了解一個公司在某段時間內的現金流入與流出，二者之間是否平衡或有多餘現金或是不足，而所有的因應對策。

二.財務報表的形成

上述三種財務報表的形成，自然有其軌跡與循環，也就是一般所說的會計作業流程，即先有會計事項的發生，再來要有該會計事項相關的會計憑證，然後財務人員即依該憑證切傳票分錄、過帳、試算、調整、結帳，最後要編製報表，即資產負債表、損益表、股東權益變動表，以及現金流量表。

三.什麼是四大財務報表

一般來說，會計循環的最後作業是編製財務報表，上述提到有四種，現將其差異性整理如下，以供參考：

(一)資產負債表：該表主要在表達一企業在某特定日期的財務狀況，因此為一靜態報表。

(二)損益表：該表主要在表達一企業在特定期間的經營結果，其所表示者為某一段時間，因此為一動態報表。

(三)現金流量表：該表主要在表達一企業在特定期間現金流入與流出情形，為一動態報表。

(四)股東權益變動表：該表主要在表達一企業在特定期間股東權益之變動情形，為一動態報表。

綜上所述，我們可歸納出財務報表的功能，乃是在評估企業過去的經營績效、衡量企業目前的財務狀況，以及預測企業未來之發展趨勢。

財務報表的形成

會計事項	→ 會計憑證	→ 傳票分錄	→ 過帳	→ 試算	→ 調整	→ 結帳	→ 編表	➡

➡
- 資產負債表
- 損益表
- 股東權益變動表
- 現金流量表

企業最重要的4大財務報表

1.資產負債表	2.損益表	3.現金流量表	4.股東權益變動表
表達一企業在某特定日期的財務狀況，為靜態報表。	表達一企業在特定期間的經營結果，其所表示者為某一段時間，為動態報表。	表達一企業在特定期間現金流入與流出情形，為動態報表。	表達一企業在特定期間股東權益之變動情形，為動態報表。

財務報表3功能

這些財務報表有什麼功能

1. 評估企業過去的經營績效

2. 衡量企業目前的財務狀況

3. 預測企業未來之發展趨勢

Unit **2-7**
何謂財報分析及內容

　　什麼是財報分析？就是從財務報表的資料中，尋求有用的資訊，以評估企業管理當局的績效，預測未來的財務狀況及營業結果，從而幫助投資或授信之決策。而分析的方式及內容，茲歸納整理如下，期使讀者先有初步的概念。

一.靜態分析

　　所謂靜態分析係指同期財務報表各項目間關係之比較與分析，又稱縱的分析。常見的方法為比率分析，是就財務報表中相關的項目予以比較分析，計算兩個項目間之比率，以顯示各種經營狀況。

二.動態分析

　　所謂動態分析係指連續多年或多期間財務報表間相同項目變化之比較與分析，又稱橫的分析。常見的方法為增減比較分析及趨勢分析。

三.財報分析內容及公式

　　(一)**財務結構**：1.負債占資產比率＝負債總額／資產總額，以及2.長期資金占固定資產比率＝（股東權益淨額＋長期負債）／固定資產淨額。

　　(二)**償債能力**：1.流動比率＝流動資產／流動負債；2.速動比率＝（流動資產－存貨－預付費用）／流動負債，以及3.利息保障倍數＝所得稅及利息費用前純益／本期利息支出。

　　(三)**經營能力**：1.應收款項（包括應收帳款與因營業而產生之應收票據）周轉率＝銷貨淨額／各期平均應收款項（包括應收帳款與因營業而產生之應收票據）餘額；2.平均收現日數＝365／應收款項周轉率；3.存貨周轉率＝銷貨成本／平均存貨額；4.應付款項（包括應付帳款與因營業而產生之應付票據）周轉率＝銷貨成本／各期平均應付款項（包括應付帳款與因營業而產生之應付票據）餘額；5.平均銷貨日數＝365／存貨周轉率；6.固定資產周轉率＝銷貨淨額／固定資產淨額，以及7.總資產周轉率＝銷貨淨額／資產總額。

　　(四)**獲利能力**：1.資產報酬率＝〔稅後損益＋利息費用×（1－稅率）〕／平均資產總額；2.股東權益報酬率＝稅後損益／平均股東權益淨額；3.純益率＝稅後損益／銷貨淨額，以及4.每股盈餘＝（稅後淨利－特別股股利）／加權平均已發行股數。

　　(五)**現金流量**：1.現金流量比率＝營業活動淨現金流量／流動負債；2.淨現金流量允當比率＝最近五年度營業活動淨現金流量／最近五年度（資本支出＋存貨增加額＋現金股利），以及3.現金再投資比率＝（營業活動淨現金流量－現金股利）／（固定資產毛額＋長期投資＋其他資產＋營運資金）。

　　(六)**槓桿度**：1.營運槓桿度＝（營業收入淨額－變動營業成本及費用）／營業利益，以及2.財務槓桿度＝營業利益／（營業利益－利息費用）。

財報分析6大類

如何精準分析財務報表？

1. 財務結構分析
2. 經營能力分析
3. 獲利能力分析
4. 現金流量分析
5. 槓桿度分析
6. 償債能力分析

實例──統一超商財務分析表（最近3年財務分析）

項目	年度		00年	00年	00年
財務結構	負債占資產比率(%)		61.88	65.10	61.27
	長期資金占固定資產比率(%)		300.27	327.37	341.49
償債能力	速動比率(%)		54.22	66.98	68.25
	利息保障倍數		56.18	29.41	112.91
	流動比率(%)		76.07	87.93	86.08
經營能力	應收款項周轉率（次）		—	—	—
	平均收現日數		—	—	—
	存貨周轉率（次）		24.00	22.09	22.05
	應付款項周轉率（次）		9.62	7.91	6.46
	平均銷貨日數		15.00	17.00	17.00
	固定資產周轉率（次）		13.39	13.09	13.35
	總資產周轉率（次）		2.40	2.17	2.08
獲利能力	資產報酬率(%)		9.34	8.10	8.52
	股東權益報酬率(%)		22.47	21.53	22.95
	占實收資本比率	營業利益	53.03	50.34	47.07
		稅前純益	52.56	47.88	44.67
	純益率(%)		3.54	3.44	3.99
	每股盈餘（元）	追溯前	3.96	3.85	3.90
		追溯後	3.96	3.39	3.90
現金流量	現金流量比率(%)		34.67	28.49	36.79
	淨現金流量允當比率(%)		103.09	89.68	101.03
	現金再投資比率		8.43	6.68	13.97
槓桿度	營運槓桿度		1.86	1.93	1.78
	財務槓桿度		1.02	1.03	1.01

Unit **2-8**
財務結構與償債能力分析 Part I

　　企業在經營的過程中，難免會有負債與舉債經營情形發生。有些負債是為了短期的周轉金，有些是中、長期貸款。而負債愈多的企業，其財務槓桿的比率愈高。

　　採用高負債經營的企業也應考量其償債能力，否則企業的獲利會被利息支出面拖垮。一旦面臨不景氣，而使營收及獲利衰退時，就會面臨資金周轉困難的困境。

　　綜上所述，我們得知如果企業能時時對本身的財務結構有所了解並深入分析，即能有效評估資金的周轉度與活用程度。

　　由於本主題內容豐富，特分兩單元介紹，本單元先就財務結構之定義及重要分析指標的內容與所代表的意涵予以說明，以期讀者對財務槓桿的運用與操作有更深一層的認識。

一.何謂財務結構

　　所謂財務結構（Financial Structure），是指一個公司資本與負債額的比例狀況如何，這是從資產負債表（Balance Sheet）中計算出來的。

　　而財務結構比例有兩個重要指標：

　　(一)負債比率（Debt Ratio）：即負債總額÷股東權益總額（或負債總額÷資產總額）。另外，也有用中長期負債額÷股東權益總額。

　　該比率是用來衡量企業資產中由債權人提供之資金比率大小，也反映出企業投入資本之比率。負債比率愈高，表示企業之營運資金由債權人提供比率愈大，所負擔的資金成本愈高，即資本結構愈不健全。

　　(二)自有資金比率：即股東權益／負債＋股東權益，也是上述公式的相反數據。

　　該比率代表企業自有資金投入所占的比例，此乃相對應於負債比率而言。例如：負債比率如為40%，則自有資金比率即為60%。

　　就負債比率而言，正常的最高指標應是1:1，不應超過之。換言之，如果興建一個台塑石油廠，投資額需要4,000億元時，如果自有資金是2,000億，那麼銀行聯貸額也不要超過2,000億元為佳。因為超出就代表「財務槓桿」操作風險會增高。尤其，在不景氣時期中，一旦營收及獲利不理想，而且持續很長時，公司會面臨到期還款壓力。即使屆期可以再展延，也不是很好的財務模式。

　　就自有資金比率來看，太高也不是很好，因為若全用自己的錢投資事業，一來公司面對上千億大額投資，不可能籌到這麼多資金；再來也沒有發揮財務槓桿作用，尤其在利率走低時借款。當然，自有資金比例高，代表低風險，也是值得肯定。

　　惟公司在追求成長與大規模下，勢必要借助財務槓桿運作，才能在短時間內，擴大全球化企業規模目標。

財務結構的定義與指標

1.什麼是財務結構？

一個公司資本與負債額的比例狀況如何，這是從資產負債表中計算出來的。

2.重要指標

(1)負債比率：負債總額÷股東權益總額或中長期負債額÷股東權益總額
(2)自有資金比率：股東權益／負債＋股東權益

3.財務結構分析

負債比率 ＞50%	負債比率 40%～50%	負債比率 ＜30%	負債比率 ＜10%
企業舉債經營，風險變高	槓桿適度運用	財務結構良好	企業太保守，不敢舉債擴大經營，成長不易

低利率時代，可借款經營

低利率時代

↓

借款利率成本僅1.5%～3.5%之間

↓

正常、適當舉債，發揮槓桿經營

↓

可壯大企業，提高全面規模化

↓

只要獲利率大於借款利率 ⟶ 就值得借款擴大經營

Unit 2-9
財務結構與償債能力分析 Part II

前文提到了解公司的財務結構對於資金的運用可更加靈活，並說明財務結構兩種重要指標所代表的意涵。本單元將繼續介紹如何運用各種償債能力的計算，來分析衡量企業的可償債能力。

二.償債能力分析

一般來說，衡量企業的負債程度有負債占資產的比率、負債對股東權益比率與財務槓桿度比率。至於償債能力則包括流動比率。茲分別說明如下：

(一)負債占資產比（負債比）： 負債占資產比率（總負債比率），表示企業的資產總額來自於負債比率，由於資產等於負債加上股東權益，當負債比增加時，股東權益比自然減少。其計算公式如下：

$$負債比率 = \frac{負債額}{總資產} = \frac{負債額}{負債＋股東權益}$$

(二)負債對股東權益比： 負債加上股東權益等於總資產，負債是屬債權人的權益，股東權益是股東擁有。當負債對股東權益比大於1，表示企業有一半以上的資金來自於借款；當負債對股東權益比小於1，表示企業有一半以上的資金來自於股東。負債對企業而言，必須定期支付利息；而股東權益對企業而言，有賺錢時應支付股息與股利。因此負債對股東權益比愈高，表示企業的負債程度愈高。一般而言，該比率如果為1:1是比較理想的財務結構，代表企業總資產中，有一半是負債額，另一半是股東權益額。反之，如果超過2:1的比例，就表示負債偏高，必須多加留意。

(三)流動比率（Current Ratio）： 從事財務分析工作者，首先注意的是流動性，流動比率常被銀行及投資者用來評估企業的短期償還能力，故亦可稱為「銀行家比率」。

一般而言，「流動」一詞在會計用語上意味著十二個月內。所謂流動資產通常包括現金、有價證券、應收帳款、應收票據及存貨；流動負債則包含應付帳款、應付票據，以及一年之內到期之長期負債和各種應付而未付之費用。流動比率愈大，對於債權人的保障愈高。理論上，流動比率以維持為2最為理想。但目前臺灣企業常以短期性的資金作為長期性的經營投資，使得流動負債偏高，流動比率能達到2的並不多，一般都介於1～1.5之間。

(四)利息保障倍數： 另外一個衡量償債能力的方法是盈餘涵蓋利息的程度。一家健全公司的盈餘會遠超過其利息費用，也就是該公司的利息費用足以用盈餘來自償，無須靠以債養債或變賣資產償還。因此，分析員通常會計算息前及稅前盈餘對利息費用的比率。其計算公式為：利息保障倍數＝息前及稅前盈餘／利息費用。

圖解財務管理

資產與負債比狀況

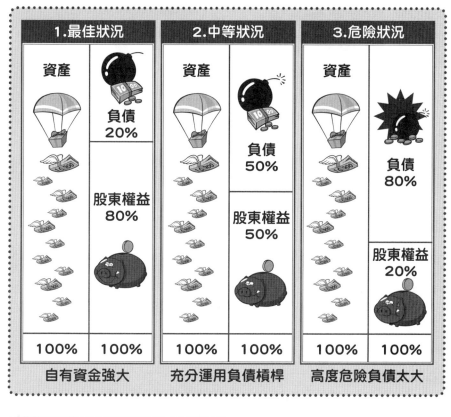

1.最佳狀況	2.中等狀況	3.危險狀況

1.最佳狀況

資產　　　　負債 20%

股東權益 80%

100%　100%

自有資金強大

2.中等狀況

資產　　　　負債 50%

股東權益 50%

100%　100%

充分運用負債槓桿

3.危險狀況

資產　　　　負債 80%

股東權益 20%

100%　100%

高度危險負債太大

短期償債能力理想指標數

流動比率：2	速動比率：1	速動比率＝速動資產／流動負債
		速動資產＝流動資產－存貨

知識補充站

何謂速動比率？

速動比率是指速動資產對流動負債的比率，是用來衡量企業流動資產中可以立即變現償還流動負債的能力。速動資產包括貨幣資金、短期投資、應收票據、應收帳款、其他應收款項等，可以在較短時間內變現。而流動資產中的存貨、一年內到期的非流動資產及其他流動資產等則不應計入。其計算公式為：速動比率＝速動資產／流動負債，其中速動資產＝流動資產－存貨。計算速動比率時，流動資產中扣除存貨，是因為存貨在流動資產中的變現速度較慢。

Unit 2-10
營業能力分析

　　企業經營主要目的在於獲取利潤，故經營之優劣多以實際產生的損益數字為斷，但損益表為表現企業經營利潤的報表，僅能提供管理者綜合的經營成果數字，並無法顯示企業經營應加以改善或加強的明細記載。因此，分析各項比率，並與歷年相關比率比較，實為一項重要工作。況且，企業股東將資金交由企業經理人經營，企業經理人必須運用有限的資源創造利潤，而利潤的多寡完全取決於企業經營的效率。

　　觀察企業經營效率的方法很多，最客觀及常見的方法就是四種企業資產的周轉率。該四種周轉率愈高，表示經營績效愈好，但不同企業有不同標準的周轉率。

一.應收帳款周轉率

　　銷售商品並不都是現銷或收現金的，賒銷部分須以應收帳款或應收票據為債權，此類涉及債權的銷售行為，距離兌現期皆尚有一段時間，這段時間，稱為周轉率或周轉日數，計算公式如下：1.應收帳款周轉率＝營業額／應收帳款餘額（次），以及2.應收帳款周轉期間＝應收帳款餘額／營業額÷365（天）。應收帳款周轉率可表達年度中應收帳款發生和收現的頻率，應收帳款周轉率愈高，表示愈能縮短兌現日期，可減少呆帳發生的風險。

二.存貨周轉率

　　存貨周轉率是指存貨在一年度中的周轉次數，公式計算如下：存貨周轉率＝銷貨成本／（期初存貨＋期末存貨）÷2，存貨周轉率愈高，表示產品銷售速度愈快，其流動性佳。存貨周轉率若過於遲緩，則表示企業有大量資金積壓於存貨，除了造成資金凍結無法運用的損失之外，仍會不斷增加存貨保險費用、倉儲費用、庫存空間等附加費用負擔。因此，企業實務上都非常注意如何控制存貨數量，訂為一個努力的目標。

三.固定資產周轉率

　　固定資產周轉率可看出固定資產有效利用的程度，公式計算如下：固定資產周轉率＝銷貨金額／固定資產額。此周轉率愈大，表示固定資產愈能發揮效用增加收入，企業對此固定資產的投資有所報酬；周轉率小，則顯示企業的投資不當，資金被固定而未能造成較高額的收入，且無法靈活運用。例如：企業有很多堆積存貨或空土地、空廠房、空大樓，而不會出租或出售時，即顯示固定資產運用報酬率偏低的現象。

四.總資產周轉率

　　總資產包括固定資產與流動資產兩種。銷貨金額除以總資產，即得到總資產周轉率。總資產周轉率愈高，表示企業運用總資金經營績效愈高；反之，則表示資產經營績效愈差。這包括如何有效利用流動資產及固定資產。

營業能力分析4指標

1.應收帳款周轉率 ——————→ 愈高，愈好。
　 應收帳款周轉天數 ——————→ 愈短，愈好。

> (1)應收帳款周轉率＝營業額／應收帳款餘額（次）

> (2)應收帳款周轉期間＝應收帳款餘額／營業額÷365（天）

※快速收回帳款，避免呆帳。

2.存貨周轉率 ——————————→ 愈高，愈好。
　 存貨周轉天數 ————————→ 愈短，愈好。

> 存貨周轉率＝銷貨成本／（期初存貨＋期末存貨）÷2

※快速把貨銷出去，避免存貨堆積太多，形成資金積壓。

3.固定資產周轉率 ——————→ 愈高，愈好。

> 固定資產周轉率＝銷貨金額／固定資產額

※對固定資產應用的效率好不好？

4.總資產周轉率 ——————————→ 愈高，愈好。

> 總資產周轉率＝銷貨金額／總資產

※對固定資產及流動資產應用的效率好不好？

Unit **2-11**
獲利能力與市場價值分析 Part I

　　企業以經營為主要目的，其經營管理的成效，繫於是否能夠滿足利潤，以維持企業之生存與成長，並滿足股東所追求的利潤目標。即使擁有健全穩定的財務狀況，良好的獲利能力卻是維持生存不可缺少的重要能力，否則財務結構再健全、償債能力再好，長期的虧損仍會蠶食企業的資產直至殆盡。總之，企業除必須擁有穩定的財務狀況外，仍要具備良好獲利能力，唯有兩者相輔相成，企業才能繼續生存，不斷成長。

　　企業經營收入愈多，表示企業銷售量大，但並不表示一定賺錢。如果該企業成本很高，費用很多，或員工效率不彰，則公司有可能產生虧損。企業股東們關心的是，他們所投入的資金可獲得多少報酬，這是最直接的獲利能力。

　　一般評估企業獲利能力的財務比率有資產報酬率、股東權益報酬率、營業利益占實收資本比率、純益率及每股盈餘等，由於本主題內容豐富，為能詳盡說明，特分兩單元介紹。

一.銷貨毛利

　　銷貨淨額扣除銷貨成本後，可用於支付費用並產生利潤的部分，稱為銷貨毛利（Gross Profit）。

　　毛利率是一項重要的經營比率，其計算公式如下：銷貨毛利率＝銷貨毛利額／銷貨淨額。

　　由於銷貨成本的控制是生產部門的主要責任，銷貨收入則為銷貨部門的努力成果，企業常藉此比率勘查兩部門的績效。如果毛利率有大幅的升降，即應對生產與銷貨部門，了解這兩個部門的變化如何，以及如何因應以避免下降。

二.銷貨退回對銷貨淨額比

　　損益表之編製，通常列示銷貨總額，而銷貨退回、折扣及折讓列為其減項，此等減項為管理部門所關注，其中以銷貨退回為名列第一，因為該比率之大小，可以反映出產品品質之好壞及顧客接受之程度，其計算公式如下：銷貨退回對銷貨淨額比率＝銷貨退回／銷貨淨額。

　　蓋銷貨退回主要是因為品質不良、不能及時運交客戶或運送途中毀損所致。

三.稅前純益率

　　從損益表上我們知道，將所有收入（包括營業收入和營業外收入）扣除所有支出（包括營業成本和費用、營業外支出）之後，即是稅前淨利。而稅前純益率，即是稅前淨利占收入的比率，其計算公式如下：稅前純益率＝稅前淨額／營業收入額。

　　稅前純益率，表示公司在繳稅前，每一筆營收的淨利為多少。如果稅前純益愈高，表示企業賺錢能力愈強、獲利愈佳；反之，則表示企業獲利性愈差。

企業營運績效評估5指標

1.銷貨毛利

銷貨毛利率＝銷貨毛利額／銷貨淨額

生產部門	銷貨部門
有效控制	積極創造
銷貨成本	銷貨收入

※銷貨毛利額為銷貨淨額扣除銷貨成本及費用後產生的利潤。

2.銷貨退回對銷貨淨額比

銷貨退回對銷貨淨額比率＝銷貨退回／銷貨淨額

※銷貨退回主要是因為品質不良、不能及時運交客戶或運送途中毀損所致。

3.稅前純益率

稅前純益率＝稅前淨額／營業收入額

※稅前純益率，表示公司在繳稅前，每一筆營收的淨利為多少。

4.每股盈餘

5.企業總市值

獲利能力3大指標

 1.毛利率＝ $\dfrac{毛利額}{營業額}$

$$\$\$\$\$\$$ 2.淨利率（純益率）＝ $\dfrac{淨利額}{營業額}$

 3.EPS＝ $\dfrac{淨利額}{流通在外總股數}$

企業追求目標	→	高獲利率
	→	高EPS

Unit **2-12**
獲利能力與市場價值分析 Part II

　　前文提到企業銷售量大，並不能表示該企業一定賺錢，所以管理者可別讓那些表面上的亮麗業績而矇蔽了實際營運真相。鴻海郭台銘董事長曾說：「獲利都躲在細節裡」，因此如何看到並挖掘出那些細節，而且有效客觀地評估企業經營績效，值得企業多加關注。

　　一般評估企業獲利能力的財務比率可歸納成五種，前文已介紹銷貨毛利、銷貨退回對銷貨淨額比，以及稅前純益率等三種，本文要繼續介紹另外兩種。

　　本主題讀完後，我們會發現到企業經營最終追求的財務績效指標是每股盈餘，它意味著企業在競爭市場上的價值。

四.每股盈餘

　　所謂每股盈餘（Earning per Share, EPS），係指公司之每股在一年中所賺得之盈餘。每股盈餘常用來代表公司之獲利能力及評估股票之投資價值。不同年度每股盈餘的變動，可以看出公司獲利的趨勢。每股盈餘未必就是每股股東可得之股利，因公司常將部分盈餘予以保留，以增加發展能力。其計算公式如下：

> 稅後EPS＝每股盈餘＝稅後純益額／流通在外總股數

　　一般來說，EPS維持在平均1元，算是及格的公司，好的公司可能都在2元、3元以上。當然，高科技公司或股本小的公司，也有可能創造出7元、8元，甚至10元的特高EPS，例如：聯發或宏達電HTC公司即是。

五.企業總市值

　　所謂EPS（Earning per Share）即是稅前（或稅後）每股盈餘的意思。它是以當年度的稅前（後）盈餘總數÷流通在外總股數，即得到EPS值。通常EPS為1元時，是一個中等，不好也不壞的水平。但是有些資本額較小但獲利大的科技公司，卻能創造出5元或8元以上的高EPS值。

　　反之，有些大公司，因其資本額大，就算賺錢，但是EPS也不會高，例如：一些銀行、固網公司等。

　　EPS即代表著股東每投資一塊錢可以回收多少錢之意，此即反映出該公司的賺錢能力與投資報酬率高或低了。

　　EPS值如果再乘上10～30倍，即為其市場的公開股價。股價如果愈高，公司總市價也隨之升高，例如：統一超商每年EPS均在5元以下，乘上30倍，大致是合理水準的股價，即150元上下（150元～160元之間盤旋）。

　　而就企業總市值（Market Value）來看，統一超商如果資本額為70億，代表有7億股×160元＝1,120億元。

　　總結來說，EPS已成為每家公司追尋的一個最重要財務績效指標。

企業營運績效評估5指標

1.銷貨毛利
銷貨毛利率＝銷貨毛利額／銷貨淨額

2.銷貨退回對銷貨淨額比
銷貨退回對銷貨淨額比率＝銷貨退回／銷貨淨額

3.稅前純益率
稅前純益率＝稅前淨額／營業收入額

4.每股盈餘

公司之每股在一年中所賺得之盈餘

稅後EPS＝每股盈餘＝稅後純益額／流通在外總股數

※EPS維持在平均1元，算是及格的公司，好的公司可能都在2元、3元以上。

5.企業總市值
企業總市值＝股數 × 股價

※EPS值乘上10～30倍，即為公司市場的公開股價。

035

企業總市值的邏輯

正派、創新經營
↓
獲利率、EPS良好
↓
必使市場股價上升
↓
必使企業總市值提升

Unit **2-13**
投資報酬率

投資報酬率（Return on Investment, ROI）就是企業投入資產所獲取的報酬，其公式如下：

$$投資報酬率＝資產周轉率÷純益率；\frac{銷貨收入}{總資產}÷\frac{純益}{銷貨收入}＝\frac{純益}{總資產}$$

該比率愈高，表示運用資源之獲利能力愈強，分析時應與同業的平均數比較，較具意義。一般而言，該比率不應低於一般市場的利率標準，若低於市場利率，即表示該公司潛藏會冒風險所得的收入，反而低於較無風險的利息報酬。

一.投資報酬率的提高

基於上項三種比率間的關係，可從下列幾個方向提高企業的投資報酬率：

(一)減少閒置資產：可提高總資產周轉率。

(二)增加銷貨：可提高總資產周轉率，具有薄利多銷的效果。

(三)提高稅後純益：在總資產和銷售額維持不變的情況下，提高總資產報酬率。

另外，投資任何一種行業之前，必須對此行業的產業環境及投資報酬深入分析。因為不同的產業結構，有不同的投資報酬率。例如：在很難創造附加價值的傳統行業中，是不易有高的投資報酬率。

二.投資報酬率的結構分析

經營企業以營利為目的，我們衡量企業的經營效率，便在看其所獲盈餘之大小。不過，因為每一企業所需之資金多少不一，僅僅盈餘數字尚不足以表明經營效率，必須同時注意每一企業運用資金之多少。換言之，即是企業所獲盈餘與投資金額之比率，通常稱為「投資報酬率」。

所謂投資報酬率（Rate of Return）可用一簡圖說明於右頁。圖上半部係根據損益計算書編製，銷貨總額減除銷貨成本及銷管費用，即是營業利潤，營業利潤再以銷貨總額除之，即是利潤額占銷貨額之百分比，稱為營業利潤率。由營業利率潤可知每元銷貨，獲利幾分幾厘，或每百元銷貨，獲利幾元幾角幾分。但以投資人而言，其著重在所投資金之獲利潤為若干，所以必須進一步考慮到投資總額。圖下半部根據資產負債表編製，投資於現金、應收帳款、存貨等流動資金為若干，投資於廠房、廠地、機器設備等固定資產為若干，兩者之和，即為投資總額。以投資總額去除銷貨總額，即得資本運用之周轉次數。例如：100萬元投資，做200萬元的銷貨，即是周轉二次；做300萬元銷貨，即是周轉三次。營業利潤與周轉次數之乘積，即是所投資金之獲利率，稱為投資報酬率。

從企業追求利潤之立場，自然希望投資報酬率愈高愈好。綜上所述，我們可以做出以下結論，即企業如果想要提高投資報酬率，不外兩個途徑：一是設法提高營業利潤率；二是設法提高資本周轉次數。

ROI

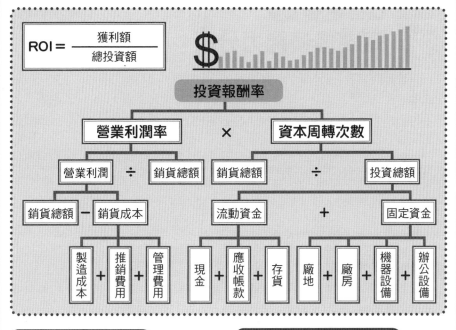

$$ROI = \frac{獲利額}{總投資額}$$

投資報酬率

營業利潤率 × 資本周轉次數

營業利潤 ÷ 銷貨總額 ｜ 銷貨總額 ÷ 投資總額

銷貨總額 − 銷貨成本 ｜ 流動資金 ＋ 固定資金

製造成本 ＋ 推銷費用 ＋ 管理費用 ｜ 現金 ｜ 應收帳款 ÷ 存貨 ｜ 廠地 ＋ 廠房 ＋ 機器設備 ＋ 辦公設備

如何提高ROI？

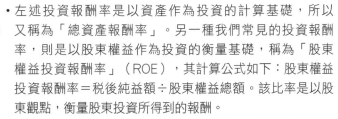

提高獲利狀況

＋

提高投資資本周轉次數

經營績效3大指標

高獲利率＋高EPS＋高ROE

▼

卓越企業

▼

高企業市值

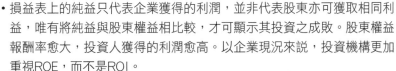

知識補充站

ROE——投資機構的最愛

- 左述投資報酬率是以資產作為投資的計算基礎，所以又稱為「總資產報酬率」。另一種我們常見的投資報酬率，則是以股東權益作為投資的衡量基礎，稱為「股東權益投資報酬率」（ROE），其計算公式如下：股東權益投資報酬率＝稅後純益額÷股東權益總額。該比率是以股東觀點，衡量股東投資所得到的報酬。

- 損益表上的純益只代表企業獲得的利潤，並非代表股東亦可獲取相同利益，唯有將純益與股東權益相比較，才可顯示其投資之成敗。股東權益報酬率愈大，投資人獲得的利潤愈高。以企業現況來說，投資機構更加重視ROE，而不是ROI。

Unit 2-14
短期償債能力分析

　　這幾波金融海嘯下來，讓我們見識到有些平常看似獲利能力不錯的企業，居然以倒閉收場，其中不乏是因為不能償還到期負債而導致周轉不靈。因此，短期償債能力分析（Analysis of Short-Term Repayment Ability），實是企業體質健全與否的重要指標。

　　該分析是針對被分析公司的現金與短期內可以變現的各種資產，以及短期內到期而必須償還的各種負債，進行評估，常見的評估方式有以下三種，本文將一一說明。

一.流動比率

　　流動比率（Current Ratio）又稱為運用資金比率，係流動資產除以流動負債之比率，其計算公式如下：流動比率＝流動資產／流動負債。該比率經常被用來作為企業短期流動性的指標，其原因有以下三點：

　　(一)流動比率係衡量流動資產超過流動負債的程度：比率愈大愈高，流動負債得償的可能性愈大。

　　(二)流動資產在緊急變現時可能發生損失：這時如果流動資產超過流動負債，則可作為損失之緩衝。

　　(三)流動比率可以用來測度企業應付突發事件的能力：諸如現金流入的突然中斷或現金支出突然增加的現象。

二.速動比率

　　速動比率（Quick Ratio）又稱為酸性測驗比率（Acid-Test Ratio），係指速動資產除以流動負債的比率，其計算公式如下：速動比率＝速動資產／流動負債。

　　所謂速動資產是指現金、有價證券、應收票據及應收帳款等較容易變現的資產，至於不易立即變現的存貨及無法變現的預付費用則加以排除，其計算公式如下：速動資產＝流動資產－存貨－預付費用－用品盤存。速動比率比流動比率逐年增加，乍看以為短期償還能力逐年改善，如果速動比率逐年降低，即顯示其流動比率之增加，乃是因為存貨及預付費用等非速動資產不當累積所致；亦即大量存貨無法出售，甚至可能已無價值，其償債能力實際上是逐年惡化而非好轉。

三.利息保障倍數

　　所謂利息保障倍數（Times Interest Earned, TIE）係指稅前及減除利息費用前之純益除以當期之利息支出（含資本化之利息），其計算公式如下：利息保障倍數＝稅前息前盈餘／利息支出，而稅前息前盈餘的計算公式如下：稅前息前盈餘＝稅後淨利＋所得稅＋利息費用。

　　該比率經常被用來測試由企業活動所產生的盈餘支付利息的能力。倍數愈高，表示支付利息的能力愈大，即使因為不景氣使收益減少，亦不致於無法償付利息。

短期償債能力3分析

1.流動比率 ＝ $\dfrac{流動資產}{流動負債}$ （在2以內）

2.速動比率 ＝ $\dfrac{速動資產}{流動負債}$ （在1以內）

↓

測試在緊急短期狀況下，企業是否有償債之能力展現

↓

如無，則企業面臨短期資金周轉不靈之風險

3.利息保障倍數 ＝ $\dfrac{稅前息前盈餘}{利息支出}$

稅後淨利＋所得稅＋利息費用

測試企業盈餘支付利息的能力

$\$\$\$\$\$\$\$\$\$\$\$\$\$\$\$$

039

知識補充站

窗飾

- 流動比率應超過2，方屬理想，但也不可一概而論。臺灣企業與2的理想相去甚遠，一般來說只有1左右；而如低於1以下，則表示短期償債能力過低，對債權人的權益，已缺乏保障。
- 影響流動比率的主要因素，一般認為是營運週期、流動資產中的應收帳款數額及存貨周轉速度。
- 少數不肖企業人士，可能利用會計原理，將各有關科目予以適當安排，使其達到改善營運資金與流動比率的地位，以粉飾財務報表外觀，此即一般所謂的「窗飾」（Window Dressing），因此必須小心。

Unit **2-15**
財務報表之閱讀及分析重點 Part I

　　對一個公司或個別投資者，在股票市場中，進出投資買賣，其最基本的功夫與工作，就是必須做好投資對象公司財務報表的深入研究與分析，然後從財務報表分析中，判別該公司是否值得買股票投資。

　　由於本主題內容豐富，茲將整理歸納的九個注意重點，特分四單元介紹。

一.勿只看損益表而輕資產負債表

　　一張健康的資產負債表有三個特質，即1.各項資產均配置允當，而且資產的管理品質優良；2.循環有序的現金流量，使負債無後顧之憂，以及3.自有資本率高於50%以上，而且每股淨值高於10元面額。因此，不要忽視資產負債表的防禦型功能。

　　在財報的四大報表中，我們必須承認大部分的投資人是「重」損益表，而「輕」資產負債表（以下簡稱B/S），這樣的投資態度在多頭市場裡，也許尚屬正確，但在空頭市場中，就會吃大虧。

　　請記得損益表是某一期間的經營結果，在股市低點當中，股價仍能硬朗且跌幅有限的各類績優股都有這些特質；但是卻有許多股票因資產不良造成損失，負債太重產生危機，因而股價搖搖欲墜。職是之故，當我們在審視財報時，一定要先建立B/S為重的風險防禦觀念，也只有充分了解B/S的健全與否，才能談得上對財報資訊的重視與認識。

二.每股盈餘應與每股現金流量並重

　　每股盈餘是在應計基礎下損益表（以下簡稱I/S）中的稅後純益除以流通在外股數得之，它是時下我們衡量股價的重要工具，透過本益比（股價／每股盈餘）的衡量來偵測股價的合理性。每股現金流量（亦可稱每股現金盈餘）則是用現金流量表中「來自營運活動之現金流入（流出）」除以流通在外股數得之，此部分現金流入（出）可以說是在現金基礎下的每股盈餘。雖然現金基礎並非如應計基礎是符合一般公認會計準則，但它在股票投資運用上，較應計基礎下的每股盈餘還更務實，主要理由是股價的長期高低應是由公司長期現金流入多寡來決定，每股盈餘高或低並不完全肯定現金流入一定高或確定低，而且請記住每股盈餘只關聯到I/S，不像每股現金流量將B/S與I/S一網打盡，貫穿各科目。

　　正常情況下，每股盈餘高的公司，其每股現金流量也會相對高，但有時候我們會被每股盈餘不錯的公司誤導，認為它的經營績效很好，財務實力也屬良好；然而當它的空頭市場發生財務危機時，我們才發現到原來它的現金流量有狀況，資產與負債出現嚴重的管理問題。

　　是故，當我們關心公司的每股盈餘時，請務必也一起關照每股現金流量，當兩者可以相得益彰且門當戶對時，股價的波動才不會困惑我們的投資決策。

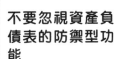

1.勿只看損益表而輕資產負債表

(1) 各項資產配置允當,而且資產的管理品質優良。
(2) 循環有序的現金流量,使負債無後顧之憂。
(3) 自有資本率高於50%以上,而且每股淨值高於10元面額。

不要忽視資產負債表的防禦型功能

2.每股盈餘應與每股現金流量並重

(1) 每股盈餘是在應計基礎下損益表中的稅後純益除以流通在外股數得之,它是時下我們衡量股價的重要工具,透過本益比(股價/每股盈餘)的衡量來偵測股價的合理性。
(2) 每股現金流量(亦可稱每股現金盈餘)則是用現金流量表中「來自營運活動之現金流入(流出)」除以流通在外股數得之,此部分現金流入(出)可以說是在現金基礎下的每股盈餘。

041

每股盈餘只關聯到損益表,不似每股現金流量將資產負債表與損益表一網打盡,貫穿各科目。

不可不知的財務報表閱讀重點

3.營業收入的質與量都要兼顧

4.尋找核心業務的營運獲利

5.重視各項資產的品質與效率

6.長期負債與短期負債的均衡點

7.股利與股東權益報酬率之輕重何在

8.注意審視財報附註

9.了解財測總有不測原因

Unit **2-16**
財務報表之閱讀及分析重點 Part II

前文提到閱讀財務報表時，不要輕看資產負債表的防禦型功能，以及應同時看重每股盈餘與每股現金流量，這些都有助於做好投資決策，再來要繼續介紹兩種門道。

三.營業收入的質與量都要兼顧

營收是公司獲利的火車頭，營收的消長在在影響公司的毛利與淨利，同時也深深地影響股價的強弱，這也是為何主管機關規定上市櫃公司每月必須公布月營收，即可約當了解營收變化對內部與外部人士的重要性。

在閱讀營收變化時，請記住公司產業位置與產品競爭力，及相對應毛利與毛利率的變動。通常我們將產品單價當作「質」，而產能銷量視為「量」，當價格與數量俱揚時，對公司的獲利提升與股價上漲最為熱烈，而價格與數量俱降時，則最為不利。

就產業的世代交替來看，上市櫃公司最常出現的是產品單價陸續下滑，但產能銷量持續上升。目前這種情況在電子業最為常見，雖然毛利可能會增加，然而毛利率卻是下滑，而且因營收擴增也必然增加營運周轉金，這些都是投資人必須了解的。

四.尋找核心業務的營運獲利

一家公司能夠基業長青永不褪色，很重要的一點是經營者能夠堅持做他最內行的業務，並且擴大延伸專長至上下游產業，而且都能掌握控制權。在財務報表中，固定資產、長期股權投資與營業收入等會計科目，可以讓我們一窺公司的核心業務所在，這其中應搭配合併財報共同比較，才不致被長期投資項目誤導。

從投資角度看，核心業務愈集中某一領域且有優良經營效率，愈能受到投資人青睞；反觀產品業務多角、多樣且關聯性不足，長期投資項目也是既廣又散無控制權，是不容易吸引投資者長期關注。該公司是否集中本業經營，從損益表的營收項目內容與本業利益趨勢分析，應可一目了然。通常營收內容分散及業外損益經常性高於本業損益（不包括按權益法認列的投資收入），其投資價值並不高。我們若比較台積電與聯電、台塑與遠紡的核心業務與長期投資項目，即可了解它們股價上的差異。另外看看韓國三星電子在其核心業務的積極用心，其績效與股價也並駕齊驅，屢創新高。

小博士解說

注意時間的落差

雖然分析財務報表可以深入了解公司經營狀況，但財務報表上記載的都是已經發生的歷史資料，再加上財務報表從編製到公布，有時間落差，因此無法顯現企業的最新營運狀況，必須配合對產業的了解和觀察個別公司的長期發展。

圖解財務管理

不可不知的財務報表閱讀重點

1.勿只看損益表而輕資產負債表

2.每股盈餘應與每股現金流量並重

3.營業收入的質與量都要兼顧

通常我們將產品單價當作「質」，而產能銷量視為「量」，當價格與數量俱揚時，對公司的獲利提升與股價上漲最為熱烈，而價格與數量俱降時，則最為不利。

在閱讀營收的變化時，須注意公司的產業位置與產品競爭力，及相對應毛利與毛利率的變動。

4.尋找核心業務的營運獲利

企業是否集中本業經營，可從其損益表的營收項目內容與本業利益趨勢分析，即可一目了然。
通常營收內容分散及業外損益經常性高於本業損益（不包括按權益法認列的投資收入），其投資價值並不高。

從投資角度看，核心業務集中在某一領域且有優良的經營效率，愈受到投資人的青睞。

5.重視各項資產的品質與效率

6.長期負債與短期負債的均衡點

7.股利與股東權益報酬率之輕重何在

8.注意審視財報附註

9.了解財測總有不測原因

Unit 2-17
財務報表之閱讀及分析重點 Part III

常言道：「內行看門道，外行看熱鬧」，財務報表攸關金錢及整體產業的走向與發展，茲事體大，必須多加關注，再來我們繼續介紹其他兩種看懂財務報表的訣竅。

五.重視各項資產的品質與效率

B/S上的各項資產都有其經濟價值與功能，能否產生經濟效益，完全取決於經營者的心態。

我們都明白B/S上的資產是按流動性由上而下排列，而且了解現金轉入「非現金資產」很容易，但非現金資產要轉成現金科目卻很困難，資產若無法正常發揮流動性功能，產生循環有序的營運活動，資產的價值一定會受到衝擊。例如：應收款項的壞帳與存貨的跌價損失、長期投資項目不透明的隱藏損失，與固定資產或其他資產的不當管理，導致資產品質與效率不彰，進而影響報表的公允表達，甚或因管理者誠信不佳，將虛盈實虧的資產美化處理，以包裝股價。因此，對三大資產項目如流動資產、長期投資與固定資產的比重配置，及各資產重要科目的變化與效能，都應仔細觀察。

請記住非現金資產的比重愈高，其資產周轉率就應該更高，資產的報酬率也應在同業標準之上，而且愈能坦然快速處理不良資產及提列損失者，其資產品質與效率愈能被市場接受與肯定。

六.長期負債與短期負債的均衡點

從公司中長期營運看，可利用舉債經營而能發揮槓桿效果的公司是人人稱羨的，但這並不容易，除非經營者認真務實本業且信用良好。基本上，長短期負債都是公司的長短期負擔，若沒有先苦後甘的將債求利，終究會被負債壓得苦不堪言。高負債（負債比率高於50%）若無高營業利益支付利息後有餘，股價中長期一定會一蹶不振。

至於長債與短債的最大差異在於長債有充足時間因應，而短債一旦公司流動性有狀況即會發生財務危機，投資人對於短債（主要指流動負債中的金融負債）高於長債，長短期負債又大於股東權益的公司，應該要避免，除非其資產項目尚有值錢的投資，及股價已跌無可跌，則又另當別論了。

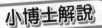

內行人不能忽視

我們在分析財務比率時，必須與同業比較，應以產業平均值為比較基準，過與不及，都要注意，可參考銀行公會聯合徵信中心出版的《臺灣地區主要行業財務比率》。同時注意相關產業資訊與非數量面的產業訊息，即媒體報導及財報附註，因為重要資訊都藏在那裡。

圖解財務管理

第二章 認識三大財務報表與分析

不可不知的財務報表閱讀重點

1.勿只看損益表而輕資產負債表

2.每股盈餘應與每股現金流量並重

3.營業收入的質與量都要兼顧

4.尋找核心業務的營運獲利

5.重視各項資產的品質與效率

如果應收款項的壞帳與存貨的跌價損失、長期投資項目不透明的隱藏損失，與固定資產或其他資產的不當管理，導致資產品質與效率不彰，進而影響報表的公允表達，甚或因管理者誠信不佳，將虛盈實虧的資產美化處理，以包裝股價時，投資人即很容易被誤導。

非現金資產的比重愈高，其資產周轉率就應該更高，資產的報酬率也應在同業標準之上。

045

6.長期負債與短期負債的均衡點

長期負債VS.短期負債

| 有充足時間因應 | 一旦公司流動性有狀況即會發生財務危機 |

※投資人對於短債（主要指流動負債中的金融負債）高於長債，長短期負債又大於股東權益的公司，應該避免，除非其資產項目尚有值錢的投資，及股價已跌無可跌。

負債比率高於50%的高負債若無高營業利益支付利息後有餘，股價中長期一定會受到打擊且一蹶不振。

7.股利與股東權益報酬率之輕重何在

8.注意審視財報附註

9.了解財測總有不測原因

$$$ Unit **2-18**
財務報表之閱讀及分析重點 PartIV

本主題介紹至此，相信讀者對如何正確閱讀並分析財務報表，已累積相當可觀的知識。我們會發現前面三單元提到六點閱讀財務報表必須注意的重點，無非是要讓我們讀出隱藏在數字下那些看不見的玄機，再來我們要更進一步介紹三種訣竅，以期能讓我們的眼光更準更遠。

七.股利與股東權益投資報酬率之輕重何在

股利不管是現金或股票股利，都是對中長期投資者從過去至今的投資回報，嚴格來說，僅是短期股價波動的題材，而不是中長期的投資題材，除非今年度的展望相當不錯。

股東權益投資報酬率（ROE）趨勢分析則是中長期投資者的重要參考指標，而非短期投資指標。對長線投資者而言，公司即使沒有股利發放，但ROE若經常維持績優水準，表示經營績效優良，股價因籌碼穩定與業績出色仍會高高在上，美國投資大師巴菲特所經營的波克夏控股公司即是長期沒有股利，但股價卻是穩健上漲的最好案例。

若是公司每年不斷配息與配股，雖然能夠滿足股東短期的需求，但在股本不斷成長與現金無法累積下，很可能造成以後年度每股盈餘與ROE走低，尤其是漫無節制的股票股利，更是股價長期趨勢下跌的元凶。近年來這樣的案例已在臺灣股市歷歷如繪的發生，也讓經營者極為頭疼。因此，請不要將高股利當作鼓勵高的獎品，在享受它的同時，更要觀察ROE的趨勢變化，才不致賺了股利卻賠了價差。

八.注意審視財報附註

只對四大報表分析，而沒有細看財報附註，就好像霧裡看花，似真還假。其實附註中對會計政策、各重要科目餘額、關係人交易的說明、抵質押資產、承諾與期後事項及其他揭露事項等之說明，可以讓我們充分了解報表餘額發生之原委，同時也可以確實透析公司現況，清楚掌握公司未來是無限生機或隱藏危機。

通常認真閱讀財報附註後，對於財報的真相應該能夠了然於胸，對投資分析與決策者甚有幫助。請記住財報附註中的資訊絕對比報章媒體中的訊息來得真實，也能幫助投資人看得更遠。

九.了解財測總有不測的原因

財務預測與年度財報最大的不同點，在於它可以因稅前純益的變化而調整，並且公司與會計師在規範內更新不會受到處罰。財務預測是主管機關授與上市櫃公司的權利，也是義務，亦即上市櫃公司必須依規定申報財測，這是它的義務；它以賣弄虛玄與股價掛勾，尤其是遇上別有心機的公司，財務預測常是操縱股價的有利工具，這是它的權利。因此，在閱讀財測時，千萬不要一廂情願的完全信賴，特別是對當年度新上市櫃掛牌的公司，或過去經常發生調降財測的公司。

閱讀財務報表9大要點

不可不知的財務報表閱讀重點

1.勿只看損益表而輕資產負債表

2.每股盈餘應與每股現金流量並重

3.營業收入的質與量都要兼顧

4.尋找核心業務的營運獲利

5.重視各項資產的品質與效率

6.長期負債與短期負債的均衡點

7.股利與股東權益投資報酬率之輕重何在

長線投資者而言，公司即使沒有股利發放，但股東權益投資報酬率若經常維持績優水準，表示經營績效優良，股價因籌碼穩定與業績出色仍會高高在上，美國投資大師巴菲特所經營的波克夏控股公司即是最好的案例。

不要將高股利當作鼓勵高的獎品，在享受它的同時，更要觀察ROE的趨勢變化，才不致賺了股利卻賠了價差。

047

8.注意審視財報附註

附註中對會計政策、各重要科目餘額、關係人交易的說明、抵質押資產、承諾與期後事項及其他揭露事項等之說明，可以讓我們充分了解報表餘額發生之原委，同時也可以確實透析公司現況，清楚掌握公司未來是無限生機或隱藏危機。

財報附註中的資訊絕對較報章媒體中的訊息來得更真實，也能幫助投資人看得更遠。

9.了解財測總有不測原因

上市櫃公司必須依規定申報財測，這是它的義務；但它以賣弄虛玄與股價掛勾，尤其是遇上別有心機的公司，財務預測常是操縱股價的有利工具，這是它的權利。

閱讀財測時千萬不要一廂情願完全信賴，特別是對當年度新上市櫃掛牌的公司，或過去經常發生調降財測的公司。

財務比例分析3要點

1. 應與其他競爭同業比較
2. 應與過去三年、五年之趨勢比較
3. 應注意分析數據及比例背後的真正經營意涵

第 3 章

流動資金與現金管理

●●●●●●●●●●●●●●●●●●●●●●● 章節體系架構 ▼

Unit **3-1**
流動資金的重要性及種類

　　由於流動資金乃是企業產銷活動的原動力，好像是人體的血液，人體中如果缺乏了血液，則只剩下一堆沒有生命的肉體；而企業如果沒有流動資金，整個企業只是一堆不動的機器或設備，沒有生產的能力。

　　所以健全的財務管理必須設法維持足夠的流動資金，也就是足夠的流動資產數額，不過由於產銷活動的變化，企業對於流動資金的需要量並不固定，而是隨著產銷變動，必須時時調整。

　　財務管理不僅要籌集足夠的流動資金，還要使流動資產和固定資產的數額保持適當的配合，才能使企業的資金獲得適當的運用。

一.流動資金的種類

　　流動資金的種類，可以從三種分類來區別，茲概述如下：

　　(一)經常的或永久的流動資金（Regular of Permanent Working Capital）：為每一企業所需最低限度以供周轉之現金、原料、製成品及應收帳款，為一事業任何期間不可缺少的流動資金，正如其所需之固定資金，應於事業創立時予以籌劃，以長期資金充足為宜。

　　(二)季節性的流動資金（Seasonal Working Capital）：很多事業之產銷有季節性，所以當產銷旺盛期間，需要流動資金特多，此種流動資金之增加，僅屬暫時性質，而非永久性質，宜用短期借款應用。借入款項，增加生產，出售存貨，轉為應收帳款，收到應收帳款，便可償還借款。

　　(三)特別流動資金（Special Working Capital）：當物價上漲，購買原料成本增加，需要資金增加，或是遭遇罷工、水火災害，必須資金應付，均為特殊需要，應增加流動資金，方可維持產銷數量及利潤水準。企業應視所需資金之性質，而決定用長期資金或短期資金支應。

二.流動資金不足之缺點

　　流動資金若經常出現不足，代表這家公司可能出現危機，其所凸顯的缺失如下：

　　(一)業務不易有效推動：周轉資金不足，主持人常因籌款而分散其精力。

　　(二)信用難以維持：因企業周轉資金過少，或其循環流通不能圓滑進行，難維持其借款信用。

　　(三)易受經濟變化打擊：例如：經濟進入蕭條時期，銷售減低而帳款收回困難，但對外債務及銀行借款卻到期應清償，各項固定費用又未能立即減少，倘周轉資金不寬裕，捉襟見肘，企業頓感維持不易，甚至因而倒閉。

流動資金重要性

流動資金
Working Capital

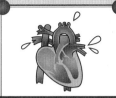
人體血液
供應人的存活

企業才能
動下去

流動資金3種類

1.經常性流動資金

每一企業所需最低限度以供周轉之現金、原料、製成品及應收帳款，為一事業任何期間不可缺少的流動資金。

2.季節性流動資金

很多事業之產銷有季節性，當產銷旺盛期間，需要流動資金特多，此種流動資金之增加，僅屬暫時性，而非永久性，宜用短期借款應用。

3.特別流動資金

當物價上漲，購買原料成本增加，需要資金增加，或是遭遇罷工、水火災害，必須資金應付，均為特殊需要，應增加流動資金。

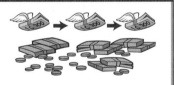

流動資金不足3缺點

1.業務不易有效推動

2.信用難以維持

3.易受經濟變化打擊

Unit **3-2**
流動資金的來源分析

流動資金有固定性及變動性之分，茲分述其來源如下，期使讀者能正確分明。

一.固定性流動資金的來源

(一)累積盈餘：即自企業歷年盈餘中，作適當的提存，以供日常周轉之需。

(二)發行證券：發行何種證券，必須根據企業之資本結構、盈餘能力及金融市場的客觀情況來決定。

(三)出售廠產：倘企業有使用之固定或流動資產，均可出售。

(四)固定資產折舊：固定資產折舊自毛利項下提列折舊準備，以供換置之用，在未屆換置之前，可充企業周轉資金之用。

(五)資產租售：土地不提折舊，建築物提折舊須受法令限制。房地能提折舊而可免稅者有限，於是若干公司乃將房地售給人壽保險公司及教育慈善機構，而訂約承租使用。此辦法乃稱資產租售法。每年支付租金，既能免納所得稅，出售又得價款供作周轉之用，對公司至為有利。

(六)銀行長期貸款：銀行長期貸款常有在一年至十年者，以後由公司分期攤還。

二.變動性流動資金的來源

(一)銀行短期貸款：除銀行外，保險公司與財務公司均能融通資金。企業平時應與銀行往來，建立存款實績，以便緊急時，向銀行貸款，其主要方式有三：1.抵押借款；2.借用借款，以及3.往來透支。

(二)供應商賒欠：即所謂交易信用。換言之，供應原料、物料或商品之廠商允許企業先行取貨，延期付款，實係以存貨方式，供給流動資金。

(三)出售應收帳款：在流動資金調度上，美國及若干其他國家企業界，有出售應收帳款以獲得現金的辦法。在應收帳款為數甚大的企業單位，為免長期積壓鉅額資金，可以將應收帳款售與融資公司，由金融公司代名收購，並負擔呆帳損失，而金融公司之收入則為佣金。在這種方式，企業既可節省催收費用，亦可免除呆帳之損失。

(四)票據貼現：企業需要資金，開出本票，按市場利息貼現，售與票據經紀商，再轉售於銀行或投資者。

(五)以票據進貨：此種方式乃配合銀行之承兌、貼現及進出口押匯業務而產生。一方面公司可憑開票據之行為而獲得貨物（流動資金）；同時售貨商仍可將票據向銀行變現，維持其業務之周轉，實為兩利之道。

(六)收取代銷商的保證金：企業為確保代銷商不拖欠貨款或違約，往往會收取相當數額的保證金，由於期限及利率多根據一般市場標準而定，亦可當作資金的來源。

(七)收取訂金：依據訂單生產的企業，多採用此種辦法以充裕其短期營運資金。此法之優點，乃在於企業無須支付任何利息，更不須到期償還。

流動資金2大來源

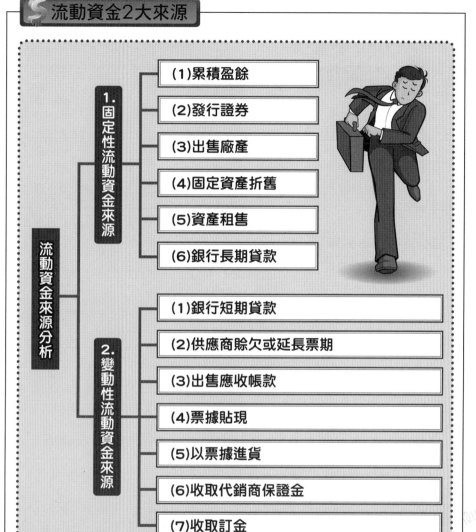

流動資金來源分析

1. 固定性流動資金來源
- (1)累積盈餘
- (2)發行證券
- (3)出售廠產
- (4)固定資產折舊
- (5)資產租售
- (6)銀行長期貸款

2. 變動性流動資金來源
- (1)銀行短期貸款
- (2)供應商賒欠或延長票期
- (3)出售應收帳款
- (4)票據貼現
- (5)以票據進貨
- (6)收取代銷商保證金
- (7)收取訂金

知識補充站

商業本票

企業需要短期資金，也可以在貨幣市場上發行商業本票，進行資金的籌措。目前我國商業本票分為兩類：一是為交換性商業本票，此係以交易行為為基礎；二是融資性商業本票，屬籌措短期資金性質。商業本票的市場主要有三大特色：1.只有信用極佳的大廠商才能利用商業本票籌措所需資金；2.商業本票雖無擔保品，但實際上是以發行企業在商業銀行未用完的信用額度來支持，以及3.在商業本票市場投資的資金是流動性極大的短期資金。

Unit 3-3
如何加速流動資金周轉

　　流動資金的運用之道，不外增大流動資金的周轉率，節省不必要的開支；然而如何才能加速流動資金的周轉呢？有以下方法，可資參考。

一.加速存貨周轉率

　　企業的流動資本中，存貨往往占其他大部分，所以加速存貨的周轉，即可增大流動資金的運用。

二.加強流動資本的變現

　　所謂流動資本的變現，是指現金以外的流動資產變為現金而言。至於變現的目的，即為加強流動資本的周轉，發揮資本效能。而變現的方法則有出售證券、存貨質押、票據貼現等。

三.注意進貨條件

　　若進貨可以掛帳，或藉票據的運用，即可取得所需商品，則可以減少流動資金的需要。

四.縮短生產的期間

　　生產期間能縮短，則流動資本的周轉就會快，因而可減少流動資本的數量。

圖解財務管理

小博士解說

什麼生意最賺錢？

- 有一個問題幾乎時時縈繞在每一個商人心中，那就是——什麼樣的生意最賺錢？毫無疑問的，人們會回答：「房地產、教育、汽車、能源、IT數位產品……」。顯然這樣的回答毫無意義，因為絕大多數商人既然已在船上，就不大容易改行跳上另外一條賊船；何況這些「最賺錢的生意」，僅僅是使從業者更有可能賺錢而已。

- 我們要的是這個問題的現實意義：怎樣才能讓商人在他們所從事的行業中賺到比別人更多的錢？因為，這是每個生意人的畢生夢想。

- 這個問題的正確答案應該是，資金周轉快的生意最賺錢。或者說，在同行業中，你的資金周轉比別人更快，你就最賺錢。

- 其實生意無不如此，一旦從事了某個行業，目標客戶群就固定了，此時你日思夜想、視同生命般重要的核心問題應該是如何將東西賣得更快？因為每周轉一次，你才能達到企業經營的根本目的——賺錢。你周轉得愈快，賺的錢才愈多。

加速流動資金周轉4方法

如何加速
流動資金周轉

1.加速存貨周轉率（加強銷售）

2.加強流動資本變現

3.注意進貨條件

4.縮短生產期間

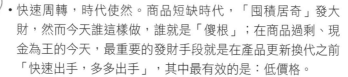

最顯著的賺錢手段

- 快速周轉，時代使然。商品短缺時代，「囤積居奇」發大財，然而今天誰這樣做，誰就是「傻根」；在商品過剩、現金為王的今天，最重要的發財手段就是在產品更新換代之前「快速出手，多多出手」，其中最有效的是：低價格。

- 過去，最有效的賺錢手段是賣高價—— 提高利潤率。今天，最顯著的賺錢手段已變成賣低價—— 提高周轉率。過去利潤高，但是最終賺錢少，因為賣得少；今天利潤低，但是最終賺錢多，因為賣得多。價格戰曾經備受責難，那是因為它損害了尚未開竅、遵循傳統利潤模式的其他廠商的利益，但毫無疑問卻受到了鈔票最熱烈的追捧。

> 轉＝賺，是這個時代最重要的商業特徵。
> 賺＝轉，是這個時代愈來愈多暴富者遵循的商業準則。

- 當然，不同行業有不同的周轉方式和周轉週期。房地產幾年才能交差；保暖內衣以一年為期；餐飲業則要求每天達到多次翻檯率，以及以月為週期的行業更是難以勝數。

Unit **3-4**
現金管理的重點

企業在現金管理上，要在決定適當之資金數量，隨時應用適當方法調度，及注意現金收支的手續。

一.現金數量的決定

現金為非營利資產，不宜太多，只求適當。而庫存現金多少的決定，要兼顧「營利」及「周轉靈活」兩個目的。換言之，在不損害資金周轉靈活的原則下，儘量減少現金。對季節性或特別流動資金的需要，應當利用短期資金來源，以預防不經濟的結果。

(一)現金是否太少：衡量現金管理效率，首須注意現金是否太少，而未能把握現金折扣。

(二)現金是否太多：通常在會計紀錄上表示比較困難，我們只有將本公司目前的現金餘額與過去各年的現金餘額相比較、或與目前同業的現金餘額相比較，通常所用以比較者，為現金與銷貨比率、現金與流動資產比率、現金與流動負債比率等。如果顯示本公司現金較其他公司為多，或某一時期庫存現金較其他時期為多，即應考慮資金之需要，設法加以運用，以生孳息。

(三)多餘資金之運用：當有多餘資金時，其運用以本金安全為第一，孳生利息為次要目的，通常以投資短期證券為主。投資長期證券利率即使較短期證券為高，但一旦市場利率上升，則該項證券市價之跌落亦必甚大，當非公司理財之目的。

二.現金收支之處理手續

現金收入方面，必須防止經辦人之挪用弊端。所以收件、記帳及經管現金，最好分由不同人員辦理，以收互相牽制之效。甚或委託銀行代收，先存入銀行帳戶，再辦轉帳手續。如果分支機構甚多，遍布全國，則以分區收付，代替集中收付，避免資金擱置。現金付出方面，必須設「定額零用金」支付小額款項，在若干金額以上者，必須用傳票制度，以支票支付或委託銀行代付。

三.銀行往來調節表

企業資金收付，均經由銀行往來帳戶，由於本身與銀行轉帳時間先後不同，所以公司帳冊記載與銀行帳冊記載有出入，必須加以調節，顯示真實存款餘額，作為現金調度之依據。

四.支票時效之注意

企業現金收付，大多使用支票。票據法有關支票之規定甚多，我們必須切實遵守，在付款時方能順利達到通知銀行付款之目的。收款時，接受他人支票，須注意支票要件，而最重要的是必須注意各種時效期間。

現金管理4重點

企業要如何管理現金呢?

1.現金數量決定

**營利＋周轉靈活
→決定庫存現金多少?**

(1)現金是否太少
(2)現金是否太多
(3)多餘資金之運用

2.現金收支之處理手續

→防止經辦人挪用舞弊

3.銀行往來調節表

→公司帳冊記載與銀行帳冊記載有出入,必須加以調節,顯示真實存款餘額,作為現金調度之依據。

4.支票時效之注意

→依據票據法有關支票各種時效期間規定,收付支票。

| 庫存現金不足 | ➡ | 想辦法擴充現金數量,保持夠量的現金水準。 |

057

收受支票必要的關注

知識補充站

首先要注意票據日期、票據金額是否有誤;其次是票據金額國字大寫是否正確或塗改,若有誤或塗改則視為無效;再來支票若無指名,應填上自己兌現戶頭名稱,並於支票下方填入禁止背書轉讓,如此一來,即使票據遺失,別人也無法領取;然後要注意開票印章是否模糊,若模糊則請發票人重新蓋章或重開,以免到時被退票;一旦收到支票應儘早存入銀行,避免票據遺失,持有之支票若超過兌現日期一年以上就不能兌現;最後則是所存入支票若是跳票,應該查明原因,與原發票人聯繫處理。若發票人不處理,可將該張退票支票重複存入,讓開票人有一再跳票之壓力。

Unit **3-5**
多餘現金進行短期投資原則

如果公司有足夠的現金，則說明管理者對現金的管理是成功的。然而隨著現金積累的增多，有效率的現金管理者開始意識到，現金剩餘過多將大大降低公司財務資源運作效率。現金應該與企業其他資源一樣，以提高效率作為首要目標，多餘的現金可作為短期投資，並應秉持以下四項原則，才能讓其得到有效運用。

一.安全性

這是短期投資最基本的一個原則。過剩的現金，仍為企業所需要，萬一投資失利，不但遭受損失，更嚴重的是可能造成企業發生資金周轉的困難，因此剩餘現金的投資必須以安全為第一，不能輕易嘗試投機而導致因小失大。

二.市場性

由於剩餘現金是臨時性的，企業在短期內隨時可能需要這筆資金，因此短期投資必須特別注意變現能力，在必要時，隨時可用合理價格出售，換回所需要的現金。

三.期限

短期投資往往以購買證券為主，特別是安全性最高的政府公債，或優良的高級股票或公司債。根據市場資料的統計，債券的期限愈長，價格波動的幅度愈大，因此獲利的幅度也較大，相對地，風險也較高。對企業短期投資而言，基於安全的重要性，短期債券比長期債券似乎比較適宜。

四.獲利性

短期投資的目的，即在於使現金得到最有利的運用，因此選擇投資方式時，不能忽略投資報酬的大小，短期投資要以安全第一而又要求其獲利，這就涉及風險與收益的選擇了。有能力的財務人員應該在安全的前提下，選擇最有利的投資方式；如果只求安全而把現金存在銀行的活期存款戶內，並不是成功的作法。

小博士解說

現金是企業的一種緊缺資源

關注盈餘現金管理的同時，也會發現現金是企業的一種緊缺資源，在企業發展過程中，經常會發生短缺現象。當企業面臨現金短缺時，必須對現金的籌集方式及所需現金的時限作出決策。現金支付能力一時的喪失很可能使企業陷於被清算，從而結束。現金短缺的管理核心集中在籌資管理、利率管理、現金收入和支出預測及動態平衡管理。

多餘現金短期投資4原則

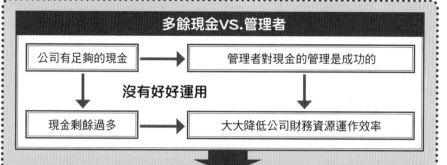

多餘現金VS.管理者

| 公司有足夠的現金 | → | 管理者對現金的管理是成功的 |

沒有好好運用

| 現金剩餘過多 | → | 大大降低公司財務資源運作效率 |

如何運用多餘現金

1. **注意安全性→不要血本無歸,亂投資。**
2. **注意市場變現性→變現性愈快愈好。**
3. **注意期限→基於安全的重要性,短期債券>長期債券。**
4. **注意獲利性→有能力的財務人員應該在安全的前提下,選擇最有利的投資方式。**

059

知識補充站

現金管理進入跨國階段

隨著企業進一步國際化和許多較複雜金融工具(如期權)的引入,現金管理已經與財務管理的其他領域緊密結合一起,進入跨國現金管理控制階段。現金管理控制開始面臨前所未有的難點:母公司與子公司現金管理上的時空分離、不同貨幣的同時收支等問題,帶給傳統財務管理嚴峻的挑戰。相對地,跨國公司現金集中管理、現金的外匯風險管理等,也成為公司現金管理的核心內容。

▶▶▶▶▶▶▶▶ **期權**

- 期權(Option),又稱為選擇權,是在期貨的基礎上產生的衍生金融工具。從其本質上說,期權實質上是在金融領域中,將權利和義務分開進行定價,使得權利的受讓人在規定時間內對於是否進行交易,行使其權利,而義務方必須履行。在期權的交易時,購買期權的一方稱作買方,而出售期權的一方則稱賣方;買方即是權利的受讓人,而賣方則是必須履行買方行使權利的義務人。
- 期權具「零和遊戲」特性,而個股期權及指數期權皆可組合,進行套利交易或避險交易。
- 期權主要可分為買方期權(Call Option)和賣方期權(Put Option),前者也稱為看漲期權或認購期權,後者也稱為看空期權或認售期權。

Unit 3-6
季節性與長久性流動資金來源

當企業流動資金需要增加時，要利用哪些方式取得呢？首先，我們要先判斷所需流動資金是屬於季節性或長久性，再來決定取得資金的方式。

一.季節性流動資金融通方式

(一)交易信用：向賣方賒購原料或成品，延緩付款期限，此在所謂「買方市場」下，應用最為便利；賣方為推銷產品，不得不依循買方所提出之付款條件。因此買方尚未支付價款，即已獲得原料或成品，增加流動資金。向國外進口原料，亦可比照使用，通常有付款交單、承兌交單或遠期信用狀等方式，國外供應商先行交運貨物，俟貨物到後再行付款，或先提取貨物，然後於約定日期付款。

(二)銀行借款：商業銀行以融通季節性流動資金為主要業務，企業界遇有季節性流動資金需要，向銀行借款，為極常見的現象。亦以零售商、批發商及製造商利用較多，尤以中小企業利用為多，大規模企業亦有利用。

(三)票據之利用：在季節性流動資金調度上，亦可利用票據換取貨物，充裕流動資金，通常使用商業承兌匯票、銀行承兌匯票及發行商業本票。

(四)金融公司之存貨信用：經銷汽車及家庭用具之企業，通常採用分期付款辦法推銷產品，因為存貨價值昂貴，每每需要鉅額流動資金。

(五)金融公司之應收帳款買收（Factoring）：在流動資金調度上，美國及若干其他國家，企業界可利用金融公司應收帳款買收的辦法以獲得現金。在應收帳款為數甚大的企業，為免長期積壓鉅額資金，可以將應收帳款售與金融公司。通常雙方先行約定條件，選擇銷售對象，然後將所發生之應收帳款售與金融公司，由金融公司代為收歸，並負擔呆帳損失，而金融公司之收入則為佣金。

二.長久性流動資金來源

(一)發行股份或債券：大體而論，長久性的流動資金，可用發行股份募集資金供應，但是亦可用長期債款供應。因為永久性流動資金，係在產銷過程中周轉，較之固定資產變現較易，萬一遇有償債需要，自可設法變現償債。其次就資金成本而言，通常普通股成本最高，特別股（優先股）次之，公司債又次之，為節省資金成本，獲致財務槓桿作用之利，以籌措長期債務所獲資金充作永久性流動資產，至為恰當。

(二)出售固定資產：如有閒置之固定資產，將其處理出售，藉以充裕流動資金，化無用為有用，亦為企業界常見的現象。固定資產本屬長期性質，將其出售所得之資金，自可作為永久性之流動資金。

(三)保留營業盈餘：企業經營業務，若逐漸發展，每年產銷過程所需流動資金，必隨之增加，除部分可利用短期資金融通外，亦可以提存公積的方式，將每年度所獲營業盈餘保留部分，以便逐漸增加流動資金，配合業務發展，加強企業獲利能力。

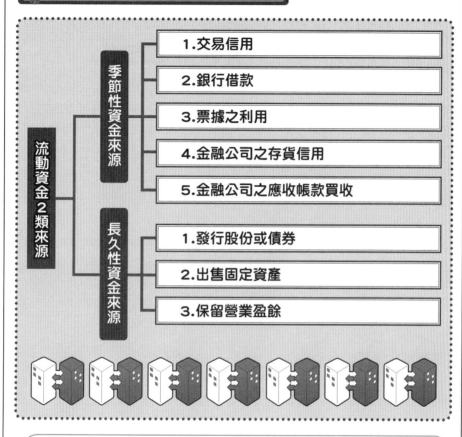

季節性與長久性流動資金來源

流動資金2類來源

季節性資金來源
1. 交易信用
2. 銀行借款
3. 票據之利用
4. 金融公司之存貨信用
5. 金融公司之應收帳款買收

長久性資金來源
1. 發行股份或債券
2. 出售固定資產
3. 保留營業盈餘

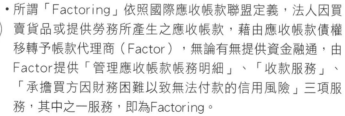

What is Factoring?

知識
補充站

- 所謂「Factoring」依照國際應收帳款聯盟定義，法人因買賣貨品或提供勞務所產生之應收帳款，藉由應收帳款債權移轉予帳款代理商（Factor），無論有無提供資金融通，由Factor提供「管理應收帳款帳務明細」、「收款服務」、「承擔買方因財務困難以致無法付款的信用風險」三項服務，其中之一服務，即為Factoring。

- 此外，Factoring必須符合以下全部原則才成立：1.應收帳款因法人交易而產生應收帳款；2.應收帳款為買賣貨品或提供勞務而產生；3.債權需移轉予Factor；4.符合三項服務之一，以及5.單一Account帳款需在到期日前全數轉讓予Factor，逾期轉讓將以有追索權方式承作。

- 賣方使用Factoring服務，屬於Factoring時點為：1.當買方要求付款條件為Open Account；2.當公司快速成長需要營運資金，以及3.當帳務繁瑣需要收款服務等；不屬於Factoring的時點，則為：1.帳款已逾期；2.貨物以寄售方式交易，以及3.貨物品質不易界定與易產生糾紛者。

Unit **3-7**
貨幣市場融通流動資金方式

貨幣市場是指一年以內短期資金供需媒介的市場，主要包括短期票券與銀行同業拆借市場。換言之，貨幣市場實際上是短期資金借貸市場。民間也有相互借貸行為，但僅為借貸雙方個別的交易。貨幣市場則是循公開方式，任由供需雙方在充分了解市場情況下，直接進行借貸行為。參加這個市場者，有個人、企業、銀行及政府，均可能為資金的供給者或需要者。本單元則著重企業如何融通流動資金的方式。

一.商業承兌匯票

當交易行為發生時，賣方一方面交運商品，一方面出具「商業承兌匯票」（Trade Acceptance），載明金額及付款日期，請由買方承兌。所謂承兌，即是買方承諾於某月某日付款之意，屆時可由賣方或其他持票人向其收款。在票據到期前，賣方如果需要資金，即可將此項承兌匯票向銀行貼現，扣除利息後獲得現款，貼現銀行於到期時向買方收款清償。萬一買方因故未能付款時，貼現銀行再向貼現人（即賣方）收款，銀行不能負擔風險。故貼現人在貼現票據到期兌付前，有「或有負債」。

二.銀行承兌匯票

賣方為避免或減少「或有負債」之風險，可要求買方提供銀行信用，以「銀行承兌匯票」（Banker's Acceptance）代替商業承兌匯票。賣方於交付商品時，可出具銀行承兌匯票，載明金額及付款日期，由買方之銀行承兌，此即由銀行承諾到期時無條件兌付，屆時可由賣方或第三者向買方之銀行收取。在票據到期前，賣方如果需要資金，亦可將此項匯票向銀行貼現，扣除利息後，獲得現款。貼現銀行於到期時，向承兌銀行收款清償。因為此項匯票係由銀行承兌，到期必然付款，就貼現人而言，「或有負債」之風險，大為減少。

三.商業本票

企業如一時需要鉅額流動資金，以應產銷資金需要，因為金額過鉅已超過當地銀行之授信能力，即可與商業本票公司（Commercial Papers House）接洽，公開發行「商業本票」（Commercial Papers），以募集資金。通常商業本票公司，應先審查此一企業之財務情況、信用地位及資金需要，以及商業本票之條件，如金額、期限、利率等，經雙方同意，即可發行。由企業將所發行之商業本票，交付商業本票公司，商業本票公司將票款扣除利息及佣金後，撥交該企業應用，同時將商業本票向各地商業銀行或其他投資人士推銷，收回資金。此種商業本票，商業本票公司雖不負償還或保證的責任，但是由其經銷，自亦與其信譽有關，所以審查頗為嚴格，大多信用良好，為一般人所樂於投資，自為企業獲得流動資金之可靠途徑。

貨幣市場的定義及融通資金的方式

什麼是貨幣市場？

1. 一年以內短期資金供需媒介的市場，主要包括短期票券與銀行同業拆借市場。

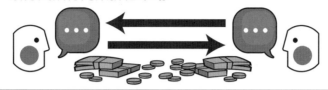

2. 貨幣市場實際上是短期資金借貸市場。

3. 貨幣市場循公開方式，任由供需雙方在充分了解市場情況下，直接進行借貸行為。

4. 參加這個市場者，有個人、企業、銀行及政府，均可能為資金的供給者或需要者。

企業融通流動資金3方式

1.商業承兌匯票

→指由收款人簽發，經付款人承兌或由付款人簽發並承兌的商業匯票。

2.銀行承兌匯票

→指經由銀行承兌的商業匯票，票據的主債務人為承兌銀行，承兌銀行有付款的責任。

3.商業本票

→指公、民營企業以簽發遠期本票的方式，在貨幣市場公開發行，取得融通資金之信用工具。

知識補充站

資本市場VS.貨幣市場

• 金融市場可分為資本市場與貨幣市場兩大類。資本市場是指一年以上長期資金供需的交易市場（例如：股票市場與債券市場）。貨幣市場則是調節短期資金供需，運用短期信用工具融通資金的市場，期間則在一年以內。

• 貨幣市場主要功能包括：資金供給者提供短期融通、資金需求者獲得短期融通，以及協助中央銀行實施公開市場操作。

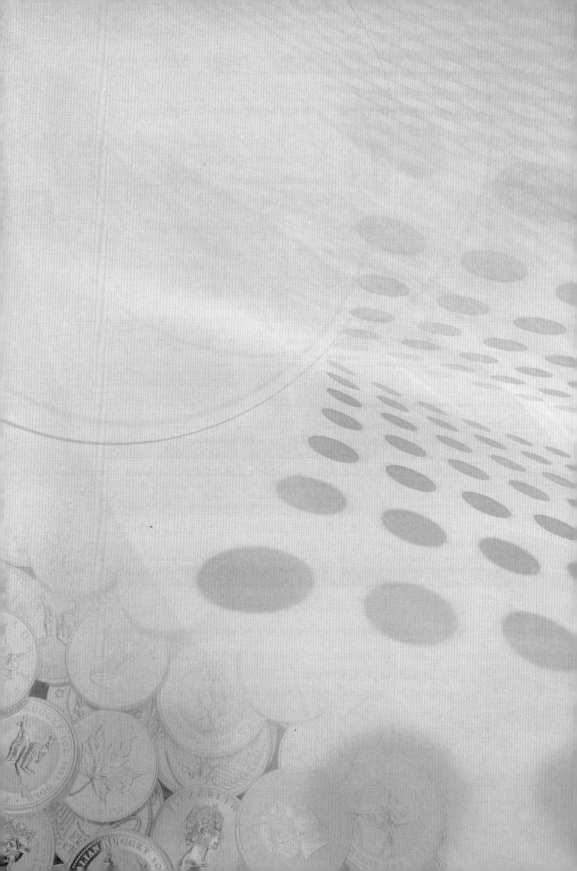

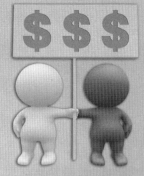

第 **4** 章

普通股、特別股、庫藏股

●●●●●●●●●●●●●●●●●●●●●●●●● 章節體系架構 ▼

Unit 4-1
普通股的意義與特質

　　普通股可說是公司的基本資金來源。我們從一家企業的財務結構來看，一般可分為負債及資本，而負債又可分為流動負債及中、長期負債；股份有限公司之資本可分為特別股及普通股，其中普通股構成公司資本之主體。換言之，如果沒有普通股，即不能成為公司；但是一家公司可能沒有負債，也可能沒有特別股。

一.普通股為公司之資本

　　我國公司法規定：「股份有限公司之資本，應分為股份，每股金額應歸一律，其一部分得為特別股，其種類，由章程定之。」所以普通股（Common Stock），為公司資本之一種，對公司享有股東權，可以在不受限制，亦無優先的情況下，參加公司盈餘之分配，或最後財產之分配（假如公司有優先股時，則在優先股權利之後）。換言之，此類股票代表全部公司資產，償付負債及其他優先股份後之剩餘價值之所有權。

二.普通股之特質

　　(一)有限責任：負擔之風險以其出資額為限，不對公司風險擔負無限責任。我國公司法規定：「股東對於公司責任，以繳清其股份之金額為限。」由於股東為有限責任，大家自然樂於投資，因此企業家可募集社會大眾資金，成立大規模企業，為社會創造財富。此為公司組織較其他企業組織型態進步，亦為公司組織日趨普遍之原因。

　　(二)永久資金：普通股為公司基本資金來源，在公司成立經營過程中，「最先出現，最後離開」。普通股享有股東權，並不包括請求返還股款之權利，以示與公司負債有別。所以除非公司清算解散，普通股股東不能向公司取回投資資金。不過股東投資以後，有權取得股票，可自由出售或轉讓所持有股份，可於必要時收回資金。

　　(三)管理權：股東對公司之管理權，在於股東會之表決權，及被選舉為董監事權。至於實際上公司之經營管理，多與「所有權」分離。尤其小股東投資股票，多以增加收入及保存幣值為目的。

　　(四)享有經營成果：公司經營所獲利潤，首須支付公司借款及債券利息，次為支付特別股股利，其餘即屬普通股股東所有。公司每年所分配股利，僅為利潤之一部分，所以股利並非決定股票市價之唯一因素。而公司獲利能力，始具有決定性影響。就股東而言，其投資所得之來源，一為公司分派之股利，一為所持股票市場價格之上漲。

　　(五)分配剩餘財產：公司債或特別股（優先股）持有人，較普通股持有人有優先受償權。因此普通股股東對公司資產餘值享有權益。此項餘值分配，係按照股份數量比例分配，所以任一股東對股份總額之比例，必須設法維持，以期股東權益之公平。

　　(六)了解公司業務財務狀況：基於前述(四)、(五)兩項權利，普通股股東必須有了解公司業務財務之權。所以公司應對股東提供相關資料，即通常所謂的年度報告。

💲 普通股的意義與特質

普通股

我國公司法第156條規定

股份有限公司之資本，應分為股份，每股金額應歸一律，一部分得為特別股；其種類，由章程定之。

公司基本與主要資金來源

普通股6大特質

1.負有限責任
→負擔之風險以其出資額為限，不對公司風險擔負無限責任。

2.屬永久資金
→普通股享有股東權，並不包括請求返還股款之權利在內，以示與公司負債有別。

3.享有管理權
→股東對公司之管理權，在於股東會之表決權，及被選舉為董監事權。至於實際上公司之經營管理，多與「所有權」分離。

4.享受經營成果
→公司經營所獲利潤，首須支付公司借款及債券利息，次為支付特別股（優先股）股利，其餘即屬普通股股東所有。

5.分配剩餘財產
→公司債或特別股（優先股）持有人，較普通股持有人有優先受償權。因此，普通股股東對公司資產餘值享有權益。

6.了解公司營運狀況
→基於上述4.及5.兩項權利，公司應提供年度報告給普通股股東，以了解公司業務財務之情況。

Unit 4-2
股本的種類

基本上，公司股本可區分為兩大類：一是法定資本制，一是授權資本制。以下我們將說明之，並就後者之意義與目的探討之。

一.股本區分兩大類

(一)**法定資本制**：公司資本股份核定後，於公司設立登記以前，必須全部募足。依此股本分為下列三種：1.額定股本（Authorized Stock）：公司設立經政府核准而於公司章程中訂明之資本額，亦即公司得發行股份之總數；2.實收股本（Actual Receipt Stock）：即公司額定股本扣除股東應納股款未繳納部分後之餘額，以及3.流通股本（Outstanding Stock）：乃公司實收股本扣除庫藏股份後之餘額。

(二)**授權資本制**：公司資本股份核定最高限額後，公司得視其需要，隨時在發行限額內公開招募。此股本可分三種：1.額定股本（Authorized Stock）：乃公司創立時經政府核准，而在公司章程訂明得發行之股份數額；2.已發股本（Issued Stock）：額定股本中，已由股東認繳之股份，股東認募後，即須將股款全部繳納，以及3.流通股本（Outstanding Stock）：指已發行股本減庫藏股份而尚留存於股東之股份。

二.授權資本制之意義與目的

(一)**授權資本**：為一公司章程規定可以發行之股份數量，通常指是項股份之票面價值或帳面價值，此種資本或股份總數，並不一定一次發行，可以當公司需要資金時，再予陸續發行。不過有了此項授權資本總額，公司當局可以隨時發行，而不必經過增資手續，這對便利資金募集及促進資本形成，均有幫助。

(二)**股份有限公司之資本**：我國公司法規定，股份有限公司之資本，應分為股份，是項股份總額得分次發行，但第一次應發行之股份，不得少於股份總額1/4。股份有限公司之最低資本總額，得由主管機關，分別性質斟酌情形，以命令定之。公司新股之發行，則由董事會以董事2/3出席，及出席董事過半數之同意行之。這即是授權資本制。

(三)**授權資本制之採行**：其用意有以下四點：1.需要擴充資金時，可以發行新股募集，所以將來如果有擴充計畫，則授權資本額宜高，以因應將來資金需要；2.公司發行可轉換普通股之公司債者，持券人將來有權要求將其債券轉換為普通股，所以亦宜有較大的授權資本額，以備將來轉換；3.公司在財務政策或人事政策上，預備將來發行股票股利，或是發給高級職員酬勞股份，均需有較大的授權資本額，才能順利實行，以及4.將來本公司可能與其他公司合併，或承受其他公司資產時，本公司將要發行股份與其他公司或其股東交換。我們若臨時辦理增資手續，可能迫不及待。如果先有授權資本額度，則便利甚多，可把握有利之交換機會，而不致被別人捷足先登。

股本2大類

股本的種類

1. 法定資本制

(1)額定股本
→公司設立經政府核准而於公司章程中訂明之資本額，亦即公司得發行股份之總數。

(2)實收股本
→公司額定股本扣除股東應納股款未繳納部分後之餘額。

(3)流通股本
→公司實收股本扣除庫藏股份後之餘額。

2. 授權資本制

(1)額定股本
→公司創立時經政府核准，而在公司章程訂明得發行之股份數額。

(2)已發股本
→額定股本中，已由股東認繳之股份，股東認募後，即須將股款全部繳納。

(3)流通股本
→公司已發行股本減除庫藏股份而尚留存於股東之股份。

授權資本制4項採行用意

為何要採行授權資本制？

1. 需要擴充資金時，可以發行新股募集。

2. 公司發行可轉換普通股之公司債者，以備將來持券人要求將其債券轉換為普通股。

3. 公司在財務政策或人事政策上，預備將來發行股票股利，或是發給高級職員酬勞股份。

4. 將來本公司可能與其他公司合併，或承受其他公司資產時，本公司將要發行股份與其他公司或其股東交換。

Unit 4-3
股票的意義與股款繳納

電視上股市名嘴天花亂墜的股市交易解盤的股票，與本單元要探討的股票是一樣嗎？以下我們有精闢的說明。

一.股票的意義

所謂股票（Share-Certificate），乃是為表彰股東權之要式有價證券。股票雖是一種有價證券，然僅為股東行使其權利之憑證，股東權並非用股票創設。

二.股票的性質

(一)股票非設權證券：股票乃表彰已發生股東權之證券。股票之發行，必須先有股份之存在；但股票之創設並不代表股東權已存在，故股票非若票據之為設權證券。

(二)股票為要式證券：股票應記載一定事項，須由董事三人以上簽章，並經主管機關或其核定之發行登記機構簽證後發行，欠缺上述要件時，其股票無效，故為要式證券。

(三)股票為有價證券：有價證券乃證券所表彰權利之利用，與其證券之占有，在私法上具有不可分離之關係，權利之轉讓與證券之轉移，常相伴而行。股票與其所表彰之股東權，亦有如此關係，故為有價證券。

(四)股票非物權及債權證券：股東對於公司雖享有股份，享有種種權利，但對於公司財產絕不能直接分配處理，其權利自不得以物權論。又股東因出資入股，遂對於公司獲得股東權，然其地位乃公司內部之構成分子，並非與公司對立之債權人，則其權利亦不得以債權論。故股票既非物權證券，亦非債權證券。

三.股款繳納規定

(一)繳納股款期限：公司若是第一次發行股份，當其總數募足時，發起人應即向各認股人催繳股款。如認股人延欠應繳之股款時，發起人應定一個月以上之期限，催告該認股人照繳，並聲明逾期不繳即失其權利。屆期，發起人自可另行募集；如有損害，並得向認股人請求賠償。

第一次發行股份募足後，逾三個月而股款尚未繳足或已繳足，而發起人不於二個月內召集創立會者，認股人得撤回其所認之股。由公司退回其股款，並加給法定利息。

(二)現金股款：股份有限公司股款之繳納，應以現金為原則。我國公司法亦規定股東之出資，除發起人之出資及本法另有規定外，以現金為限。股票之發行價格，不得低於票面，例如：每股面額10元，不得在10元以下發行，若是超過票面金額發行者，其溢額應與股款同時繳納。

(三)其他股款：發起人以財產抵作股款者，如估價過高時，創立會得減少其所給股數或責令補足。

| 股票 | ➡ | 為表彰股東權之要式有價證券，亦為股東行使其權利之憑證。 |

股票性質

- 1.股票非設權證券
- 2.股票為要式證券
- 3.股票為有價證券
- 4.股票非債權證券

| 股款繳納 | ➡ | 以現金為主，於限期內繳足。 |
| 每股面額 | ➡ | 以10元為基準。 |

知識補充站

全球股票的分類

我們可就臺灣、中國大陸，以及國際等三方面來分類：

- 首先，臺灣的股票是按照下列方式來分類：1.按股東權利，可分為普通股、特別股；2.按股票狀況，可分為普通股、全額交割股，以及3.按交易方式，可分為上市股票（集中市場交易）、上櫃股票（櫃檯買賣交易）、興櫃股票（即將上市上櫃股票）、未上市上櫃股票。

- 而中國大陸的股票則是按照下列方式來分類：1.按票面形式，可分為記名股票、無記名股票和有面額股票；2.按上市交易所和買賣主體，可分為A股（上海和深圳）、B股（上海和深圳，其中上海B股以美元結算，深圳B股以港元結算）、H股（香港聯交所上市交易的在大陸運作的公司）、紅籌股（在香港或境外登記註冊，但實際經營活動在中國大陸的公司）；3.按持股主體，在2005~2006年的股權分置改革以前，可分為國家股、法人股和個人股；4.按公司業績，可分為績優股和垃圾股，以及5.按股東權利，分為優先股和普通股。

- 至於國際方面的股票則是按權利及分紅情況，可分為優先股、普通股（A股）、B股（A、B股份類已甚少出現，現僅剩美國及香港仍有）。

Unit **4-4**
普通股的股東權利及其優點

　　普通股是股票的一種，相對於特別股，乃一家公司最基本的一種股份類別。在上市公司中，一般會以這類股票在證券交易所上市，並通常占了公司資本的主要部分。

一.普通股的股東權利

　　身為一個普通股股東，其所享有法定基本權利，主要有下列三項：

　　(一)盈餘的分配權：公司的股利政策是由董事會擬定，提經股東大會通過，但眾多股東由於股份少，在股東會中難以發生影響力，因此股利的分配總是由擔任董事的大股東所決定。

　　(二)資產分配權：普通股股東對公司資產的分配權，只有在公司辦理清算時才產生。公司辦理清算，必須先行清償所有負債，如果有特別股，必須先返還其股本，剩餘部分才由普通股股東分配；如果是破產清算，資產已不足清償負債，普通股當然不可能獲得還本，普通股股東的資產分配權即等於零了。所以只有在自願解散清算時，才可能獲得分配。

　　(三)經營參與權：公司企業由於股東人數眾多，因此股東不可能個個直接參與公司之業務經營，而且在講求科學管理與經營效率的時代，股東並不是人人具有經營的訓練與才能。所以除了規模小，股東人數較少的公司，可能有類似合夥企業，由股東共同負責經營之情形外，大規模公司之股東只有運用間接的途徑參與公司的經營，最主要的就是選舉董事和監察人的權利。

二.普通股的優點

　　(一)普通股沒有期限，其股本與公司共存亡：公司可以運用普通股股本，免除後顧之憂，沒有還本的束縛。

　　(二)普通股的股利，視公司盈餘情形決定：公司沒有分配普通股股利的絕對義務，有時配多有時配少，甚至可以不配，公司可以斟酌自己的財務能力而伸縮；比起特別股的股利，或公司債的利息，公司減輕了不少壓力。

　　(三)增發普通股可以改善公司的財務結構：如此一來，可以降低負債與淨值比率，提高公司信用，以及向外借款的能力。

　　(四)普通股沒有保證有股利，但比較容易銷售：因為特別股或公司債的收益都是固定的，收益率又不高，因此一般投資人對股票的興趣比較濃厚。普通股的股利雖然沒有保證，但是平均股利率總是比特別股或公司債的收益率為高，投資人也就懷著對股利或股價上升的期望。

　　此外，普通股的價值會隨物價水準上升而增加，具有儲蓄保值的功能，因此發行普通股比特別股或公司債，都更容易抵銷。

普通股的股東權利及其優點

普通股股東權利

1. 可享稅後盈餘分配權
2. 可享清算時資產分配權
3. 可享經營參與權

普通股的優點

普通股

1. 普通股與公司共存亡
2. 分配股利與否，享有彈性
3. 屬於自有資金，可改善財務結構
4. 股東對股價上升有期待

073

知識補充站

大盤指數怎麼來的？

• 股市名嘴解盤下的股票大盤指數是由全臺灣各公司的市值加權平均後得到的，即：大盤指數＝加權指數＝現貨指數，通常一個國家的股市指數乃在反映一個國家的經濟狀況，而指數是由一千多家的股票所組合而成，又可稱現貨指數。

• 臺灣證券交易所所編製之發行量加權股價指數（以下簡稱加權指數，其英文簡稱為TAIEX）之採樣樣本為所有掛牌交易中的普通股，並依下列情況處理：1.新上市公司股票在上市滿一個日曆月的次月第一個營業日納入樣本，但已上市公司轉型為金融控股公司及上櫃轉上市公司，則於上市當日即納入樣本；2.暫停買賣股票在恢復普通交易滿一個日曆月的次月第一個營業日納入樣本，但因公司分割辦理減資換發新股而停止買賣的股票，新股恢復買賣當日即納入樣本，以及3.全額交割股不納入樣本。

• 基本上，加權指數的計算公式為：指數＝當期總發行市值 ÷ 基值 × 100，但如有該要點所列狀況時，應調整基值，以維持加權指數之連續性。

Unit **4-5**
發行普通股考量因素

相對於舉債融資，公司發行普通股具有前文提到的下列優點：沒有固定到期日，不必還本；沒有固定的利息負擔，只有在公司有盈餘時，才須將部分盈餘作為股利分配給股東；普通股股東權益愈高，公司的資本結構愈佳，能夠提升公司未來的舉債能力等。但也有其應考量之處，以下我們將分別說明之。

一.增加普通股發行恐將影響公司控管權

由於普通股有表決權及選舉權，股份增加以後，表決權及選舉權分散，即會不易控制。如果增加發行太多，甚至可被其他股東控制，影響經理部門。

二.增加普通股發行數量

如果公司盈餘不能比例增加，則將降低每股之獲利能力，影響每股股利及股票市價。所以當公司股票市價下落時，不宜增加發行，以免加劇市價滑落。

三.利用普通股募集資金

雖無財務風險，但是一般而言，普通股之募集費用及股利較高，所以其成本比以其他方式募集資金之成本為高。若一再利用普通股，而不在可能範圍內利用其他低利資金，則無疑透露出財務部門專業能力之不足。

四.股利為稅後盈餘之分配

如與稅前支付利息相互比較，支付股利其實並沒有節省營利事業所得稅負擔之利益，所以公司實際負擔較高。

小博士解說

股票上市的優點
- 所謂上市，是指在證券交易所掛牌買賣，與未上市公司在募集資金的方式上有很大的差異，茲先將其優點說明之。
- 企業之所以會將股票在集中市場上交易，其主要考量因素為：1.上市公司必須公開其財務報表，有助於社會大眾對該公司的了解，進而願意投資該公司（就投資人而言）；2.公司原有股東可以藉上市的機會，將其投資資金以出售股份方式抽回一部分，並將部分資金轉投資到其他地方以分散風險（就投資人而言）；3.上市公司對外向金融機構借款或發行新證券會比較容易（就發行公司而言），以及4.上市之後在媒體出現的機會較多，知名度得以開展，有助於公司業務的拓展（就發行公司而言）。

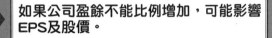

發行普通股應考量4因素

1.增發普通股	➡	發行過多，恐將影響對公司的控制權或管理權。
2.增加普通股發行數量	➡	如果公司盈餘不能比例增加，可能影響EPS及股價。
	➡	當公司股票市價下落時，不宜增加發行，以免加劇市價滑落。
3.利用普通股募集資金	➡	雖無財務風險，但成本比以其他方式募集資金之成本為高。
4.股利為稅後盈餘之分配	➡	對營利事業所得稅負擔的減輕，沒有任何效益。

知識補充站

股票上市的缺點

- 基本上，凡事正反兩面評價，極為平常。因此左頁小博士解說內文提到股票上市的優點；相對的，也同時有下列缺點存在著：
1. 公司必須揭露許多事項，而且對證券交易所及證期會所作的財務、業務報告亦多（就發行公司而言）。
2. 新股發行所擴大的投票權，稍有不慎，則控制權可能外流（就發行公司而言）。

Unit 4-6
特別股的優惠及限制

公司發行之股票可分為普通股與特別股，享有一般之股東權利者稱為普通股；享有特殊權利、或某些權利受到限制者，乃為特別股。

前文我們已介紹了普通股的意義、特質及其優缺點，本單元我們則要對特別股做一概要說明並與普通股比較之。

一.特別股與普通股之不同處

特別股為資本之一種，具有某些特別條件、特別權利或特別限制，其與普通股有下列不同之處：

(一)股利分派之順序：特別股較普通股優先分派股利。

(二)股利之比率：特別股之股利比率一定，而普通股則不受限制。

(三)剩餘財產分配之順序：對剩餘財產之分配，特別股之地位優於普通股。

(四)收回與調換：特別股可能有要求收回、調換等條款，而普通股則無。

(五)比較沒有決議權：普通股之決議權係股東基本權利，優先股原則上放棄此項權利，但多數在一定限度或條件下，仍保有決議權。

二.特別股具有的優惠

(一)股利分派之優先：即是約定當公司未能對優先股分派約定股利之前，不得對普通股分派股利，以示對優先股的保障。

(二)剩餘財產分配之優先：即是當公司結束清算時，處分財產所得資金，清償公司債務以後，應先分配予優先股，然後再按普通股比例分配。

三.特別股具有的限制

特別股雖然具有以上優惠，可是另一方面，其在某些權益上也受到若干限制：

(一)固定利率的限制：特別股股利係固定利率，故除了參加分配之特別股外，即當公司獲利甚大時，其股利亦以約定者為限，不能如普通股可因公司盈餘增加而增加。

(二)有盈餘也要董事會同意，才能分派股利：特別股股利仍以營業盈餘為前提，且須董事會通過分派。如公司沒有盈餘或有盈餘卻不分派股利時，特別股即使再特別，也是無可奈何。

(三)受到公司章程的限制：有時公司章程還限制特別股股利之分配。

(四)管理權與表決權都受限制：一般言之，特別股多半對公司沒有管理權，除非在某些特定條件下，特別股多不能選舉董事。有時特別股股東即使可以參加股東會，其表決權亦受到若干限制。

特別股的不同處

1.可較普通股優先分派股利。

2.股利比率一定,而普通股不受限制。

3.對於剩餘財產,比普通股具有優先分配權。

4.特別股不要求收回、調換權利,而普通股則無。

5.經營管理權受有一定限制,但卻是普通股股東基本權利。

知識補充站

特別股之種類

由我國公司法第130條規定得知,公司發行特別股時,應於章程中載明,否則不生效力。而其種類,目前實務上常見的有以下四種:

1. **永續特別股**:指無到期、轉換、買回、賣回等停止存續之特別股。

2. **累積特別股**:發行公司於無盈餘年度未發放之股息,或盈餘不足未發放之股息,須於日後有盈餘年度補發,此補發股息之計算又可分為單利與複利兩種。

3. **非累積特別股**:發行公司於無盈餘年度未發放之股息,或盈餘不足未發放之股息,無須於日後有盈餘年度補發。

4. **附轉換權利特別股**:具有轉換為普通股之權利,故此類特別股之評價將與普通股股價有極高之相關性,惟目前主管機關對轉換權卻有如下限制:特別股至少應於發行滿三年後始得轉換為普通股並應一次全數轉換,以及轉換比例應明定為1:1等兩項限制。因主管機關之限制,使轉換權之條件設計缺乏彈性,在此限制規定後,市場尚無附轉換權利特別股之發行。

Unit **4-7**
庫藏股的意義及買回時機 Part I

庫藏股（Treasury Stock）乃指公司所持有自己的股票曾經流通在外，予以買回、收回，存放於公司，而尚未註銷或重新售出之意。之所以會有此名稱之產生，當然有其緣由與時機，由於本主題內容豐富，特分兩單元介紹。

一.庫藏股的立法緣起

依照我國公司法規定，發行公司原則上是不能買回庫藏股，除非有公司法第167條所規定的情事，包括買回公司所發行之特別股（公司法第158條）、反對公司營業內容有重大變更（公司法第185條），以及反對合併及分割者（公司法第317條）。

後來由於國內股市歷經空頭市場大跌，許多企業習慣以護盤方式維護公司股價，因此有許多人倡議以庫藏股作為挽救股市的手段，故在2001年11月公司法修訂時，正式加入庫藏股的規定（公司法第167條之1）。

不過國內關於庫藏股的立法規定，並不是以公司法為主，正式的立法主要為2000年7月於證券交易法中增訂第28條之2有關建立庫藏股制度的相關條文，並輔以財政部證券暨期貨管理委員會所發布之「上市上櫃公司買回本公司股份辦法」，以及有關庫藏股問題集等。

二.庫藏股的買回時機

(一)轉讓給予員工（包括實施員工認股權憑證）：為激勵員工及留住優秀人才，公司得買回公司股份以轉讓給予員工，或作為發行員工認股權憑證之用。過去我國在庫藏股制度尚未完成立法以前，對於員工的獎勵措施，主要以現金增資保留10%至15%給予員工認股（公司法第267條）、員工紅利配股（公司法第235條）或員工持股信託等方式，讓員工取得公司股票分享公司經營成果，而庫藏股得轉讓給予員工的規定實施後，公司等於增加另一項獎勵員工的方式。

假設A公司股價大跌，而公司認為此一股價大跌並非經濟因素所造成，公司股價有超跌之嫌，因此買回庫藏股，然後再轉讓給予員工。假設訂定轉讓辦法當日的股票收盤價格為30元，而依照轉讓價格規定，假設轉讓給予員工的價格為30元，股價後來回升至40元，此時若A公司將庫藏股轉讓給予員工，則員工等於每股可以獲利10元（40元減30元）。

對公司來說，假設買回庫藏股的平均價格高於轉讓給予員工的價格，例如：以每股平均35元的成本買回庫藏股，公司等於會產生5元的實質現金流出，及減少5元的資本公積，這就是公司為激勵員工所負擔之成本；若買回庫藏股的平均價格低於轉讓給予員工的價格，例如：每股25元，公司再轉讓給予員工之後，即會產生5元的淨現金流入及資本公積，對公司來說，激勵員工的成本為零，甚至還多「賺」了5元（當然在會計上不會認列為收益）。

庫藏股的定義及買回時機

| 庫藏股 ➡ | 指上市櫃公司將自己曾經流通在外的股票，予以買回、收回，存放於公司，而尚未註銷或重新售出。 |

庫藏股買回3時機

何時才能買回庫藏股？

1.為實施員工認股權憑證，而轉讓給員工

(1) 過去我國在庫藏股制度尚未完成立法以前，對於員工的獎勵措施，主要以現金增資保留10%至15%給予員工認股、員工紅利配股或員工持股信託等方式，讓員工取得公司股票分享公司經營成果。

(2) 庫藏股得轉讓給予員工的規定實施後，公司等於增加另一項獎勵員工的方式，但對員工而言，接受度可能比較低。

2.維護公司信用及股東權益

3.為附認股權公司債、可轉換公司債之股權轉換備用

079

知識補充站

接受度會比較低

庫藏股轉讓給予員工的另一目的，在於取代部分頗受爭議的員工股票分紅制度，不過對於員工來說，股票分紅幾乎完全不需要任何成本（無償取得），但是透過庫藏股轉讓給予員工，則必須支付轉讓價格給予公司（有償取得），因此對於員工來說，接受度會比較低一些。因此就短期內來看，這兩種方式並不能相互取代，而是應該採取相互搭配的方式來進行。

Unit **4-8**
庫藏股的意義及買回時機 Part II

　　前面單元我們已介紹了庫藏股制度的立法緣由，以及將庫藏股轉讓給予員工以為激勵之用，現在我們要再介紹其他可使用庫藏股的範圍。

二.庫藏股的買回時機（續）

　　(二)維護公司信用及股東權益：若為此目的買回庫藏股，則公司最大目的就是要進行護盤，並且在六個月內進行註銷及減資。另外，由於減資之後，公司的資本額及股東權益會同時減少，因此理論上可以提高公司的股東權益報酬率及每股盈餘。

　　但是目前法令對對回庫藏股的比例上限，規定不得超過發行公司已發行股份總數的10%，因此一般來說，即使買回的數量達到上限時，對於股東權益報酬率及每股盈餘的提高程度，頂多也只有10%，實際效果並不顯著。不過，如果公司目前及未來並沒有重大投資計畫或資本支出，且目前公司帳上又有足夠的現金，也無其他更有效率的資金使用目的時，買回庫藏股進行減資，以提高股東權益報酬率及每股盈餘，是一個可以考慮的方向。例如：當公司每次買足預定買回的股數，隨即進行註銷減資，然後再進行下一次庫藏股減資，如此一來，「資本瘦身」的效果會較為明顯，同時對於提高股東權益報酬率及每股盈餘的成果，也會有一大躍進。

　　(三)供附認股權公司債、附認股權特別股、可轉換公司債及可轉換特別股的股權轉換：當發行公司發行附認股權公司債、附認股權特別股、可轉換公司債、可轉換特別股或認股權憑證時，公司資本額將因此增加，造成公司每股盈餘稀釋，此時公司得購回自己公司的股份，以準備作為股權轉換之用，公司獲利便不致於受到稀釋或稀釋效果將會減少。不過，公司之所以會發行附認股權公司債、附認股權特別股、可轉換公司債及可轉換特別股，主要是因為公司有資金需求，若公司動用現金買回庫藏股以供轉換，可能會讓資金募集的效果大打折扣。因此，買回庫藏股雖然可以同時減少公司資本額膨脹的速度及盈餘稀釋的效果，但實務上會有其困難度。

小博士解說

好的股票不會寂寞

巴菲特（Warren Buffett）曾說過：「短線而言，股票市場是投票機，人氣旺的股票走高；但是長線來看，股票市場是體重計，本質好的股票不會寂寞。」對於想要長久經營的企業而言，短期股價的波動不應是經營層的重要考量之一，而公司重要的現金資源更不應該拿來作為護盤之用，因為長期而言，這對於公司的基本面一點幫助也沒有，企業應該思考的是如何將手上的現金作更有效的投資與擴充。

1.為實施員工認股權憑證，而轉讓給員工

2.維護公司信用及股東權益

(1) 最大目的就是要進行護盤，維護不斷下跌的股價，並且在六個月內進行註銷及減資。

(2) 由於減資之後，公司的資本額及股東權益會同時減少，因此理論上可以提高公司的股東權益報酬率及每股盈餘。

(3) 但是目前法令對買回庫藏股的比例上限，規定不得超過發行公司已發行股份總數的10%，因此即使買回數量達到上限，對於股東權益報酬率及每股盈餘的提高程度，頂多也只有10%，實際效果並不顯著。

(4) 如果公司目前及未來並沒有重大投資計畫或資本支出，且帳上又有足夠的現金，也無其他更有效率的資金使用目的時，買回庫藏股進行減資，以提高股東權益報酬率及每股盈餘，是一個可以考慮的方向。

3.為附認股權公司債、可轉換公司債之股權轉換備用

(1) 買回庫藏股可以同時減少公司資本額膨脹的速度及盈餘稀釋的效果。

(2) 實務上會有其困難度，因為可能會讓資金募集的效果大打折扣。

何時才能買回庫藏股？

知識補充站

庫藏股真能護盤嗎？

有專家曾經發表文章指出，為維護公司信用及股東權益而買回庫藏股，不見得對公司有助益。因為公司必須要在六個月內將買回的庫藏股辦理變更登記，註銷股票。而公司註銷庫藏股時，若買進的平均價格低於每股淨值，則每股淨值於庫藏股註銷後會因此降低，甚至於可能侵蝕到保留盈餘而影響公司配股配息的能力。反過來說，也僅有當市價低於公司每股淨值時，買回庫藏股註銷才有助於每股淨值的提升。

Unit **4-9**
庫藏股相關法令規範

我國證券交易法第28條之2第3項規定：「公司依第1項規定買回其股份之程序、價格、數量、方式、轉讓方法及應申報公告事項，由主管機關以命令定之。」因此，財政部證券暨期貨管理委員會依證券交易法之授權，於民國89年8月7日公告施行「上市上櫃公司買回本公司股份辦法」，共分13條。有關我國上市上櫃公司買回本公司股份之制度，除上述規定外，也涵蓋財務會計準則第30號公報「庫藏股票會計處理準則」，茲將有關制度規範介紹如下，以期讀者對庫藏股制度能有通盤的了解。

一.買回原因與目的

我國上市櫃公司得買回本公司股份的原因與目的如下：1.轉讓股份予員工；2.配合附認股權公司債、附認股權特別股、可轉換公司債、可轉換特別股或認股權憑證發行，作為股權轉換之用，以及3.為維護公司信用及股東權益而買回，並辦理註銷。

二.決議方式

需經董事會2/3以上董事出席及出席董事超過1/2同意。惟如公司設有常務董事時，得於董事會休會期間，由常務董事依法令、章程、股東會決議及董事會決議，以集會方式經常執行董事會職權，再提報下一次董事會追認。

三.資訊揭露

應於董事會決議之日起二日內公告，並向證期會申報買回本公司股份之有關事項。買回股份數量每累積達公司已發行股份2%或新臺幣3億元以上，應於二日內辦理申報並公告；並應於買回期間屆滿或執行完畢後五日內，申報公告執行情形。前述訊息內容，應輸入股市觀測站資訊系統。

四.買回方式與期間

在有價證券集中交易市場或證券商營業所或依證券交易法第43條之1第2項公開收購規定買回其股份，亦即由公開市場買回或公開收購方式買回。前者並不得以鉅額交易、標購或參與拍賣之方式買回；後者則必須依「公開收購公開發行公司有價證券管理辦法」，向證期會申請核准後，向不特定人於公開收購期間買回。

買回本公司股份應於申報日起二個月內執行完畢，逾期者，如須再行買回，應重新提經董事會決議。以公開收購方式買回，其收購期間最短為20天，最長為60天。

五.股東會報告之義務

公司買回本公司股份董事會之決議及執行情形，應於最近一次之股東會報告；其因故未買回股份者，亦同。

庫藏股相關法令規範

法令如何規定庫藏股？

1.庫藏股買回決議	須經董事會2/3以上董事出席，且出席董事1/2同意者，始為之。
2.資訊揭露	應於董事會決議之日起二日內公告。
3.買回方式	由公開市場中買回，並於二個月內執行完畢。
4.買回期間	(1) 買回本公司股份應於申報日起二個月內執行完畢，逾期未執行完畢者，如須再行買回，應重新提經董事會決議。 (2) 以公開收購方式買回，收購期間最短為20天，最長為60天。
5.股東會報告	應於臨時股東會中報告。
6.主要目的	護盤、維護、公司信用、避免股價無量下跌。

第 **5** 章

股利與員工股票分紅

章節體系架構

Unit **5-1**
公司股利的分類及發放程序

在臺灣，股票投資已成「全民運動」，如何買賣股票以致富，似乎是大多數人的夢想。坊間流行一句股市名嘴名言：「好的老師直接帶你進天堂，不好的老師帶你住套房。」可見股市深似海，要賺錢不是那麼容易。但是如果選對股而長期投資呢？說不定會領到比銀行利息多好幾倍的股利！以下我們就來說明公司股利的意義與發放。

一.公司股利的意義

公司純益中的一部分應當轉作公積或準備；另一部分就是分配予股東、發起人、董事監察人及員工，作為股利分紅。

股息為公司純益中分配予股東的部分。它的性質，就是股東投資的報償，股東投資的最後目的，也就是要獲得高額的投資利益。而公司經營者對於股東所負的責任，就是要以最完善的經營技術、最佳的理財方法，使公司各項業務順利進行，而給予投資股東繼續不斷的高額股利。

二.股利的分類

(一)現金股利：發給股利，大部分以現金為主，不論公司自己發給，或由銀行代給，發給股利的時間，公司必須充分預備大宗現金，這是最普遍的方式。

(二)股票股利：即股票的分配。公司將歷年積存盈餘公積準備等項，充作股份，增發股票，分發予各股東。

三.股利發放程序

股利不論是現金股利或股票股利，都有其一定的發放基準與程序，茲說明如下：

(一)宣布發放日：也就是股東會通過發放股利之日。當日分派盈餘的分錄，應即登入帳冊。從此，股東應得的這一部分利益，即由股東權益轉變成公司的負債。換言之，今後股東即可以債權人身分，請求公司優先償付這筆負債。

(二)基準日：隨著股票的買賣與轉讓，公司的股東時有變化，股利究應發給何人，不免成為問題。因此公司往往宣布某日為基準日，如果這一天，公司的股東名簿上該股票為某人所持有，所屬股利就發給某人。因此在基準日前取得股票的人，必須於該日向公司辦理過戶手續，否則就不能享受領取股利的權利。

(三)除息日：在基準日成交的股票，往往來不及於當日交割，更來不及於當日過戶，因此習慣上以基準日前一日或前數日為除息日。目前我國公司法規定，基準日前五日為除息日。在除息日前一天成交的股票，尚能於基準日前辦理過戶手續，所以買入的股票，附有當期股利；在除息日或以後成交的股票，已來不及過戶，因此買入的股票，不附當期股利，買賣的價格自然較低，稱為除息價格。

(四)發放日：指公司開始償付應付股利的日期。股東眾多的公司，往往設立股利專款戶，委託銀行或信託公司代付。

公司股利的意義／種類／發放

| 1.公司股利 | ➡ | 從稅後純益中，分配給股東之回饋。 |

2.股利種類 ➡

(1)現金股利
→享受現金入袋為安。
(2)股票股利
→若未來股票有上漲空間，則股票股利也不錯。

3.股利發放程序 ➡

(1)宣布發放日
・指股東會通過發放股利之日。
・是日分派盈餘的分錄應即登入帳冊。
・是日後股東即可以債權人身分，請求公司優先償付這筆負債。

⬇

(2)基準日
・公司宣布某日為基準日時，如果那日公司股東名簿上該股票為某人持有，股利就發給某人。
・基準日前取得股票的人，必須於該日前向公司辦理過戶手續，否則就不能享受領取股利的權利。

⬇

(3)除息日
・目前我國公司法規定，基準日前五日為除息日。

除息日前一天成交的股票	VS.	除息日或以後成交的股票
■可於基準日前		■來不及於基準日前
辦理過戶手續		辦理過戶手續
附有當期股利		不附當期股利

⬇

(4)發放日
・指公司開始償付應付股利的日期。
・股東眾多的公司，往往設立股利專款戶，委託銀行或信託公司代付。

087

Unit **5-2**
公司發展階段下的股利政策

股利政策會因公司之發展階段而有所不同，一般來說，可分為三個階段，即創業時期、成長時期，以及成熟時期。

一.初創公司的股利政策

創立不久之新公司，向外籌措資金，較為困難，在此情形下，公司應在保留盈餘項下撥出資金，以供再投資之用。故每屆派息時，可以股票代替現金作為股息，亦即採用股票股息政策。

二.成長公司的股利政策

成長中的公司，因業務不斷擴張，所需資金亦鉅，如果向外辦理增資募股，一則妨礙原有股東的將來權益，二則徒增麻煩。不如採取定額股票股息政策，每期股率一定，而且不妨稍低，其餘則撥作擴充之用，所發股息，亦以股票抵充為主。

三.成熟公司的股利政策

成熟公司的業務早已固定，信譽亦已建立，公司財務基礎亦大致健全，且財務公開，股東對之較有信心，故可採不規則股利政策，股率視盈利及經濟狀況而每年變動。而發放之股利，亦應以現金為主。

088

小博士解說

股利政策要兼顧公司與股東利益

- 這是摘錄自勤業眾信聯合會計師事務所范有偉會計師於2011年8月2日〈經濟日報〉所發表一篇〈股利政策兼顧公司與股東利益〉。文中結論他提到股利是公司營運結果與股東分享的一項工具，是企業責任的象徵，實務上更具傳遞公司未來營運資訊的效果。

- 臺灣過去科技公司以股票股利為主，現則以現金股利為主，以回應多數股東需求。我們相信證券市場不僅是投資及供需而已，更是投資人的理性決策選擇。我們不僅關注股利是否發放？用什麼形式發放？我們更應關注股利的決策過程是否考慮公司整體及股東的利益？任何形式的股利政策，終會由多數投資人決定是否值得投資（顧客理論）。

- 公司的價值主要決定於營運決策是否成功，股利政策只是回應及傳遞其決策是否成功的一項工具。短期股利多寡，雖會影響股價，但我們更應關注公司的未來營運決策如何？其資金運用是否符合股東利益？因公司的真正價值，來自於公司未來決策是否成功，而此將反映在營運績效上的稅前息前盈餘（Earnings Before Interest and Tax, EBIT）。

公司3階段的股利政策

股利政策會因公司之發展階段而有所不同

1.初創期間公司 → **採股票股利政策**

2.成長期公司 → **股票股利為主，現金股利為輔**

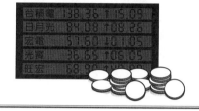

3.成熟期公司 → **現金股利為主**

知識補充站

機會成本

• 機會成本（Opportunity Cost）是指在面臨多方案擇一決策時，被捨棄的選項中的最高價值者是本次決策的機會成本。

• 機會成本又稱擇一成本、替代性成本。機會成本對企業來說，可以是利用一定的時間或資源生產一種商品時，而失去利用這些資源生產其他最佳替代品的機會，即是機會成本。

在生活中，有些機會成本可用貨幣來衡量，例如：農民在獲得更多土地時，如果選擇養豬就不能選擇養雞，養豬的機會成本就是放棄養雞的收益。但有些機會成本往往無法用貨幣衡量，例如：在圖書館看書學習或享受電視劇帶來的快樂之間，進行選擇。

Unit **5-3**
股利支出多少的考量因素

公司所獲得的盈餘，除了保留部分外，即用以支付股利；為表示支付股利部分的比例，有所謂盈餘付出率（Payout Ratio），其計算公式如下：

$$盈餘付出率 = \frac{每股股利}{每股盈餘}$$

公司的股利政策，主要在決定此項付出率之大小，我們通常就公司立場、股東立場，以及與其他公司比較等三方面，予以考慮。

一.從公司立場——必須考慮

(一)公司之資金需要：如果公司需要資金多，則少分派股利；如果公司需要資金少，則多分派股利。

(二)公司本身資本結構不同：對於股利政策之影響亦異，債務或優先股為數大者，普通股之報酬率較不穩定，必須多保留盈餘，以作準備。

(三)關於發行新股之計畫亦須加以考慮：如果公司擬增加發行新股，則股份的數量會增加，每股盈餘將為之減少。發行新股後，每股之股利仍維持不變，則將提高盈餘之付出率。

(四)假如每年盈餘均全部撥充股利：無保留盈餘，即須考慮公司全部資本之最低投資報酬率及當環境不利時，是否能夠達到。

二.從股東立場——必須考慮

(一)股東期望現金收入，抑或期望股票升值：此與股東的經濟情況有關，如果我們的股東都是富戶，當然不希望現金收入，而是希望讓股票升值，可避免所得稅之負擔。即使將來將股票移轉他人，所課徵之證券交易稅稅率通常較綜合所得稅率低。反之，假使我們的股東是一般中小階級，本身收入不多，適用的綜合所得稅率極低，則期望現金股利收入。

(二)穩定之股利通常受一般投資人歡迎：這種偏好，常使股東們對這種股票給予較高評價。

三.與其他公司比較——股利為投資人之報酬

我們除了就公司立場、股東立場予以考慮外，亦可將同期間各公司發放股利之情形加以比較，尤其是同業間的情形，更可作為參考。除非有特殊原因，不宜相距太遠。

股利應支付多少

從本公司、股東與其他公司比較之3種觀點，分析股利支付多少

1.公司考量因素

(1)公司資金需求狀況
- 公司需要資金多，則少分派股利。
- 公司需要資金少，則多分派股利。

(2)公司本身資本結構不同
債務或優先股為數大者，普通股之報酬率較不穩定，必須多保留盈餘，以作準備。

(3)關於發行新股之計畫亦須加以考慮
- 公司擬增加發行新股，則股份的數量會增加，每股盈餘將為之減少。
- 發行新股後每股之股利仍維持不變，則將提高盈餘之付出率。

(4)假如每年盈餘均全部撥充股利
須考慮公司全部資本最低投資報酬率及當環境不利時，是否能夠達到。

2.股東立場因素

(1)股東期望現金收入，抑或期望股票升值
此與股東的經濟情況有關

富股東	VS.	一般股東
希望股票升值，可避免所得稅之負擔。		希望現金股利，因收入不多，可適用較低所得稅率。

(2)穩定股利通常受一般投資人歡迎

3.考量其他同業狀況

(1)可將同期間各公司發放股利之情形加以比較，尤其同業間情形，更可作為參考。
(2)除非有特殊原因，不宜相距太遠。

股利支付計算公式

$$盈餘付出率 = \frac{每股股利}{每股盈餘} = \frac{3}{4}$$

每股盈餘賺4元，但發出3元股利，而保留1元下來。

Unit **5-4**
股利政策制定原則

股利政策，實際上即公司決定分發股利應遵守的原則，茲分述如下，以供參考。

一.股利應由盈餘撥付

公司法第232條規定：「公司非彌補虧損及依本法規定提出法定盈餘公積後，不得分派股息及紅利。公司無盈餘時，不得分派股息及紅利。依此推論，是則法定限度內所規定之公積，自不得擅自分派股利之用。

二.股利支付應求其平均

股利率的平均，為公司當局理財必須特別注意的一點。因為大多數投資者的企圖，希望每年有一定的股息，以為每個人支出的準備。

三.分派股息應謀股東權益公平

公司獲得之盈餘，分派與各股東，應按股東持有股份之多寡，以平等比例分發。當公司對外負債之利率超過股息率時，公司應減少分發股息，以盈餘償還債款，以謀股東權益之公平。

四.分派股息意願及公司財務狀況

公司分派股息也須考慮公司之財務調度。流動資金不足，籌措資金困難，或剩餘流動資金另有正當用途時，如勉強分派股息，將影響公司未來利潤。在此種情形下，倘不顧公司財務狀況，仍照帳列盈餘分派股息，公司勢必另行舉債籌資。倘負債利率超過股息分派率，則影響股東權益之公平。

圖解財務管理

小博士解說

法定盈餘公積

- 依照公司法規定，企業每年必須在本期淨利中，保留10%作為盈餘公積，此即稱為法定公積。由公司法第239條規定得知「法定盈餘公積及資本公積，除填補公司虧損外，不得使用之。但第241條規定之情形，或法律另有規定者，不在此限。公司非於盈餘公積填補資本虧損，仍有不足時，不得以資本公積補充之。」

- 惟查公司法第241條得撥充資本之資本公積，僅限股票溢價發行及受領贈與之所得，因此資本公積如不於本年度轉列保留盈餘，僅有兩用途：一為於法定公積不足以彌補虧損時，用以彌補；二為公司解散時列為盈餘分配。

股利政策4原則

1.股利應由稅後盈餘撥付
(1)公司無盈餘時，不得分派股息及紅利。

2.股利支付應求其平均
因為大多數投資者希望每年有一定的股息，以為每個人支出的準備。

3.分派股息應謀求股東權益公平
(1)公司應按股東持有股份之多寡，以平等比例分發。
(2)當公司對外負債之利率超過股息率時，公司應減少分發股息，以盈餘償還債款，以謀股東權益之公平。

4.分派股息意願及公司財務狀況
(1)流動資金不足，籌措資金困難，或剩餘流動資金另有正當用途時，不宜勉強分派股息。
(2)倘不顧公司財務狀況，仍照帳列盈餘分派股息，則勢必影響股東權益之公平。

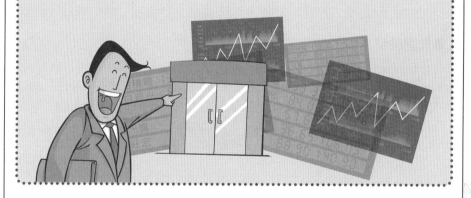

知識補充站

股利政策下的彈性管理

雖說股利政策有左述四項應遵守的原則，但也有其彈性變化管理的時候，主要表現在以下兩個方面：

1.分配數量上的彈性：按照企業財務制度規定，企業對當年實現的利潤，不能「吃光用光」，應該做到「以豐補欠」，除按規定提撥盈餘公積外，適當保留一部分未分配利潤。

2.分配政策上的彈性：在股利分配政策上，通常有固定股利政策、固定股利支付率股利政策、低正常股利加額外股利政策、剩餘股利政策等，一般來說，企業應儘量選擇低正常股利加額外股利政策。這種分配政策的靈活性較大，對那些利潤水準在各年之間浮動較大的企業來說，是一種較為理想的股利分配政策。

Unit **5-5**
股利再投資理論

股利再投資理論（The Residual Theory of Dividends）是指公司利用其盈餘再從事投資所獲之報酬，高於股東運用同筆資金投資於其他風險相同資產所能獲得的平均報酬率時，則股東情願讓公司保有盈餘以用於再投資，而不願公司發放股利。

例如：若公司利用盈餘再投資可獲得20%的報酬率，如果盈餘以股利方式發放予股東，他們用來投資所獲得的最佳報酬率為12%，則股東願意由公司保留盈餘以用來投資。

一.保留盈餘為機會成本

保留盈餘之成本為一機會成本，反映出股東可獲得之報酬率。若公司的股東可購買其他風險相等的股票，並獲得12%的股利與資本利得收益率，則12%就是公司保留盈餘之成本。

根據上述理論所決定的股利政策會使公司的股價達到最高，不過股利再投資理論有一重要假定，即投資人對股票所要求的報酬率（Ks），不受公司股利政策的影響。

二.專家對股利再投資的看法

對於股利政策是否影響權益成本的問題有各種論點，其中高登及林特（M. Gordon & J. Linter）認為股利發放比率降低時，投資人所要求之必要報酬率（Ks）會增加，致使股價下跌。而米勒及莫迪里亞尼（M. Miller & F. Modigliani）則認為Ks不受股利政策的影響，他們相信投資者對股利及資本利得並無偏好，是以股利政策對股價並沒有影響，因此米勒及莫迪里亞尼贊同再投資理論。

小博士解說

在手之鳥

• 「在手之鳥」理論源於諺語「雙鳥在林，不如一鳥在手」。該理論可說是流行最廣泛持久的股利理論。高登與林特是該理論的最主要代表人物。該理論的核心是認為在投資者眼裡，股利收入要比由保留盈餘帶來的資本收益更為可靠，故需要公司定期向股東支付較高的股利。

• 該理論同時也認為，用保留盈餘再投資帶給投資者的收益具有很大的不確定性，並且投資風險將隨著時間的推移而進一步增大，因此，投資者更喜歡現金股利，而不大喜歡將利潤留給公司。公司分配的股利愈多，公司的市場價值也就愈大。

股利再投資理論

發給股東

運用效益可能較低

保留給公司再投資

運用效益高

→故不能全部發現金股利給股東，應保留一部分。

公司股利

專家對股利再投資的看法

1.高登&林特	2.米勒&莫迪里亞尼
股利發放比率降低	股利發放比率降低
投資人所要求之必要報酬率（Ks）會增加	投資人所要求之必要報酬率（Ks）不受影響
股價下跌	股價不會下跌

知識補充站

股利無關論

- 股利無關論是由米勒及莫迪里亞尼（M. Miller & F. Modigliani)於1961年提出。莫迪里亞尼立足於完善的資本市場，從不確定性角度提出了股利政策和企業價值不相關理論，這是因為公司的盈利和價值的增加與否，完全視其投資政策而定，企業市場價值與它的資本結構無關，而是取決於它所在行業的平均資本、成本及其未來的期望報酬，在公司投資政策既定的條件下，股利政策不會對企業價值產生任何影響。

- 莫迪里亞尼的股利無關論的關鍵是存在一種套利機制，透過這一機制，使支付股利與外部籌資這兩項經濟業務所產生的效益與成本正好相互抵銷，股東對盈餘的保留與股利的發放將沒有偏好，據此得出企業的股利政策與企業價值無關這一著名論斷。

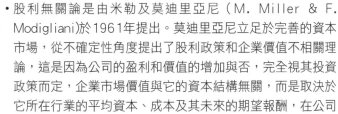

Unit 5-6
激勵員工四種股票操作工具

目前企業對員工常用的股票激勵方式有四種，究竟哪種最有效呢？可能還是要看企業營運狀況而定。

一.現金增資員工優先認購權

通常於公司需要現金時運用。證交所規定，公司辦理現金增資，必須保留10%至15%的增資股票由員工認購，由於員工認購價格與股東一致，並無任何優惠，因此激勵效果需視當時企業經營狀況與未來發展而定，對員工產生激勵效果不確定。

公司在上市之前辦理「現金增資員工優先認購權」，激勵的效果通常較高，也較常被採用。用意是希望員工也能入股，在未來上市後，能繼續為公司貢獻所長。

二.盈餘增資員工分紅配股

公司以前一年盈餘為分紅配股。如以盈餘1%作為員工分紅，配以股票，相當於無償配股，員工可於股票價值高時，隨時買賣。

員工分紅配股會造成負面影響，乃股票因此增多，但盈餘並未增加，會稀釋每股稅後盈餘，相對股東權益被稀釋。如外資投資人希望國內台積電、聯電等公司，將員工分紅列入費用，實際反映損益表上的「成本」，雖然獲利減少，卻能忠實反映獲利數字。但是若將員工分紅列入費用，恐造成盈餘巨幅下降，甚至呈現虧損，對現貨市場與發行其他有價證券，如ADR（美國存託憑證）、ECB（歐洲可轉換公司債）將產生很大的負面影響。此外，若有些大股東又兼經營者，分紅配股因沒有比率限制，公平性就會被質疑。

雖然員工分紅配股最能發揮激勵作用，但是由於負面影響較大，目前被視為較具爭議性的獎勵工具。

三.庫藏股轉讓予員工

庫藏股是公司透過董事會同意，以不超過公司已發行股份總數的一定比率，以公司資金購回，成為公司股權。若買回股權的目的是為了轉讓給員工，就稱為庫藏股轉讓予員工。對企業來說，好處在於隨時可以資金購回，轉讓予員工；缺點是公司必須動用大量資金進行收購，股東可能對資金用途產生質疑，公司資產可能造成損失。

四.員工認購股權憑證

由於員工認購股權憑證，員工必須以固定價格購買，且每股價值產生與未來股價漲幅有絕對關係，藉此可激勵員工創造營業績效，提升股價價值。若股價持續上漲，認購權就能激勵員工，且員工認購時，必須以現金購買股票，股東價值雖然會下降，但下降幅度有限；不像員工分紅入股，是無償配股，股東價值被稀釋得較為嚴重。

激勵員工4種股票操作工具

員工獲利可能方式

1. 現金增資員工優先認購權

2. 盈餘增資員工分紅配股

3. 庫藏股轉讓予員工

4. 員工認購股權憑證

員工得到分紅利益

↓

激勵更加努力工作

↓

創造更多科技新貴

科技業愛員工分紅配股

知識補充站

員工分紅配股、庫藏股轉讓予員工，都是以較低的代價取得，因此激勵效果最佳，但相對會衝擊到企業的獲利水準。以科技產業來說，因為股價呈現倍數成長，所以員工分紅配股或股票認購權都會發揮激勵效果。前者因為從盈餘無償分配獲得，因此更受員工歡迎。

▶▶▶▶▶▶▶▶ 視當時企業營運狀況而定

根據《財星》雜誌前一千大企業及那斯達克市場上市公司所進行的調查結果顯示，企業使用有價證券留住或獎勵員工，大多數希望採取兩種以上的獎勵方式，也就是既採取盈餘員工分紅配股，也採取員工認購權證或其他，選擇哪一種視當時企業營運狀況而定。

Unit 5-7
何謂員工分紅配股？

員工分紅在我國已行之有年，為我國特有制度，歷年來，公司偏好以員工股票分紅，作為獎勵員工及留才的工具。但什麼是「員工分紅配股」？以下將有所說明。

一.公司章程明定分配比例

公司在公司章程的員工利益分配專條中，規定只要公司該年度有盈餘獲利時，將會在提撥各項分配完成後，將剩下盈餘分配，依一定比例（1%～5%）提撥作為員工的紅利分配。例如：某公司某年度賺50億元，法定提撥3%，即1.5億元作為員工分紅。

二.員工分紅的方式

這其中又可分為是現金分紅或是股票分紅。只要是高股價的公司，大家都喜歡股票分紅。因為股票是按面額10元計算，但是一拿到手，即可到市場賣出，假設當時每股成交價為100元，即賺到10倍。

假設某位經理人員，分到100萬元股票，即10萬股股票，如到市場賣出，隔天即賺到1千萬元的收入了（10萬張 × 每張100元）。如果每年都如此分配，該位經理在公司待上十年，即有額外的1億元股票紅利收入，甚為驚人，這就是為什麼會造就很多電子新貴的原因了。

相對來說，一些傳統產業公司，公司股價都不高，甚至低於10元的大有人在，因此即使分配股票紅利，也毫無任何益處。

三.員工分紅配股必要利益

綜上所述，我們可以將員工想拿到分紅配股利益，歸納整理成以下三個條件：
(一)公司要賺錢：這家公司要能夠賺錢（有盈餘），愈多愈好。
(二)公司股價要高：即這家公司EPS要高，股價要高於基本面額10元以上。
(三)公司章程有明定條款：這家公司章程要載明盈餘紅利分配比例的條款。

小博士解說

員工認購權將成激勵主流

目前國內公司採取員工分紅配股的情況較為普遍，到現在為止，員工分紅配股尚未影響外資投資的意願，但是現在已有公司考慮未來海外籌資的必要性，為了長遠經營之計，開始採取員工認購權，與員工分紅配股交叉使用，由此可見，未來員工認購權將成為重要的激勵工具之一。

員工分紅配股3要項

什麼是員工分紅配股？

1.公司章程明定分配比例

→章程中必須規定只要公司該年度有盈餘獲利時，將會在提撥各項分配完成後，將剩下盈餘分配，依一定比例（1%～5%）提撥作為員工的紅利分配。

2.員工分紅的方式

→(1)分為現金分紅或股票分紅。
(2)高股價的公司，大家都喜歡股票分紅。

台積電	138.36	↑15.09
日月光	84.08	↑08.25
宏電	57.80	↓0.15
光寶	36.65	↑08.50
旺宏	68.90	↑40.50

3.員工分紅配股必要利益

→(1)公司要能夠賺錢（有盈餘），愈多愈好。
(2)公司的股價高，即EPS要高，股價要高於基本面額10元以上。
(3)公司章程要載明有一定比例，規定盈餘紅利分配的條款。

知識補充站

員工分紅配股之課稅

• 員工分紅配股面額部分係屬員工之薪資所得，應併計取得年度之個人綜合所得總額課徵綜合所得稅。

• 配發股票可處分日次日之時價超過面額部分，應計入個人基本所得額，如基本所得額超過600萬元，則應申報所得基本稅額。

• 實際出售股票時所產生之利得或損失，如為上市上櫃或興櫃股票，則屬證券交易所得，依現行所得稅法規定，證券交易所得停徵綜合所得稅。如為未上市上櫃或非興櫃股票，其交易利得應依所得基本稅額條例規定計入基本所得額，其交易損失可於當年度或之後三年度之交易利得中扣除。

第 **6** 章

保留盈餘、公積提存、準備提存

Unit **6-1**
保留盈餘的意義及來源

保留盈餘（Retained Earnings）是指公司歷年累積之純益，未以現金或其他資產方式分配給股東、轉為資本或資本公積者；或歷年累積虧損未經以資本公積彌補者。保留盈餘是連結損益表與資產負債表之股東權益的一個科目。

一.保留盈餘的作用

公司分派股利前，之所以會多保留一部分營業盈餘，有以下五點作用：

(一)以備維持股利穩定之用：日後營業盈餘減少，不敷股利支付時，可提用此項保留之營業盈餘，以維持股利之穩定。

(二)以備會計上調整之用：日後打消無價值之資產時，或作其他會計上之調整時，有賴保留之盈餘支應。

(三)以備舉債時支付普通股股利之用：向外舉債時，債權人得限制債務人的股利支付，但債權人亦知合理之股利，方能吸引對普通股之投資，所以通常規定債務人支付普通股股利以當年度盈餘為限，不得就以前年度保留之盈餘分配。

(四)以備保障優先股股東的權益之用：優先股股東之權益，亦有賴於保留之營業盈餘來保障。

(五)以備增強公司獲利能力之用：保留盈餘可以增加每股之淨值，加強其獲利能力，促進公司成長。

二.公司盈餘之來源

盈餘（Surplus）是指公司資本淨值（Net Worth）超過公司股本額的部分，乃是公司經營的最終目的。公司有盈餘，當然有時也會虧損，所以盈餘與虧絀，是相互對待的科目。所謂虧絀（Deficit）是指公司資本淨值低於股本額的差數。

簡單的說，淨值低於股本的差額為虧絀；而淨值高於股本的差額，就是盈餘。通常公司的盈餘有下列幾種來源：1.營業的利潤；2.股東的捐贈；3.股本的溢價；4.財產的增值，以及5.拍賣沒收股份的餘利。

小博士解說

保留盈餘表
實務上，當企業規模小而且股東權益變動較少時，可以用保留盈餘表代替股東權益變動表。保留盈餘表，又稱盈餘分配表，是用來顯示公司在特定期間內，盈餘來源、分配項目及分配後餘額的動態報表；但規模較大的公司，則直接編製股東權益變動表。

保留盈餘的意義

1. 指公司歷年累積之純益，未以現金或其他資產方式分配給股東、轉為資本或資本公積者；或歷年累積虧損未經以資本公積彌補者。

2. 保留盈餘是連結損益表與資產負債表之股東權益的一個科目。

保留盈餘5作用

公司分派股利前，為什麼要多保留一部分營業盈餘呢？

1. 日後營業盈餘減少，不敷股利支付時，可用來維持股利穩定。

2. 日後打消無價值之資產或作其他會計上之調整時，有賴保留盈餘支應。

3. 向外舉債時，債務人支付普通股股利以當年度盈餘為限，不得就以前年度保留之盈餘分配。

4. 優先股股東權益，有賴保留盈餘來保障。

5. 保留盈餘可以增加每股淨值，加強獲利能力，促進公司成長。

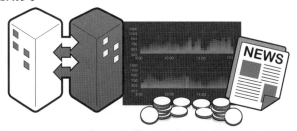

保留盈餘5來源

1. 營業的利潤

2. 股東的捐贈

3. 股本的溢價

4. 財產的增值

5. 拍賣沒收股份的餘利

Unit 6-2
公司盈餘處理方式

依據公司法及證券交易法規定，公司應先彌補虧損及提出一定比率之「盈餘公積」後，始得分派股息及紅利。因此，對於公司盈餘的處理，除上述規定外，還有視公司需要而自行提存的準備金，故公司盈餘計有三種處理方式，以下僅分別說明之。

一.提存公積金

所謂「公積」（Surplus），是為鞏固企業基礎，從盈餘中所提出的部分資金。其用途不外供企業擴充營業，及彌補虧損之需。公積有法定公積與任意公積之分。

我國公司法規定，公司分派盈餘時，應提出10%為法定公積；至於任意公積，我國公司法稱為特別盈餘公積，按規定應於公司提出10%之法定盈餘公積後為之，而提撥之比率，公司得以章程訂定或由股東大會決議之。

二.提存準備金

所謂「準備金」（Reserve），是企業為了某一特定目的，就其盈餘中所提存的一部分資金。其與公積不同之處，就是公積的用途，僅由法律上作籠統的規定，而準備金的用途，則是企業按照其本身需要，自己預為指定的。

三.分派股息

所謂股息，係指企業將本期或累積的盈餘依照各股東持有股份的比例，所作的分配。至於分配比例，如公司章程有規定，則依其規定，不然應召開股東會決議。

小博士解說

特別盈餘公積的提列原因

- 關於特別盈餘公積之提列原因，有公司章程自訂或股東會議決、公開發行公司發生特殊情事經主管機關要求提列、金融特許事業強制提撥一定比率，及主管機關為避免公司過度分派盈餘而要求提列等；其提列金額依不同原因而定。
- 簡言之，上述特別盈餘公積之提列，可分為自行提列及命令提列二類。自行提列者，公司得以章程訂定或股東會議決，另銀行除法定盈餘公積外，亦得於章程規定或經股東會決議，另提特別盈餘公積。至命令提列者，因態樣非常多，且依規定，公開發行公司申報盈餘轉作資本案件，未分配盈餘扣除應依規定提列之特別盈餘公積後餘額不足分派，主管機關得退回其案件。

公司盈餘3大處理方式

1.提存公積金

(1) 公積是為了鞏固企業的基礎，從盈餘中所提出的部分資金。
(2) 用途不外供企業擴充營業，及彌補虧損之需。
(3) 公積有法定公積與任意公積之分。

2.提存準備金

(1) 準備金是企業為了某一特定目的，就其盈餘中所提存的一部分資金。
(2)

 VS.

由法律規定用途　　企業按照本身需要預為指定

3.分派股息

(1) 指企業將本期或累積的盈餘依照各股東持有股份的比例，所作的分配。
(2) 原則上依公司章程規定分派，如章程無規定，應召開股東會決議之。

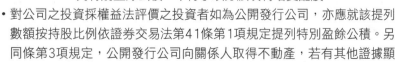
知識補充站

非常規交易提列特別盈餘公積

• 公開發行公司取得或處分資產處理準則第17條第1項規定，公開發行公司向關係人取得不動產，如經按該處理準則第15條及第16條規定評估結果均較交易價格為低者（按：即公開發行公司取得不動產價格較高），應就不動產交易價格與評估成本間之差額，依證券交易法第41條第1項規定提列特別盈餘公積，不得予以分派或轉增資配股。

• 對公司之投資採權益法評價之投資者如為公開發行公司，亦應就該提列數額按持股比例依證券交易法第41條第1項規定提列特別盈餘公積。另同條第3項規定，公開發行公司向關係人取得不動產，若有其他證據顯示交易有不合營業常規之情事，應比照辦理。

Unit **6-3**
公積的類型及目的

不論什麼公積，其提列金額大小，對公司分派董監酬勞、員工紅利及股東股利之數額都會有所影響。尤其各公開發行公司於編製盈餘分配表時，應審慎造冊，避免因一時不察，經股東會決議承認後，才發覺數字或法規適用有誤，那可就麻煩了。

一.公積的種類

公積我們可按其性質，區分為法定公積與任意公積兩類：

(一)法定公積：公司營業獲利，如有盈餘，全部分配給股東，一旦公司營業有損失時，既無盈餘，又無歷年累存餘額彌補損失，股票價值勢必隨之跌落，而對債權人也無保障，致公司信用墜落。故為保障公司債權人的利益及準備為將來彌補損失的需要，法律規定股份有限公司分派每一營業年度盈餘時，應先提1/10為公積金。但公積金已達資本總額時不在此限。此項公積，稱為法定公積，又稱為強制公積。

(二)任意公積：任意公積並非公司法上硬性規定必須提存的，我國公司法稱為特別公積，是在法定公積以外，經公司股東大會通過決議，公司自行提存的。其提存與否及提存數額多少，完全看公司的財務狀況，與有無需要而定。其用途也可以由公司自行支配，而無過多的限制。

二.提存公積的目的

公司將盈餘保留一部分於公司內部作為公積使用，其目的在進行以下用途：

(一)充作資本擴充之來源：保留盈餘充作擴充資本最為安全穩妥，美國稱之為新英格蘭理財方法（New England Method of Finance），即指其為保守之理財方法。

(二)彌補虧損調整盈餘：企業遇有虧損時，可由公積彌補，如盈虧變動不定，可以往年累積盈餘調整本期盈虧，使盈利平穩，避免虧折資本，影響以往信譽。

(三)補足會計估價之差額：以往會計方面的積習及慣例，提列折舊呆帳或其他損失準備，常不能與事實符合，如有差額，隨時可以累積盈餘補足。

小博士解說

公積撥充資本

- 法定公積可分為盈餘公積與資本公積兩種，公司於完納一切稅捐後，分派盈餘時，除法定盈餘公積已達資本總額外，應先提出10%為法定盈餘公積，至資本公積之提存則無數額之限制。
- 多年累積下來，法定公積日趨龐大，往往與資本之間失其平衡，將法定公積之全部或一部資本化，以回復兩者間之均衡，即稱為「公積撥充資本」。

提存公積的種類及目的

公積種類

公積目的

提存公積

1.法定公積

→(1) 又稱為強制公積。

(2) 法律規定股份有限公司分派每一營業年度盈餘時，應先提1/10為公積金。

2.任意公積

→(1) 又稱為特別公積。

(2) 法律並無硬性規定，是在法定公積以外，經公司股東大會通過決議，公司自行提存的。

(3) 提存與否及提存數額多少，完全看公司的財務狀況，與有無需要而定。

(4) 用途也可以由公司自行支配，而無過多的限制。

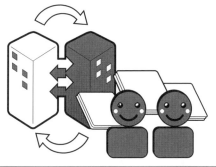

1.充作資本擴充之來源

→美國稱之為新英格蘭理財方法，即指其為保守之理財方法。

2.彌補虧損調整盈餘

→盈虧變動不定時，可以往年累積盈餘調整本期盈虧，使盈利平穩，避免虧折資本，影響以往信譽。

3.補足會計估價之差額

→以往會計方面的積習及慣例，提列折舊呆帳或其他損失準備，常不能與事實符合，即可以此補足差額。

Unit **6-4**
準備的意義及類型

前文提到公司處理盈餘方式的其中之一是提存準備金，這是企業預為指定的。但提存類型有哪些？與法律強制規定提存一定的公積有何不同？以下我們將探討之。

一.準備與公積不同之點

所謂準備（Reserve）是從公司的盈餘中提存的一部分。其與公積之不同點有三：

(一)有無法律規範的不同：公積的用途僅由法律上作籠統的規定，而準備的用途，則是公司按照本身的需要情形，自己預先指定的。

(二)應用範圍的不同：公積可以應用於擴充營業與彌補虧損的任何項目，而準備只可以應用於提存時所指定的特種用途。

(三)有無強制規定提存之不同：公積依法應強制提存相當數額，準備提存與否，則由公司自行決定。

二.會計應用上的分類

(一)估價準備（Valuation Reserves）：乃用於財產的估價方面的。例如：折舊準備、壞帳準備。

(二)負債準備（Liability Reserves）：乃用以標明債務的。例如：應付稅捐準備、退休金準備、保險公司之賠償準備等屬之。

(三)盈餘準備（Surplus Reserves）：乃用於提存盈餘的。提取此項準備，不外乎下列四種原因：1.積存營業的盈餘，以因應事業擴充的需要；2.預防企業未來可能發生的非常損失；3.調整前期確定的收益內容，後期可能發生的不利變動，以及4.用以平衡股息，使各期股率能平穩。

小博士解說

稅法下的壞帳準備金

• 壞帳準備金是指企業按年末應收帳款餘額的一定比例提取準備金，用於核銷其應收帳款的壞帳損失。

• 企業發生的壞帳損失，原則上應按實際發生額據實扣除。報經稅務機關批准，也可提取壞帳準備金。提取壞帳準備金的企業發生的壞帳損失，應沖減壞帳準備金；實際發生的壞帳損失，超過已提取的壞帳準備金部分，可在發生當期直接扣除；已核銷的壞帳收回時，應相對增加當期的應納稅所得。

• 經批准可以提取壞帳準備金的企業，除另有規定者外，壞帳準備金提取比例一律不得超過年末應收帳款餘額的5%。

公積與準備3不同

不同處 比較	公積 VS.	準備
1.有無法律規範的不同	用途由法律規定	公司按照本身需要預定
2.應用範圍的不同	擴充營業與彌補虧損的任何項目	提存時所指定的特種用途
3.有無強制規定提存之不同	依法應強制提存相當數額	由公司自行決定

會計應用上3分類

準備

1.估價準備
→例如：折舊準備、壞帳準備。

2.負債準備
→例如：應付稅捐準備、退休金準備、保險公司之賠償準備。

3.盈餘準備
→(1)積存營業的盈餘，以因應事業擴充的需要。
(2)預防企業未來可能發生的非常損失。
(3)調整前期確定的收益內容，後期可能發生的不利變動。
(4)用以平衡股息，使各期股率能平穩。

知識補充站

提列壞帳準備之例外
• 按照現行的財務會計制度的規定，企業應當定期或是每一年度終了，對應收款項進行全面檢查，預計各項應收款項可能發生的壞帳。
• 對於沒有把握能夠收回的應收款項，應當計提壞帳準備，而對於以下四種情況，現行財務會計制度規定不能全額計提壞帳準備：1.當年發生的應收款項；2.計畫應收款項進行重組；3.與關係企業發生的應收款項；4.其他已逾期，但無確鑿證明不能收回的應收款項，對企業持有的應收票據不得計提壞帳準備，待到期不能收回的應收票據轉入應收帳款後，再按規定計提壞帳準備。

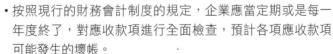

第 **7** 章
金融市場與銀行聯貸

●●●●●●●●●●●●●●●●●●●●●●●●●● 章節體系架構 ▼

Unit **7-1**
金融市場概況

　　金融市場（Financial Market）為溝通資金供需之橋梁，亦為資金融通與交易的場所，而以信用工具作為交易的對象。因此，金融市場透過金融工具使資金由供給者轉移至需求者手中，其主要功能在於便利資金集中與分配，提供需求資金之工商企業購置勞務、廠房、設備及土地等經濟資源。

一.金融市場的分類

　　金融市場之健全與活潑，可促進資金的有效分配與運用，至於其分類依不同標準一般可劃分為：1.初級市場（Primary Market）與次級市場（Secondary Markets）；2.貸放市場（Loan Market）與證券市場（Securities Market）；3.負債市場（Debt Market）與權益市場（Equities Market）；4.交易市場（Exchange Market）與店頭市場（Over-the-Counter Market），以及5.貨幣市場（Money Market）與資本市場（Capital Market）。

二.金融市場與資本市場之關係

　　所謂貨幣市場係指短期貸款或以短期證券作為交易之市場，凡從事短期資金融通，其期限通常在一年以內之工商周轉資金，拆款及各種短期票券皆為其主要對象。由於此類貸款可在很短期間內到期並變換成貨幣，故亦稱為貨幣市場貸款（Money Market Loans），而短期票券則稱之為貨幣市場信用工具（Money Market Instruments）。

　　至於資本市場則係指長期信用工具交易的市場，包括政府發行之長期證券、公司債、股票及抵押貸款，其交易的信用工具期限均在一年以上。資本市場之主要任務係協助企業籌措長期資金，企業為建廠或擴充生產設備所需之資本支出可發行股票或公司債籌集之，而政府則可利用此一市場發行公債以挹注財政赤字或進行經濟建設。一般所謂的資本市場即指股票與債務等證券市場。

　　故資本市場與證券市場之關係極為密切。貨幣市場主要從事短期資金之融通，其與資本市場之任務雖有很大區別，但由於資金具有流動性，致兩者關係相當密切。

三.我國金融機構體系之架構

　　金融體系的組織，可分金融機構與金融市場兩部分。金融市場前已述及，金融機構依其是否能創造存款貨幣，可劃分為貨幣機構與其他金融機構兩類。貨幣機構包括五種，即商業銀行：包含有本國一般銀行與外國銀行在臺分行；儲蓄銀行：指各銀行附設之儲蓄部；專業銀行：工業銀行、農業銀行、不動產信用銀行、輸出入銀行及中小企業銀行；基層合作金融機構：省合作金庫，以及其他：中央信託局等。

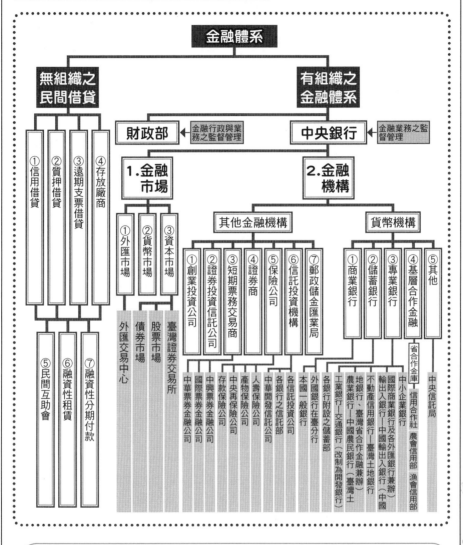

我國金融機構體系之架構圖

初級市場VS.次級市場

知識補充站

- 初級市場又稱發行市場，是企業籌措新資金的市場。發行目的為籌措中、長期的資金，辦理新債券發行之市場，通常此市場無固定的發行時間與地點，屬於無形的市場，依發行目的不同，其發行方式亦有不同。新上市公司將股票賣給投資人，由證券發行人（公司）、購買人（投資人）及仲介機構（承銷商）所組合而成。

- 次級市場是指證券發行後買賣交易的市場，一般投資大眾所買賣的股票都是此類。其中又依交易型態的不同，分為集中市場與店頭市場。

Unit **7-2**
國內貨幣市場之信用工具種類

目前在國內貨幣市場進行交易之信用工具有六項，礙於版面，茲歸納四點說明。

一.國庫券

國庫券（Treasury Bills）係政府委託中央銀行發行的一種債券。目前發行的乙種國庫券分91天期及182天期兩種，不帶利息，採貼現方式發行，每兩週發行一次，以競價方式標售。國庫券的債信最為安全可靠，不但是良好的投資工具且可作為質押或公務保證之用。甲種國庫券係為調節國庫收支而發行之有息債券，照面額發行，到期時連同應付利息一次清償。

二.銀行可轉讓定期存單

銀行可轉讓定期存單（Negotiable Certificate of Deposit, 簡稱NCD）係由銀行發行，並附有利息條件之定期存單，存單面額分為10萬、50萬及100萬元等，期限分三、六、九個月及一年期等四種，此種存單不得中途提取，但可自由轉讓流通，持有人可透過票券金融公司隨時將存單變現，取得所需資金。

三.承兌匯票

(一)銀行承兌匯票（Banker's Acceptance）：係企業基於實際交易行為，指定特定銀行承兌人所簽發的匯票，期限通常在六個月以內。經過銀行承兌之匯票，持有人可在匯票到期前，向貨幣市場貼現、買賣，提前獲取資金，以資周轉。銀行承兌匯票一般源自國內信用狀，且大都由銀行以貼現方式持有。

(二)商業承兌匯票（Trade Acceptance）：係企業依商品交易或勞務提供，由賣方發票給買方或其指定人於到期日付款予指定之受款人，經付款人承兌之匯票，期限多在180天以內。由於國內甚少利用此匯票作為工具，因此貨幣市場上交易數量並不多。

四.商業本票及其他

商業本票（Commercial Papers）係工商企業為籌集季節性或短期性周轉資金，以貼現方式所發行的本票，期限均在一年以內，而以180天者居多。商業本票又分自償性及融資性兩種：自償性商業本票又稱為第一類商業本票，係工商企業基於實質交易行為而產生，並經受款人背書之本票；融資性商業本票又稱第二類商業本票，係工商企業為籌集營運資金，經金融機構保證並由票券金融公司簽證發行之本票。為確保市場之交易秩序，第二類商業本票透過金融機構保證，可建立投資人對票券之信心，乃屬必要。自貨幣市場成立以來，第二類商業本票之發行相當成功，截至目前為止，其交易仍超過80%以上。

其他尚有經財政部核准之短期債務憑證，如短期政府公債及金融債券等。

國內貨幣市場信用工具

1.國庫券
→政府委託中央銀行發行的一種債券。

2.銀行可轉讓定存單
→由銀行發行，並附有利息條件之定期存單，不得中途提取，但可自由轉讓流通。

3.銀行承兌匯票
→企業基於實際交易行為，指定特定銀行承兌人所簽發的匯票，持有人可在匯票到期前，向貨幣市場貼現、買賣，提前獲取資金。

4.商業承兌匯票
→企業依商品交易或勞務提供，由賣方發票給買方或其指定人於到期日付款予指定之受款人，經付款人承兌之匯票。

5.商業本票
→工商企業為籌集季節性或短期性周轉資金，以貼現方式所發行的本票，又分自償性及融資性兩種。

6.其他經財證部核准之短期債務憑證
→如短期政府公債、金融債券等。

臺灣在地金融企業

15家金融控股公司	11.高雄銀行	14.法商法國巴黎銀行
1.華南金融控股公司	12.兆豐國際商業銀行	15.英商渣打銀行
2.富邦金融控股公司	13.花旗（臺灣）商業銀行	**8家票券金融公司**
3.中華開發金融控股公司	14.中華開發工業銀行	1.兆豐票券金融公司
4.國泰金融控股公司	15.臺灣工業銀行	2.中華票券金融公司
5.中國信託金融控股公司	16.元大銀行	3.國際票券金融公司
6.永豐金融控股公司	17.新光銀行	4.大中票券金融公司
7.玉山金融控股公司	18.台新銀行	5.臺灣票券金融公司
8.元大金融控股公司	19.中國信託銀行	6.萬通票券金融公司
9.台新金融控股公司	20.華泰銀行	7.大慶票券金融公司
10.新光金融控股公司	21.遠東銀行	8.合作金庫票券金融公司
11.兆豐金融控股公司	22.台中銀行	**15家信用合作社**
12.第一金融控股公司	23.陽信銀行	1.台北市第五信用合作社
13.日盛金融控股公司	**主要15家外商銀行**	2.台北市第九信用合作社
14.國票金融控股公司	1.日商瑞穗實業銀行	3.基隆市第一信用合作社
15.王道銀行	2.美商美國銀行	4.基隆市第二信用合作社
16.合作金庫金控公司	3.泰國盤谷銀行	5.淡水第一信用合作社
主要商業銀行	4.菲律賓首都銀行	6.新北市淡水信用合作社
1.臺灣銀行	5.美商美國紐約梅隆銀行	7.宜蘭信用合作社
2.臺灣土地銀行	6.新加坡大華銀行	8.桃園信用合作社
3.合作金庫銀行	7.美商道富銀行	9.新竹第一信用合作社
4.第一商業銀行	8.法國興業銀行	10.新竹第三信用合作社
5.華南商業銀行	9.澳商澳盛銀行	11.竹南信用合作社
6.彰化商業銀行	10.德商德意志銀行	12.台中市第二信用合作社
7.上海商業儲蓄銀行	11.香港東亞銀行	13.彰化第一信用合作社
8.台北富邦銀行	12.美商摩根大通銀行	14.彰化第五信用合作社
10.中國輸出入銀行	13.新加坡商星展銀行	15.彰化第六信用合作社

Unit **7-3**
銀行聯貸綜述 Part I

企業如擬進行重大投資時，如何能有效籌措大量資金？這時不妨考慮向多家銀行聯合貸款。由於本主題內容豐富，特分兩單元介紹，希望有助於企業迅速取得資金。

一.名詞認識

(一)**聯貸**（Syndication Loan）：即指公司對重大中長期投資活動，針對數十家銀行中長期融資貸款的財務行動計畫。

(二)**主辦行**（Lead Bank）：係指帶頭負責的銀行，通常是一家或兩家，而貸款的額度也最高。

(三)**參貸行**：係指配合主辦行計畫而共同參與的銀行。少則數家，多則二十家。

(四)**聯貸說明會**：係指主辦行在適當的時間點，召集數十家共同參與行，出席由主辦行及公司所共同召開的聯貸說明會，以確定某些聯貸條件，並由借款公司做營運簡報，以及各參貸行可提出問題詢問，而由公司回答。這是一種必要的程序。

(五)**營運計畫書**（Business Plan）：係指公司向金融機關融資貸款，或向特定個別對象做私募增資、發行公司債募資、申請信用評等、向董事會及股東會做年度檢討報告、公司正式上市櫃申請或申請現金增資等財務計畫時，都必須撰寫營運計畫書，可能是未來三年、五年或當年度等情況。

(六)**營運計畫書的內容架構**：包括產業分析、市場分析、競爭分析、營運績效現狀、未來發展策略與計畫、經營團隊、競爭優勢，以及未來幾年財務預測等內容，以讓對方對本公司產生信心。

二.聯貸條件

聯貸條件指公司向銀行取得聯合貸款之條件項目，包括：1.聯貸總額度、各參與行個別額度；2.聯貸利率多少％；3.還款期限及方式；4.撥款期限及方式；5.動用款項之特別指定用途；6.擔保品規定；7.保證人規定，以及8.其他特別約定事項。

三.短期與中長期貸款

短期借款係指一年內到期之借款，通常包括信用貸款、營運周轉金貸款、L/C貸款等短期資金用途之貸款；中長期借款係指至少三年或五年以上之中長期貸款，主要用在大型投資案件或改善財務結構用途上。

公司理財必須注意絕不可將短期資金用在長期資金，因為這種「以短支長」，將陷入一年內即將還款，但長期投資案尚未開始賺錢的困境。這時哪有多餘的錢來還短債？因此公司面對重大投資案時，必須在國內或國外金融資本市場，取得至少五年或七年的中長期資金來源。待五年後還款時，新投資案可能就開始賺錢了。

銀行聯貸

1.適用 ➡	超大型金額（數十億、百億以上）銀行聯合貸款
2.銀行分類 ➡	主辦行（一家或二家）＋參貸行（數家到數十家）
3.作業  ➡	(1)撰寫營運計畫書 (2)銀行必要文件書寫 (3)聯貸說明會舉辦  
4.聯貸期間 （中長期貸款） ➡	5年～7年；屆時不再展延
5.擔保品  ➡	(1)銀行定存單 (2)公司股票質押 (3)不動產抵押 (4)無形資產擔保 
6.貸款利率 ➡	(1)近幾年全球利率非常低，大抵在1.5%～4%之間。 (2)視公司體質而定。

Unit **7-4**
銀行聯貸綜述 Part II

前文對銀行聯貸乃為初步介紹，以下我們將更進一步扼要說明其複雜性。

四.借款擔保品

　　凡是跟銀行貸款，自然要有擔保品及連帶保證人才行，否則銀行一旦成為呆帳，才能處分這些擔保資產。而擔保品大致有以下幾種：1.銀行定存單：這方面提供的不多，因為若有很多定存單，又何必跟銀行貸款；2.公司股票質押：包括自己公司的、相關企業股東或別家公司股東的。但是股價一旦下跌，可能會被迫增加股票數量再質押；3.公司土地、大樓、廠房、機器設備等不動產擔保品：這部分則要打個折數，不能依帳面價值，以及4.無形資產擔保品：包括公司的智慧財產權（專利、商標、商業祕訣、配方、程式著作權等）、網路建設、片庫（節目、影片）或全球知名品牌等，但這些必須經過專業鑑價公司的鑑價證明報告。

　　由於不景氣影響下，公司股票價值縮水，不動產市價也縮水，迫使被要求增加這些擔保品的數量或提早還款。

五.聯貸利率高低之取決因素

　　目前全球各國借款利率均很低，大抵在2%～4%之內。聯貸利率高低是有別的，有些2%～3%，有些3%～4%，其實差距很大，對公司的利息負擔影響甚鉅。主要有幾個因素：1.公司財務結構好不好：若財務結構很強，利率就會低，因為銀行的風險也低；2.公司擔保品強不強：若都是很好的股票質押及良好不動產，其利率也會低；3.公司的獲利績效過去如何及未來展現如何：如果是很好，利率也會低；4.公司所在的產業屬性好不好：如是好產業，利率也會低些；5.公司經營團隊及公司信譽聲望如何：如果是好的，利率也會低些，以及6.中華信評公司給予的評價等級如何：如果是幾個A以上，且是核定成正向的結論評論，利率也會低些。

六.何謂「增資用途」

　　一般向銀行借款或在國內外發行公司債、私募增資、公開辦理增資時，在其營運計畫書中，必然曾提到增資用途說明。一般來說，增資用途說明，大致上包括幾種：1.改善財務結構，亦即只用來償還過去的銀行借款，以降低負債比例及利息成本支付，並改善獲利績效；2.投資新廠（國內或國外）所需要的機器、設備、土地、廠房、技術權利金等；3.購置新辦公大樓或興建辦公大樓；4.更新原有舊設備，提升生產效能，以及5.擴大新業務發展所需，例如：擴張連鎖店、分館、直營店、新產品線、新機型、新網路建設等。

　　大部分時候，銀行都會把中長期貸款指定在固定用途上，並且按照公司的執行進度核撥，同時非常慎重要求「專款專用」，而且一定要有證明。

某聯貸案籌組銀行團預計工作時程表

○○年11月	11/22	簽發委任書予主辦行
	11/26	提供公司基本資料、營運計畫及財務報表予主辦銀行
	11/30	主辦行編製聯合授信說明書完成
○○年12月	12/1〜12/7	借款人審閱聯合授信說明書初稿
	12/9〜12/11	聯合授信說明書定稿並付印
	12/10	主辦銀行完成內部授信審核,確定主辦金額
	12/10〜12/12	寄發邀請函及聯合授信說明書予參貸銀行
○1年1月	12/12〜○1/1/12	參貸銀行內部授信審查之進度追蹤及報告
	1/12	參貸銀行額度確認回函截止日
	1/13	確定及分配參貸銀行之參貸額度
	1/19〜1/27	準備簽約典禮等相關事宜
	1/28	簽訂聯合授信合約

Unit **7-5**
企業內外部資金來源

　　資金是當今企業生存的關鍵,是在激烈的競爭中擊敗對手的有利武器。一個健全發展的企業不但能充分地利用好內部資金來源,還能有效的從外部取得資金。因此,我們可以將企業的資金來源,明確劃分為內部資金與外部資金。

一.內部資金來源

　　企業之內部資金來源,無外乎是透過計提折舊而形成的現金來源與透過留存利潤等而增加的資金來源;換言之,即是會計上的累積折舊(固定資產折舊準備)及未分配盈餘(即公司儲蓄)兩種。

　　內部資金係由企業內部產生的資金,由財務觀點而言,以內部資金作為企業資金之來源較為穩當,其金額大小及累積速度可作為企業發展潛力的判斷依據,若其比重愈大,表示企業獲利能力大,資金結構較為健全,企業規模的擴大及投資計畫,亦較易達成。

　　一般而言,企業資金主要來自內部資金、舉債及發行股份等方式。當內部資金不足投資所需資金時,一般企業則利用借款、發行股票與公司債等方式籌措財源。由於各種資金之成本不同,其中以保留盈餘之成本較低,因此企業保留盈餘若能增加,當可減少企業資金成本負擔。

　　由上述分析可知,內部資金對企業營運極為重要。惟企業內部資金的大小視企業發展與獲利程度而定,企業規模龐大,其內部資金所占比重愈大。就短期而言,企業內部資金的大小與其利潤的增減關係極為密切。

二.外部資金來源

　　企業外部資金來源主要包括負債及股份兩種,我國民營企業的外部資金占總資金來源60%以上。外部資金又可分為國內部分及國外部分,國內部分約占91%至97%間,國外部分則占3%至9%間。就國內部分而言,其籌措方式主要為借款、商業授信、債券及股份等。至於資本市場則係指長期信用工具交易的市場,包括政府發行之長期證券、公司債、股票及抵押貸款,其交易的信用工具期限均在一年以上。

　　資本市場之主要任務係協助企業籌措長期資金,企業為建廠或擴充生產設備所需之資本支出可發行股票或公司債籌集之,而政府則可利用此一市場發行公債以挹注財政赤字或進行經濟建設。

　　一般所謂的資本市場即指股票與證券等證券市場,故資本市場與證券市場之關係極為密切。貨幣市場主要從事短期資金之融通,其與資本市場之任務雖有很大區別,但由於資金具有流動性,以致兩者關係相當密切。

企業資金2來源

企業資金來源

1.內部資金來源

(1)未分配盈餘（保留盈餘）

內部資金係由企業內部產生的資金，由財務觀點而言，以內部資金作為企業資金之來源較為穩當，其金額大小及累積速度可作為企業發展潛力的判斷依據，若其比重愈大，表示企業獲利能力大，資金結構較為健全，企業規模的擴大及投資計畫，亦較易達成。

(2)固定資產折舊準備

(1)負債（舉債）

(2)股份（自有資本）

- 我國民營企業的外部資金占總資金來源60％以上。
- 外部資金又可分為國內部分及國外部分，國內部分約占91％至97％間，國外部分則占3％至9％間。
- 就國內部分而言，其籌措方式主要為借款、商業授信、債券及股份等。至於資本市場則係指長期信用工具交易的市場，包括政府發行之長期證券、公司債、股票及抵押貸款，其交易的信用工具期限均在一年以上。

2.外部資金來源

121

集中市場VS.店頭市場

知識補充站

- 依規定，在證券商營業櫃檯以議價進行的交易，稱為櫃檯買賣（Over-the-Counter，OTC），櫃檯買賣形成的市場稱為店頭市場。
- 店頭市場與集中交易市場有何不同？店頭市場是提供上櫃股票交易的市場，交易方式除了可透過電腦撮合成交外，也可透過證券商的營業櫃檯進行議價或場外交易；集中市場是提供上市股票買賣的市場，透過電腦交易撮合價位。
- 什麼是興櫃股票？興櫃股票，就是指已經申報上市（櫃）輔導契約之公開發行公司的普通股股票，在尚未上市（櫃）掛牌之前，經過櫃檯中心依據相關規定核准，先在證券商營業處所議價買賣者而言。
- 簡單來說，上市公司股票在集中市場買賣，上櫃公司股票則在店頭市場買賣。

第 8 章
證券市場與上市申請

● 章節體系架構

Unit 8-1
證券市場之結構概況

一個健全的資本市場，可以作為社會上儲蓄者與投資者的橋梁，合理而有效率地運用社會上的長期資金，促進經濟發展。前面章節我們提到金融市場分為資本市場與貨幣市場，而證券市場僅為資本市場之一部分，但其重要性卻因市場自由化、國際化及全球化而與日俱增。

如果將證券市場比喻為一個人的心臟，那麼股價就猶如體內流動的血液；股價指標現已普遍被視為整體經濟榮枯盛衰的先行指標，而證券市場則被公認為代表一國經濟發展態勢的櫥窗。證券市場既然如此重要，對於其結構概況就不得不有一番了解。

一.證券發行與流通市場之意義

(一)證券發行市場：即初級證券市場（Primary Securities Market）。所謂證券發行市場，乃是證券市場中較為繁複的部分，它包括了事業的規劃、設立、證券的發行，以及最初的銷售。因此這一市場的主要職能，就是新資本的創造，也不是在於完成新證券的發行。其可再區分為：1.初次發行：第一次公開發行，以及2.再次發行：已公開發行公司現金增資。

(二)證券流通市場：即次級證券市場（Secondary Securities Market），其主要職能乃在完成已發行證券所有權的移轉。它具有較好的組織，而且經過特別設計，以便利各類證券所有權的移轉而設立。所有已發行而為投資者所持有的各類證券，都可以在這個市場內不斷的賣出買進，而完成證券所有權的轉移。其可再區分為：1.第二市場：於交易所的上市股票交易；2.第三市場：於店頭市場（櫃檯市場）的股票交易，以及3.第四市場：機構法人之間自行交易。

二.證券市場之優點

近年來，隨著金融與證券業的自由化，直接金融成長的速度遠大於間接金融成長速度，使得證券市場在溝通企業籌資及民間投資理財活動上扮演更為重要的角色。因此，我們可以整理歸納出證券市場的以下三優點：

(一)使證券具有可售性（Marketability）：任何持有證券的人，如果要收回其資金，隨時都可透過證券市場，將證券出售與他人。

(二)有一公平競價的平臺：在證券市場上，買方與賣方匯集，由於「公平競價」，使證券價格趨於公平合理。

(三)證券價格走向透明化，有助投資決策：從證券長期價格中，可以窺知何者欣欣向榮，何者日趨衰微，使投資者決定其資金的投放。

由於證券市場具有上述功能，故為現代籌募資金最適當的一種制度。簡單來說，證券市場是企業家和投資者資金供需的橋梁：企業家可藉公開發行證券以籌措其生產所需要的資金；投資者則可藉由購買證券，以為儲蓄，享受工業發展所獲得的利潤。

證券市場結構圖

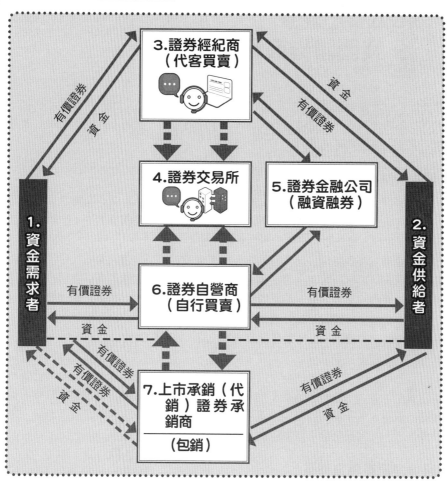

證券市場3優點

1.使證券具有可售性（Marketability）
→任何證券持有人，如果要收回資金，隨時都可透過證券市場出售證券。

2.有一公平競價的平臺
→在證券市場上，買方與賣方匯集，由於「公平競價」，使證券價格趨於公平合理。

3.證券價格走向透明化，有助投資決策
→從證券長期價格中，可知何者欣欣向榮或日趨衰微，使投資者決定資金的投放。

Unit **8-2**
我國證券商種類

　　證券市場上常聽到「證券三商」，這意指什麼？其實即是本文所要介紹的我國證券商種類，他們有哪些不同？我們可分別在證券交易法第15及16條規定找到答案。

　　本文為方便讀者對此三種證券商有一全盤性的了解，茲將上述所提法律依據與實務運用上做一綜合說明。

一.證券承銷商

　　證券發行市場的主要成員除證券發行者（資金需求者）及證券購買者（資金供給者）外，為構成一個完整有效的發行市場，必須有一個主要媒介者——證券承銷商。所謂證券承銷商，係指經營有價證券之承銷業務者。

　　由於企業規模日益龐大，所需的資金愈來愈多，發行有價證券向社會不特定大眾公開招募已成為籌措長期資金的主要方式，因此居間機構的承銷商在發行市場中已成為推動證券發行的主要分子，英美證券發行市場得以發達，承銷機構的功勞很大。專業之證券承銷商在美國又稱為投資銀行，其主要任務在於促進企業證券化之發展，作為長期資金供需的橋梁，經常對發行公司及投資人提供顧問性服務。

　　承銷商之主要業務係承銷公司發行證券第一次對外銷售。承銷商經審慎分析發行公司財務結構及發行新證券的計畫以後，以包銷或代銷新證券方式，協助發行公司募集長期資金，並將新證券售予投資大眾。同時依證券交易法第71條規定，證券承銷商包銷有價證券，於承銷契約所定之承銷期間屆滿後，對於約定包銷之有價證券，未能全數銷售者，其剩餘數額之有價證券，應自行認購之。

二.證券經紀商與自營商

　　證券經紀商係經營有價證券買賣之居間業務，不得自行買賣；證券自營商係經營有價證券自行買賣業務，不得代客買賣。兩者均須經主管機關之特許，方得營業。

小博士解說

證券商成立要件

如何才能成立證券商呢？有以下幾點要件，可資參考：1.證券商須為「股份有限公司」；2.證券商原則上不得由他業兼營，但金融機構仍得經主管機關之許可，兼營證券業務；3.須以經營證券業為目的，以及4.須經主管機關之許可及發給許可證照，證券商應自主管機關許可籌設之日起「六個月內」完成公司登記，並申請核發許可證照；有正當理由得申請延長六個月，但以一次為限。當然也有其最低資本額之限制。

1.證券承銷商

→主要業務係承銷公司發行證券第一次對外銷售。

127

2.證券經紀商

→經營有價證券買賣之行紀或居間業務，不得自行買賣。

3.證券自營商

→經營有價證券自行買賣業務，不得代客買賣。

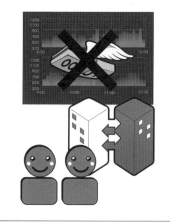

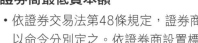
知識
補充站

證券商最低資本額

- 依證券交易法第48條規定，證券商之最低資本額由主管機關以命令分別定之。依證券商設置標準第3、12及21條規定，其最低實收資本額分別為：1.證券承銷商：新臺幣4億元；2.證券自營商：新臺幣4億元；3.證券經紀商：新臺幣2億元；4.綜合證券商（可兼營上列三種）：新臺幣10億元，以及5.分支機構（分公司）：每一家應增加新臺幣3,000萬元。
- 上述證券商最低實收資本額，發起人應於發起時「一次認足」，不可分次發行。

Unit **8-3**
證券發行的方式

　　證券發行（Securities Issuance）是指政府、金融機構、工商企業等以募集資金為目的，向投資者出售代表一定權利的有價證券的活動。任何一個經濟體系中都有資金的盈餘單位（有儲蓄的個人、家庭和有閒置資金的企業）和資金的短缺單位（有投資機會的企業、政府和有消費需要的個人），為了加速資金的周轉和利用效率，需要使資金從盈餘單位流向短缺單位。通常透過以下二種發行證券方式流動：一是向所有合法的社會投資者發行證券；另一是向特定的投資者發行證券。

一.公開發行

　　公開發行係向社會大眾募集資金，政府為保障大眾利益，對公司公開發行常加限制。公開發行，因其採用之方法不同，又分為下列各種：

　　(一)直接發行：又可分成自行銷售與委託銷售兩種，茲分述如下：

　　1.自行銷售：由發行公司自行擔任銷售，發行風險由公司負擔。信譽卓著之公司適用之，此法可減少發行費用。

　　2.委託銷售：由發行公司委託證券業者代為銷售，其發行風險仍由發行公司負擔。公司信用薄弱者或市場不振時，適用之。

　　(二)間接發行：又可分成全部包銷與部分包銷兩種，茲分述如下：

　　1.全部包銷：由投資銀行、信託公司、證券商或銀行團收購全部發行之證券，再轉售給投資人。承購價格由雙方議定，或以投標方式決定；承銷團體就買賣差價中獲得利益。發行公司如需在證券出售前獲得全部資金，買賣之差價將為之增大。

　　2.部分包銷：即(1)發行公司自行出售一部分，其餘由投資銀行包銷，具自行出售部分，多屬舊股東優先認購之股份、公司債調換之部分或公司改組時，以新股調換舊股之部分，以及(2)投資銀行先照公司議定之發行價格公開銷售，其銷售餘額由投資銀行承購，再行轉售，將來轉售價格與發行價格不同。

二.非公開發行

　　非公開發行係對特定人如舊股東、保險公司、投資公司，或其他慈善、宗教、教育機關團體，或親友招募股票、推銷公司債，因不公開銷售，法律上之限制較寬。此種方式占籌資方法中之主要地位，普通分為兩種，茲分述如下：

　　(一)舊股東認股：公司對現有股東按其股份比例認購增發之股份，通常稱為認購新股權利（Privileged Subscription），或簡稱優先認股權（Preemptive Right）。

　　(二)直接募銷（Private Placement or Direct Placement）：係由發行公司直接售予投資人或投資機構，而不由中間機構經手。

公司證券發行2方式

1.公開發行

向社會大眾募集資金，政府為保障大眾利益，對公司公開發行常加限制。

資金如何流通募集？

(1) 直接發行

自行銷售
→由發行公司自行擔任銷售，發行風險由公司負擔。
→信譽卓著之公司適用之，此法可減少發行費用。

委託銷售
→由發行公司委託證券業者代為銷售，發行風險由發行公司負擔。
→公司信用薄弱者或市場不振時適用之。

(2) 間接發行

全部包銷
→由投資銀行、信託公司、證券商或銀行團收購全部發行之證券，再轉售投資人。
→承購價格由雙方議定，或以投標方式決定；承銷團體就買賣差價中獲得利益。

部分包銷
→發行公司自行出售一部分，其餘由投資銀行包銷，具自行出售部分，多屬舊股東優先認購之股份、公司債調換之部分或公司改組時，以新股調換舊股之部分。
→投資銀行先照公司議定之發行價格公開銷售，其銷售餘額由投資銀行承購，再行轉售，將來轉售價格與發行價格不同。

2.非公開發行

→占籌資方法中主要地位
對特定人如舊股東、保險公司、投資公司，或慈善、宗教、教育團體，或親友招募股票、推銷公司債，因不公開銷售，法律上之限制較寬。

(1)舊股東認股
- 公司對現有股東按其股份比例認購增發之股份。
- 通常稱為認購新股權利或簡稱優先認股權。

(2)直接募銷
由發行公司直接售與投資人或投資機構，而不由中間機構經手。

Unit **8-4**
何謂IPO？

IPO（Initial Public Offerings）即股票首次公開發行或是首次上市，乃指企業透過證券交易所首次公開向投資者增發股票，以期募集用於企業發展資金的過程。

一.IPO的發起緣由

這個現象在90年代末的美國發起，當時美國正經歷科網股泡沫。創辦人會以獨立資本成立公司，並希望在牛市期間透過首次公開募股集資（IPO）。由於投資者認為這些公司有機會成為微軟第二，股價在它們上市的初期通常都會上揚。不少創辦人都在一夜間成了百萬富翁；而受惠於認股權，雇員也賺取了可觀的收入。

在美國，大部分透過首次公開募股集資的股票都會在那斯達克（NASDAQ）市場內交易。很多亞洲國家的公司都會透過類似的方法來籌措資金，以發展公司業務。而臺灣目前上市加上櫃公司的家數，已合計超過二千家了。

二.IPO對企業有何誘因

IPO究竟有何魔力，成為多數企業追求的一個階段性目標，以下我們探討之：

(一)公司能以低成本取得所需資金：因為透過股票上市上櫃，才能從資本市場取得公司發展所需的低成本資金。

(二)創造公司價值：透過股票上市上櫃還可創造出高股價，以及公司總市價。而員工在分紅配股時，也才有可觀的鉅額紅利可分配。

(三)方便融資貸款：也可以拿公司上市上櫃的高價股票，作為融資抵押品，以取得銀行貸款，再去快速擴張事業版圖。

目前臺灣上市上櫃之前，都必須先經過興櫃市場掛牌至少三個月以上，然後再正式申請上市或上櫃。而要獲得上市上櫃的結果，則須經過較為嚴謹的證交所審核程序，以及最後經過由多位學者專家所組成的審查委員會多數同意通過才行。另外也必須到現場簡報，並接受委員會的質詢。同時公司申請IPO的整個過程，通常都要有一家主辦證券公司協助輔導。

小博士解說

何謂SPO？

SPO即是現金增資（Seasoning Public Offerings）之意，乃指公司為改善財務結構或擴大經營、購買廠房設備或其他用途，在現有已經公開發行的股票之外發行增資股票，以特定價格和股數，由原有股東認購或對外發行等方式募集資金，該公司的股本亦隨之增多。

IPO的意義及優點

| IPO | ➤ | 企業首次申請股票公開發行上市掛牌 |

IPO的好處
1. 透過股票上市上櫃，才能從資本市場取得公司發展所需的低成本資金。
2. 透過股票上市上櫃可創造高股價及公司總市價。而員工在分紅配股時，也才有可觀的鉅額紅利分配。
3. 上市上櫃公司的高價股票，可作為融資抵押品，以取得銀行貸款，再去快速擴張事業版圖。

· 要經過證交所審核及審查委員會通過

131

知識補充站

那斯達克

· 那斯達克（NASDAQ）是美國的一個電子證券交易機構，是由那斯達克股票市場股份有限公司（Nasdaq Stock Market, Inc., NASDAQ）所擁有與操作的。NASDAQ是全國證券業協會行情自動傳報系統（National Association of Securities Dealers Automated Quotations System）的縮寫，創立於1971年，迄今已成為世界最大的股票市場之一。該市場允許市場期票出票人透過電話或互聯網直接交易，而不拘束在交易大廳進行，而且交易的內容大多與新技術，尤其是計算機方面相關，是世界第一家電子證券交易市場。

· 一般來說，在那斯達克掛牌上市的公司以高科技公司為主，這些大公司包括微軟（Microsoft）、蘋果（Apple）、英特爾（Intel）、戴爾（Dell）和思科（Cisco）等。

· 雖然那斯達克是一個電子化的證券交易市場，但它仍然有個代表性的「交易中心」存在，該中心座落於紐約時報廣場旁的時報廣場四號（Four Times Square，該大樓又常被稱為「康泰納仕大樓」，Conde Nast Building）。時代廣場四號內並沒有一般證券交易所常有的各種硬件設施，取而代之的是一個大型的攝影棚，配合高科技的投影螢幕並且有歐美各國主要財經新聞電視臺的記者派駐進行即時行情報導。

Unit 8-5
證交所審查上市申請作業程序 Part I

前文提到公司申請上市有其優點,所以本文則就法律面之申請作業予以說明。由於本主題豐富,特分三單元介紹。

一.申請股票上市之條件

根據證交所「有價證券上市審查準則」之規定,同意股票上市有幾種狀況:

(一)設立年限:申請上市時已依公司法設立登記屆滿三年以上。但公營事業或公營事業轉為民營者,不在此限。

(二)資本額:申請上市時之實收資本額達新臺幣6億元以上者。

(三)獲利能力:其個別及依財務會計準則公報第七號規定編製之合併財務報表之營業利益及稅前純益符合下列標準之一,且最近一個會計年度決算無累積虧損者:1.營業利益及稅前純益占年度決算之實收資本額比率,最近二個會計年度均達6%以上者;或最近二個會計年度平均達6%以上,且最近一個會計年度之獲利能力較前一會計年度為佳者,以及2.營業利益及稅前純益占年度決算之實收資本額比率,最近五個會計年度均達3%以上者。

(四)股權分散:記名股東人數在1千人以上,其中持有股份1千股至5萬股之股東人數不少於5百人,且其所持股份合計占發行股份總額20%以上或滿1千萬股者。

前項(三)合併報表之獲利能力不予考量少數股權純益(損)對其之影響。

申請股票上市之發行公司,經中央目的事業主管機關出具其係屬科技事業之明確意見書,合於下列各款條件者,同意其股票上市:1.申請上市時實收資本額達新臺幣3億元以上;2.產品或技術開發成功且具市場性,經該公司取得中央目的事業主管機關出具評估意見者;3.經證券承銷商書面推薦者;4.申請上市會計年度財務預測、最近財務報告及最近一個會計年度財務報告之淨值不低於實收資本額2/3者,以及5.記名股東人數在1千人以上,且其中持有股份1千股至5萬股之股東人數不少於5百人者。

二.股票上市之審查方式及內容

公司股票初次申請上市,應審查最近二年度經會計師查核簽證、董事會通過及監察人承認之財務報告,其會計科目有異常變動者,並應就該科目審查前一年之財務報告,股東常會承認之財務報告與前者不一致者,並應加送股東常會承認之財務報告。審查期間跨越4、7及10月以後者,應洽請申請公司加送當年第一季、上半年度及第三季經會計師核閱之財務報告,以作為審查參考;審查期間跨越9月分以後者,應洽請申請公司加送次一年度經會計師核閱之財務預測報告,以作為審查參考(非曆年制者依其會計年度類推);審查期間跨越年度者,申請公司應於年度結束後二個月內,加送當年度經會計師查核簽證之財務報告、會計師工作底稿及承銷商評估報告更新資料等書件,以作為審查依據,如未能於前揭期限內檢送者,應退還其申請書件。

公司申請上市作業程序

1.申請股票上市之條件

(1)設立年限→ • 申請上市時已依公司法設立登記屆滿三年以上。
 • 公營事業或公營事業轉為民營者,不在此限。
(2)資本額→申請上市時之實收資本額達新臺幣6億元以上者。
(3)獲利能力→ • 最近二個會計年度稅前純益率均達6%以上者。
 • 最近五個會計年度稅前純益率均達3%以上者。
(4)股權分散→ • 記名股東人數1千人以上。
 • 其中持有股份1千股至5萬股之股東人數不少於5百人。
 • 上述所持股份合計占發行股份總額20%以上或滿1千萬股者。

科技業申請股票上市之條件

1.申請上市時實收資本額達新臺幣3億元以上。
2.產品或技術開發成功且具市場性,經該公司取得中央目的事業主管機關出具評估意見者。
3.經證券承銷商書面推薦者。
4.申請上市會計年度財務預測、最近財務報告及最近一個會計年度財務報告之淨值不低於實收資本額2/3者。
5.記名股東人數在1千人以上,且其中持有股份1千股至5萬股之股東人數不少於5百人者。

2.股票上市之審查方式及內容

(1) 審查最近二年度經會計師查核簽證、董事會通過及監察人承認之財務報告。
(2) 會計科目有異常變動者,並應就該科目審查前一年之財務報告。
(3) 股東常會承認之財務報告與前者不一致者,並應加送股東常會承認之財務報告。
(4) 審查期間跨越4、7及10月以後者,申請公司應加送當年第一季、上半年度及第三季經會計師核閱之財務報告。
(5) 審查期間跨越9月分以後者,申請公司應加送次一年度經會計師核閱之財務預測報告。
(6) 審查期間跨越年度者,申請公司應於年度結束後二個月內,加送當年度經會計師查核簽證之財務報告、會計師工作底稿及承銷商評估報告更新資料等書件。

3.股票不宜上市之狀況

4.主管機關的審查承辦人員必要的專業

5.證交所「董事會」之核議

6.「退件」及「申復」規定

Unit **8-6**
證交所審查上市申請作業程序 Part II

公司上市除要符合前文所提條件外，可能萬一不宜上市的情況，本文將說明之。

三.股票不宜上市之狀況

公司股票不宜上市之狀況，有以下規定條款：1.遇有證券交易法第156條第1項第1款、第2款所列情事，或其行為有虛偽不實或違法情事，足以影響其上市後之證券價格，而及於市場秩序或損害公益之虞者；2.財務或業務未能與他人獨立劃分者；3.有足以影響公司財務業務正常營運之重大勞資糾紛或汙染環境情事，尚未改善者；4.經發現有重大非常規交易，尚未改善者；5.申請上市年度已辦理及辦理中之增資發行新股併入各年度之決算實收資本額計算，不符合上市規定條件者；6.有迄未有效執行書面會計制度、內部控制制度、內部稽核制度，或不依有關法令及一般公認會計原則編製財務報告等情事，情節重大者；7.所營事業嚴重衰退者；8.申請公司於最近五年內，或其現任董事、監察人、總經理或實質負責人於最近三年內，有違反誠信原則之行為者；9.申請公司之董事會成員少於5人或獨立董事人數少於2人、監察人少於3人或其董事會、監察人有無法獨立執行其職務者，但依證券交易法第14條之4規定，設置審計委員會替代監察人者，本款有關監察人規範，不適用之，另所選任獨立董事以非為公司法第27條所定之法人或其代表人為限，且其中至少一人須為會計或財務專業人士；10.申請公司於申請上市會計年度及其最近一個會計年度已登錄為證券商營業處所買賣興櫃股票，於掛牌日起，其現任董事、監察人及持股超過其發行股份總額10%之股東有未於興櫃股票市場而買賣申請公司發行之股票情事者，但因辦理本準則第11條之承銷事宜或有其他正當事由者，不在此限；11.申請公司係屬上市（櫃）公司進行分割後受讓營業或財產之既存或新設公司，該上市（櫃）公司最近三年內為降低對申請公司之持股比例所進行之股權移轉，有損害公司股東權益者，以及12.其他因事業範圍、性質或特殊狀況，主管機關認為不宜上市者。

四.主管機關的審查

證交所承辦人員應了解申請公司有無「有價證券上市審查準則」第9條第1項各款規定不宜上市情事或同準則第18條第3項之情事，是否已依主管機關函示之各項應行注意事項辦理，暨其最近一次增資計畫有無重大變更及未依計畫執行情形，於審查報告與審查工作底稿內詳加敘明，如不符規定情事並應加具處理意見，逐級覆核。

除此之外，承辦人員於書面審查時，如發現有異常情事，經檢視會計師之查核工作底稿或申請公司、簽證會計師及證券承銷商檢送之其他書面資料，仍無法了解其全貌者，應實地察看公司、工廠及了解公司負責人歷年之經營實績及理念。申請公司為投資控股公司或金融控股公司時，應對被控股公司或其子公司實施上述程序。但被控股公司或其子公司位處國外者，僅實施書面審查。

公司申請上市作業程序

1.申請股票上市之條件

2.股票上市之審查方式及內容

3.股票不宜上市之狀況：計有12條

(1) 遇有證券交易法第156條第1項第1款、第2款所列情事，或其行為有虛偽不實或違法情事，足以影響其上市後之證券價格，而及於市場秩序或損害公益之虞者。

(2) 財務或業務未能與他人獨立劃分者。

(3) 有足以影響公司財務業務正常營運之重大勞資糾紛或汙染環境情事，尚未改善者。

(4) 經發現有重大非常規交易，尚未改善者。

(5) 申請上市年度已辦理及辦理中之增資發行新股併入各年度之決算實收資本額計算，不符合上市規定條件者。

(6) 有迄未有效執行書面會計制度、內部控制制度、內部稽核制度，或不依有關法令編製財務報告等情事，情節重大者。

(7) 所營事業嚴重衰退者。

(8) 申請公司最近五年內，或其現任董事、監察人、總經理或實質負責人最近三年內，有違反誠信原則之行為者。

(9) 申請公司之董事會成員少於5人或獨立董事人數少於2人、監察人少於3人或其董監事有無法獨立執行職務者。

(10) 申請公司於申請上市會計年度及其最近一個會計年度已登錄為證券商營業處所買賣興櫃股票，於掛牌日起，其現任董事、監察人及持股超過其發行股份總額10%之股東有未於興櫃股票市場而買賣申請公司發行之股票情事者。

(11) 申請公司係屬上市（櫃）公司進行分割後受讓營業或財產之既存或新設公司，最近三年內為降低對申請公司之持股比例所進行之股權移轉，有損害公司股東權益者。

(12) 其他因事業範圍、性質或特殊狀況，主管機關認為不宜上市者。

4.主管機關的審查

(1) 承辦人員應了解申請公司有無不宜上市情事或是否已依主管機關函示之各項應行注意事項辦理，暨最近一次增資計畫有無重大變更及未依計畫執行情形，於審查報告與審查工作底稿內詳加敘明，如不符規定情事並應加具處理意見，逐級覆核。

(2) 承辦人員於書面審查時，如發現有異常情事，經檢視書面資料，仍無法了解其全貌者，得實地察看公司、工廠及了解公司負責人歷年之經營實績及理念。

5.證交所「董事會」之核議

6.「退件」及「申復」規定

Unit 8-7
證交所審查上市申請作業程序 PartⅢ

經過前面兩單元對公司擬申請上市及不宜上市的條件，以及證交所承辦人員會如何書面審查及實地勘察，我們已有簡明扼要的說明；再來就是要進入主管公司能否上市的最高單位的核議了，萬一被退件，請勿灰心，因為也有申復的機會。

六.證交所「董事會」之核議

初次申請股票上市或申復案件經審議委員會作成同意上市之決議，經提報董事會認有不同之意見者，應由審議委員會重新審議。審議後經仍作成同意上市之決議者，再提報董事會核議；經作成不同意上市之決議者，應於簽請總經理核可後予以退件。

承辦部門應將每月申請上市案件辦理情形匯總報告於董事會，並於會後10日內，檢具原會議決議紀錄，函報主管機關備查。

七.「退件」及「申復」規定

關於「退件」及「申復」的規定，乃依臺灣證券交易所股份有限公司審查有價證券上市作業程序實行，茲分述如下：

(一)初次申請股票上市案件之退件：即初次申請股票上市案件經審議委員會決議退件，或申請公司未於本公司函訂或本作業程序規定期限內辦理或補正相關事項者，經簽報核可後，函知申請公司並退還其上市申請文件。

(二)初次申請股票上市案件之申復：即公司要符合以下規定，才能提出申請：

1.經審議委員會決議退件之案件，申請公司自本公司退件通知發函之日起20日內，得陳述申復理由，並檢具相關資料，向本公司提出申復。

2.申請公司之申復理由，應以原決議退件理由是否有誤為限。

3.申復案件應由主管部門表示具體意見後，重新提請審議委員會審議，審議時主管部門應將前次審議之開會詢答事項匯總提供審議委員參考；審議委員會就申復案件審議後，如認申復無理或依相關資料認為仍有不宜上市之情事者，於簽請總經理核可後予以退回，如認申復有理由者，始提報董事會核議。但經主管部門決議退件之案件，除主管部門認為有必要者，依規定辦理外，應由主管部門重新審查，如認申復無理由或依相關資料認為仍有不宜上市之情事者，於簽請總經理核可後予以退回，如認申復有理由者，始提報董事會核議。

4.申復案件經審議委員會或主管部門決議，認為申復無理由或依相關資料認為仍有其他不宜上市之情事，申請公司不得再行申復。

5.申復案件提經董事會核議通過者，同意該公司股票上市。

6.申請公司於申復程序進行中撤回申復者，視為未申復。

7.申復案件之審查內容僅限於原退件理由是否有誤暨有無期後之其他不宜上市情事，其審查程序及審查期限，除上市審查之意見徵詢外，準用本作業程序之規定。

公司申請上市作業程序

1.申請股票上市之條件

2.股票上市之審查方式及內容

3.股票不宜上市之狀況

4.主管機關的審查

5.證交所「董事會」之核議

(1)初次申請股票上市案件或申復案件經審議委員會作成同意上市之決議，經提報董事會認有不同之意見者，應由審議委員會重新審議。
　→審議後作成 〇同意上市決議→再提報董事會核議
　→審議後作成 ×同意上市決議→簽請總經理核可後退件
(2) 承辦部門應將每月申請上市案件辦理情形匯總報告於董事會，並於會後10日內，檢具原會議決議紀錄，函報主管機關備查。

6.「退件」及「申復」規定

退件

初次申請股票上市案件經審議委員會決議退件，或申請公司未於規定期限內辦理或補正相關事項者，經簽報核可後，函知申請公司並退還其上市申請文件。

申復

(1) 經審議委員會決議退件之案件，申請公司自本公司退件通知發函之日起20日內，得陳述申復理由，並檢具相關資料，向本公司提出申復。
(2) 申請公司之申復理由，應以原決議退件理由是否有誤為限。
(3) 申復案件應由主管部門表示具體意見後，重新提請審議委員會審議；審議委員會就申復案件審議後，如認申復無理或認為仍有不宜上市之情事者，於簽請總經理核可後退回，如認申復有理由者，始提報董事會核議。但經主管部門決議退件之案件，除主管部門認為有必要者，依規定辦理外，應由主管部門重新審查，如認申復無理由或認為仍有不宜上市之情事者，於簽請總經理核可後退回，如認申復有理由者，始提報董事會核議。
(4) 申復案件經審議委員會或主管部門決議，認為申復無理由或依相關資料認為仍有其他不宜上市之情事，申請公司不得再行申復。
(5) 申復案件提經董事會核議通過者，同意該公司股票上市。
(6) 申請公司於申復程序進行中撤回申復者，視為未申復。
(7) 申復案件之審查內容僅限於原退件理由是否有誤暨有無期後之其他不宜上市情事，其審查程序及審查期限，除上市審查之意見徵詢外，準用本作業程序之規定。

第 **9** 章
私募與公司債發行

Unit 9-1
何謂私募？

　　所謂私募（Private Placement），係指私下（非公開）對「特定對象」進行增資、賣老股或公司債私募過程與財務行動。私募的對象可以是國內或國外的股東個人或企業法人或投資銀行機構等。

一.私募過程須知

　　在私募過程中，公司自然要準備相關資料，包括營運計畫書、財務報表、法律合約文件，甚至也要進行實地訪查（Due Diligence, DD），然後再確定是否有投資該公司的價值。

　　在大型私募過程中，通常也會請國內外知名大型券商或投資銀行配合主辦協助，以利私募的進行。特別是國外私募，更須借助國外知名券商及投資銀行的協助。因為這些公司在國外有他們專業輔導經驗及國際化人脈資源。

二.開放商業銀行私募資金，活化國內金融市場

　　為增進商業銀行資金運用彈性及收益，金管會宣布，開放商業銀行投資私募有價證券及興櫃股票，不需申請也不需報備，但是銀行投資國內外有價證券的限額不變，即不得超過該銀行核算基數（即可投資的資金）的25%，其中對店頭市場、固定收益特別股等有價證券的投資，亦不可超過該銀行核算基數的5%。

　　金管會修正發布「商業銀行投資有價證券之種類及限額規定」，那時擔任銀行局局長的曾國烈表示，修正目的旨在協助企業募集資金，並盼望藉此進一步活化國內金融市場。

　　修正重點包括增列「國際性或區域性金融組織發行之債券」為商業銀行可投資的有價證券，例如：亞銀、歐洲復興開發銀行、中美洲銀行等。曾國烈表示，過去是由銀行個案申請，個案核准，准予銀行投資亞銀等發行的債券，為求簡化作業將個案納為通案辦理。

　　其次，開放商業銀行可投資興櫃股票，以及投資私募有價證券，包括私募股票與公司債，但上述有價證券都須經信用評等機構，例如：標準普爾、穆迪、中華信評、惠譽等，給予一定等級的評等。

三.允許保險業購買私募有價證券

　　目前財政部法令已允許保險公司的資金可以購買私募有價證券，包括私募股票及私募公司債，但是私募有價證券的購買總額不可超過該公司總資金的5%，而對信評2個B等（tw BB）以下等級（屬不佳）的私募有價證券，則不可以超過總資金的1%。

什麼是私募？

私募係指私下對「特定對象」進行增資、賣老股或公司債私募過程與財務行動。

1. 國內投資基金

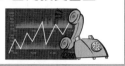

2. 國外投資基金

3. 國內外商業銀行

4. 保險公司

(1) 非公開市場
(2) 投入資金在某家非上市櫃公司

私募

知識補充站

什麼是「twBB」？

- 「twBB」是中華信評發行人信用評等的一種等級。中華信評的信用評等係植基於全國性基礎之上，表達的是對有關發行體與債務信用品質的前瞻性意見。更具體的說，中華信評的信用評等表示的是信用品質的相對排名。中華信評認為，獲得較高評等等級的發行體與債務，其信用品質會較獲得較低評等等級之發行體與債務的信用為佳。

- 而受評為「twBB」的債務人，係指相較於其他本國債務人，該債務人對其財務承諾的履行能力稍嫌脆弱（Somewhat Weak）。由於存在著重要的長期性不確定因素，或暴露於不利的企業、財務或經濟條件之下，可能會導致該債務人履行財務承諾的能力不足。

Unit **9-2**
公司債的意義與特質

　　前文提到公司債已是目前企業眾多籌資管道的主要工具之一，我們也常在報章媒體看到某上市櫃公司預計何時發行公司債，其債券面額、票面利率、發行價格、發行期間、還本日期及方式，以及其他相關事宜，而近來因資金寬鬆、利率下降，70%投資經理人看好高評等投資級公司債，足見公司債之吸睛。然而什麼是公司債？具有哪些特性？以下我們將探討之。

一.公司債的意義

　　公司債（Corporate Bonds）乃為信用工具之一，係指公司為借入款項，獲得現金，而承諾於將來每年一定時日無條件支付一定之金額，並於約定到期日一次或分次交付約定金額之證券。前者通常為利息，後者通常指本金。公司債形式一律，面額標準，可以自由轉讓流通。其票面最常見者為1萬元、5萬元、10萬元，亦有50萬元或100萬元者。

二.公司債的特質

　　(一)公司債為公司長期負債：短期與長期負債之劃分，隨各國經濟情形而有不同。在美國發行償還期限五年以內之公司債稱為短期票據，五年以上至十五年以內稱為短期公司債，十五年以上者始稱為長期公司債。

　　(二)公司債到期應即償還：即使在償還期限以前，公司實行清算亦應優先償還公司債後，始可將剩餘財產分配與股東。

　　(三)公司債持有人不能參與公司經營：除非公司未按期支付本息或擔保品遭受損害外，公司債持有人及公司債受託人不得干涉公司經營。

　　(四)公司債利息係屬固定費用：公司債利息為公司之費用，而非盈餘之分派，其數額不隨盈餘之多寡而有變動。

　　(五)公司債發行成本較低：公司債利率通常較銀行利率低，利息支付為公司費用，可減少公司課稅負擔。股息為課稅後盈餘之分派，故發行股票之成本，較公司債為高。

　　(六)公司債為籌措長期資金之捷徑：公司增發股票籌措長期資金，須依法辦理增資手續。以後即使不需要資金時，亦不能任意減資。發行公司債則無此麻煩。因而美國近年來，各大公司運用公司債籌措長期資金者，已占半數以上。

　　(七)資金成本較發行股份為低：股份股息須自付稅後的利益中分派之；公司債利息，則屬費用支出，從而減少課稅利益。是故，其資金成本顯然較股份為低。

　　(八)公司債唯有大企業能利用：公司債係以長期投下資金為特徵，故須以企業之長期存續為先決問題，惟一般中小企業的存續期間皆短暫，故不宜發行。

何謂公司債及其特性

| 公司債 | → | (1) 以約定負債類取得企業所須營運資金的一種工具。
(2) 每年一定時日無條件支付一定利息，並於約定到期日一次或分次交付本金。 |

公司債8特性

吸晴的公司債

目前全球利率低，70%投資經理人看好高評等投資級公司債。

1.屬長期負債→短期與長期負債之劃分，隨各國經濟情形而有不同。

(1)美國發行償還期限五年至十五年內稱為短期公司債。
(2)美國發行償還期限十五年以上者稱為長期公司債。

2.到期應即償還→即使公司實行清算，亦應優先償還公司債。

3.公司債持有人不能像股東一樣參與公司經營。

→但公司未按期支付本息或擔保品遭受損害時例外。

4.公司債定期支付債息，屬固定費用→公司債利息非盈餘之分派。

5.公司債發行成本較低

→公司債利率較銀行利率低。

6.公司債為籌措長期資金之捷徑

→公司債不像增發股票，無須依法辦理任何手續。

7.資金成本較發行股份為低

→公司債利息，屬費用支出，從而減少課稅利益。

8.公司債為上市中大型公司較常用

→公司債係以長期投下資金為特徵，故須以企業之長期存續為前提。

Unit **9-3**
公司債、優先股與普通股之比較

大致而言，企業長期資金籌措方式不外為發行新股（普通股、優先股）、發行公司債及銀行舉債等方式，其中發行新股與公司債攸關投資大眾，因此對投資人來說，如何做好資產配置才能獲得好的投資報酬呢？有專家認為股票代表高風險的變動資產，債券則當成保守的固定收益資產，而比較積極的投資人則可選擇優先股作為固定收益的資產配置。你覺得呢？

以下我們分別就公司債、優先股與普通股這三種投資工具，從其收益、風險及控制等三方面進行比較分析。

一.收益方面

我們從收益（Income）方面來做一比較，看看哪種投資報酬率最好：

(一)公司債適合未來收益穩定之公司：公司債的收益係到期還本付息，不論有無盈利，公司均有此責任，故適合未來收益相當穩定之公司。

(二)優先股不像公司債到期即能支領利息：優先股的收益乃在其定額股息，且分配在普通股之先，但股利之分派與否，須待董事會決定，不像公司債到期即可支領利息。

(三)普通股的股息發放與公司盈利成正比：在公司盈利不佳時，無法獲得股息，但在盈利豐厚，享有分配大量股息之權。

二.風險方面

我們從風險（Risk）方面來做一比較，看看哪種投資風險最低：

(一)公司債風險較小：公司債之持有人，係公司之債權人，享有優先受償之權利，收回率比較大，故風險較小。

(二)優先股風險不算大：優先股對於股息分派，享有優先權，受償權亦在普通股之前，風險不算大。

(三)普通股風險較大：普通股只有在公司盈利時，方得分配股息，且其出資通常無法收回，故風險較大。

三.控制方面

我們從控制（Control）方面來做一比較，看看哪種投資較能參與公司經營：

(一)公司債及優先股持有者，對公司無控制權：公司債之債權人及優先股股東，既不能參與公司之行政，又無表決權，故不能控制公司。

(二)普通股持有者，對公司有控制權：普通股股東具有表決權、選舉權與被選舉權，故可以控制公司。

公司債／優先股／普通股3比較

1.收益方面

(1) 公司債適合未來收益穩定之公司
(2) 優先股不像公司債到期即能支領利息
(3) 普通股的股息發放與公司盈利成正比

2.風險方面

(1) 公司債持有人，享有優先受償之權利
　　→風險較小　★☆☆
(2) 優先股對於股息分派，享有優先權，受償權亦在普通股之前
　　→風險不算大　★★☆
(3) 普通股只有在公司盈利時，方得分配股息
　　→風險較大　★★★

3.控制方面

(1) 公司債債權人

　　　⬇

　　既不能參與公司行政，又無表決權→不能控制公司

　　　⬆

(2) 優先股股東
(3) 普通股股東→具有表決權、選舉權與被選舉權→可控制公司

公司債的優點與缺點

公司債3優點	公司債2缺點
1.可取得中長期營運資金	1.提高負債比率
2.不會喪失經營權	
3.固定支付利息	2.到期仍須償還本金

Unit 9-4
公司債形式的種類

公司債之種類,依發行條件區分,可分為以下三種類別,如此眾多公司債發行條件設計之多樣化,其目的不外乎節省企業籌資成本、發揮公司債財務槓桿效益,以及增加市場接受度與流動性。

一.記名與不記名公司債

就公司債之形式來說,通常分為記名公司債或稱登記公司債(Registered Bond),及不記名公司債或稱附息票公司債(Coupon Bonds)兩種。

記名公司債,由公司登記債券購買者之姓名地址,付息時,按期開發抬頭支票,照地址寄交持票人。我國企業證券發行尚在初期,一般人並非皆已與銀行開戶往來,所以公司債均用附息票的方式。至於不記名公司債之債票上,按照付息日期附有息票,到期時憑公司債券及息票支付利息,每支付利息一次,剪下息票一張,至還清本金時,收回債券。如係分期還本者,按還本日期附有還本票,每還本一次,剪下還本票一張。

二.可提前與不可提前償還公司債

就公司債之償還辦法來說,分為可提前償還公司債(Call Bonds)及不可提前償還公司債兩種。所謂可提前償還公司債,係指在發行時,約定公司債於發行若干年後,發行公司有權決定,於到期前,照約定價格,提前償還一部分或全部本金。至於不可提前贖回公司債券,則指只能一次到期還本付息的公司債券。

三.可轉換與不可轉換公司債

就公司債可否轉換為普通股來說,分為可轉換公司債(Convertible Bonds),及不可轉換公司債。

所謂可轉換公司債,係指在公司債發行時,約定公司債發行若干年後,公司債持有人有權決定,將公司債按照事先約定之轉換比例,轉換為普通股。因為決定權在持有人,是對持有人有利的條件,所以通常規定換股之期限,同時換股之比例亦較目前市價之比例為低。例如:目前公司債100元,普通股市價為每股20元,公司債與普通股之比例為五股,將來換股之比例,則為公司債100元,換三股或四股,所降低之比例,即是投資人「等待」之代價。此種公司債因為附有對投資人有利之條件,所以通常利率較低。就投資人來說,利息收入雖然較少,但如公司業務發展,獲利能力增加,普通股價格上漲時,此項公司債可照約定比例轉換普通股,獲得利益,即是可共享公司繁榮。此種換股權利,操之在持券人,所以當普通股上漲時,才會換股。假設公司業務仍是平平,則持券人可不必換股,以債權人身分收取利息及本金。此為吸引投資人購買公司債券之條件。至於不可轉換公司,則指公司債券不能轉換成公司股票。

💲 公司債 3 種類

公司債種類		
1.記名公司債 在公司債券上記載債權人姓名或名稱。	**vs.**	**不記名公司債** 債券票面上不載明持有人姓名或名稱。
2.可提前償還公司債 公司掌握主導權，當利率下跌時，公司可以提前贖回公司債。	**vs.**	**不可提前償還公司債** 只能一次到期還本付息的公司債券。
3.可轉換公司債 債券持有人有權將轉換債在轉換期間內，依轉換價格轉換成普通股。	**vs.**	**不可轉換公司債** 公司債券不能轉換成公司股票。

147

知識補充站　CFO將成為企業新貴

- 面對新的海外籌資工具，企業組織也必須做出相應的改變，提升使用新金融工具的能力。以統一企業為例，1986年為因應當時新臺幣大幅升值影響公司獲利，統一首設「外匯小組」，其後改組為「金融業務課」，功能擴大為資金募集規劃、經濟研究分析，並開始涉入金融交易操作。即至企業對外投資熱潮興起，從外商銀行挖來一批精通國際財務的人才，將該部門再擴編為「國際金融部」，其中金融研究課負責統一企業海外投資控股架構的設計和海外融資。

- 在專責的金融部門操作下，統一開創多項集資新工具，比如為併購美國食品公司而首開民間企業國際聯貸的先河；以現金增資方式發行海外存託憑證，償還國際長期聯貸，使公司負債快速降低，迅速改善財務結構；規劃在香港金融市場發行以美元計價的票券額度，利用國際流動資金降低資金成本。並在1994年初發行零票息可交換公司債，利用投資人對統一企業的認同，以該公司持有的統一實業股票為交換標的，發行票面利率為零的公司債，把集團旗下不知名的關係企業推上國際舞臺。

- 這一系列的操作，以取得海外低廉的長期資金為目的，並在一定額度內運用各種投資工具創造利潤。於是，企業的獲利端不只來自於產品的製造和銷售，在資金取得上扮演重要角色的金融部門更可以成為降低成本的先驅，而這正是金融創新為企業帶來組織變革與組織能力提升的機會與力量。當金融部門（或財務部門）成為獲利單位，操作著各種金融工具降低資金取得成本、或避險、或創造利潤，這些專業知識和技術的必要性使公司財務長（CFO）成為企業新貴。

第10章

預算管理制度與BU制度

Unit 10-1
預算管理制度的目的及種類

　　預算管理（Budget Management）對企業界是非常重要的，也是經常在會議上被當作討論的議題內容。企業如果想要常保競爭優勢，就必須事先參考過去經驗值，擬定未來年度的可能營收與支出，才能作為經營管理的評估依據。

一.何謂預算管理

　　所謂「預算管理」，即指企業為各單位訂定各種預算，包括營收預算、成本預算、費用預算、損益（盈虧）預算、資本預算等，然後針對各單位每週、每月、每季、每半年、每年等定期檢討各單位是否達成當初訂定的目標數據，並且作為高階經營者對企業經營績效的控管與評估主要工具之一。

二.預算管理的目的

　　預算管理的目的及目標，主要有下列幾項：

　　(一)營運績效的考核依據：預算管理是作為全公司及各單位組織營運績效考核的依據指標之一，特別是在獲利或虧損的損益預算績效是否達成目標預算。

　　(二)目標管理方式之一：預算管理亦可視為「目標管理」（Management by Objective, MBO）的方式之一，也是最普遍可見的有力工具。

　　(三)執行力的依據：預算管理可作為各單位執行力的依據或憑據，有了預算，執行單位才可以去做某些事情。

　　(四)決策的參考準則：預算管理亦應視為與企業策略管理相輔相成的參考準則，公司高階訂定發展策略方針後，各單位即訂定相隨的預算數據。

三.預算何時訂定

　　企業實務上都在每年年底快結束時，即12月底或12月中時，即要提出明年度或下年度的營運預算，然後進行討論及定案。

四.預算的種類

　　基本上，預算可區分為以下種類：

　　1.年度（含各月別）損益表預算（獲利或虧損預算）：此部分又可細分以下幾種類別：(1)營業收入預算；(2)營業成本預算；(3)營業費用預算；(4)營業外收入與支出預算；(5)營業損益預算，以及(6)稅前及稅後損益預算。

　　2.年度（含各月別）資本預算（資本支出預算）。

　　3.年度（含各月別）現金流量預算。

預算管理制度的目的及種類

1.預算管理 ➡ 企業執行目標管理與績效考核的主力工具

2.預算時間 ➡ 每年底12月時，即應訂定明年度各種預算目標

3.預算種類 ➡ (1)年度損益表
(2)年度資本支出預算表
(3)年度現金流量表

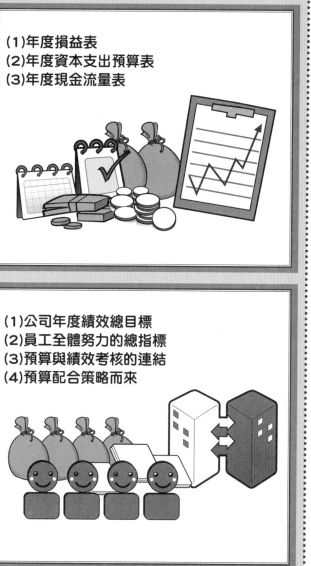

4.預算功用 ➡ (1)公司年度績效總目標
(2)員工全體努力的總指標
(3)預算與績效考核的連結
(4)預算配合策略而來

Unit **10-2**
預算如何制定及調整

　　公司在制定預算時，每個部門必須在對公司經營目標達成共識的情況下，編製該部門的預算，但是預算在什麼水平是合理的？如果業務目標定了以後，用多少資源去支持是合適的？這是困擾管理者的一個難題。預算資源太少，預計的經營目標無法實現，預算太鬆，造成資源的浪費。因此如何制定預算並因應調整，乃為本文要探討的重點。

一.要訂定預算的單位

　　全公司幾乎都要訂定預算，不同的是有些是事業部門的預算，有些則是幕僚單位的預算。幕僚單位的預算是純費用支出，而事業部的則有收入，也有支出。

　　因此，預算的訂定單位，應該包括：1.全公司預算；2.事業部門預算，以及3.幕僚部門預算（財會部、行政管理部、企劃部、資訊部、法務部、人資部、總經理室、董事長室、稽核室等）。

二.預算如何訂定

　　預算訂定的流程，大致如下：

　　1.經營者提出下年度的經營策略、經營方針、經營重點及大致損益的挑戰目標。

　　2.由財會部門主辦，並請各專業部門提出初步的年度損益表預算及資金預算數據。

　　3.財會部門請各幕僚單位提出該單位下年度的費用支出預算數據。

　　4.由財會部門彙整事業單位各幕僚部門的數據，然後形成全公司的損益表預算及資金支出預算。

　　5.然後由最高階經營者召集各單位主管共同討論、修正及最後定案。

　　6.定案後，進入新年度即正式依據新年度預算目標，展開各單位的工作任務與營運活動。

三.預算何時檢討及調整

　　在企業實務上，預算檢討會議經常可見，就營業單位而言，應討論的內容如下：

　　1.每週要檢討上週達成業績狀況如何，幾乎每月也要檢討上月損益狀況如何？

　　2.與原訂預算目標相比是超出或不足？超出或不足的比例、金額及原因是什麼？又有何對策？

　　3.如果連續一、二個月都無法依照預算目標達成，則應該進行預算數據的調整。

　　調整預算，即表示要「修正預算」，包括「下修」預算或「上調」預算；下修預算，即代表預算沒達成，往下減少營收預算數據或減少獲利預算數字。總之，預算關係著公司最終損益結果，因此必須時刻關注預算達成狀況而做必要調整。

預算制定及調整

1.預算單位

- (1)各事業部、各業務部（收入預算、成果預算）
- (2)各幕僚部（費用預算）
- (3)各廠（成本預算）

2.預算訂定流程

(1)老闆指示下年度經營策略及成長目標。

(2)各單位提出自己部門的收入、成本、費用預算。

(3)財會單位彙整好全公司預算。

(4)跨部門開會、討論、定案。

(5)董事會或老闆確定。

3.預算檢討時間

每月（次月）初檢討上月執行達成案如何，並提出因應對策。

Unit **10-3**
何謂BU制度及其優點

BU制度是近年來常見的一種組織設計制度，它是從SBU（Strategic Business Unit：戰略事業單位）制度，逐步簡化稱為BU（Business Unit）；然後，因為可以有很多個BU存在，故也可稱為BUs。

一.何謂BU制度

BU組織，即指公司可以依事業別、公司別、產品別、任務別、品牌別、分公司別、分館別、分部別、分層樓別等之不同，而將之歸納為幾個不同的BU單位，使之權責一致，並加以授權與課予責任，最終要求每個BU要能夠獲利才行；此乃BU組織設計之最大宗旨。

BU組織也有人稱之為「責任利潤中心制度」（Profit Center），兩者確實頗為相近。

二.BU制度的優點何在

BU的組織制度究係有何優點呢？大致有以下幾點：1.確立每個不同組織單位的權力與責任的一致性；2.可適度有助於提升企業整體的經營績效；3.可引發內部組織的良性競爭，並發掘優秀潛在人才；4.可有助於形成「績效管理」競向的優良企業文化與組織文化，以及5.可使公司績效考核與賞罰制度，有效連結一起。

三.BU制度有何盲點

BU組織制並非萬靈丹，不是每一個企業採取BU制度，每一個BU就能賺錢獲利，這未免也太不實際了；否則，為什麼同樣實施BU制度的公司，依然有不同的成效呢？其盲點有以下兩點：

(一)BU負責人會影響BU績效：當BU單位的負責人如果不是一個很卓越優秀的領導者或管理者時，該BU仍然績效不彰。

(二)要有BU配套措施：BU組織要發揮功效，仍須有配套措施配合運作，才能事竟其功。

小博士解說

利潤中心制度

現在組織設計的模式，大都趨向於以成立事業總部、事業部或事業群為劃分，授與其獨立產銷一體的運作權力，並且負起該事業部門的責任利潤中心制度（Profit Center）。換言之，總公司的損益表將會分幾個事業總部的個別損益狀況，然後再將總公司幕僚單位的費用，按一定比例分攤到各事業總部，最後形成各事業總部的損益狀況。

何謂BU制度

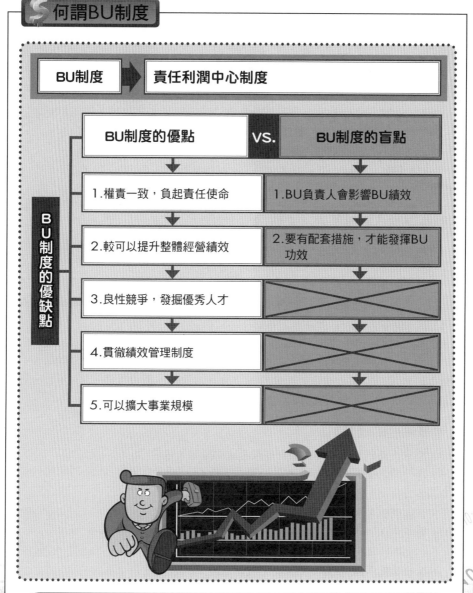

BU制度 ➡	責任利潤中心制度

BU制度的優點	VS.	BU制度的盲點
1.權責一致，負起責任使命		1.BU負責人會影響BU績效
2.較可以提升整體經營績效		2.要有配套措施，才能發揮BU功效
3.良性競爭，發掘優秀人才		
4.貫徹績效管理制度		
5.可以擴大事業規模		

BU制度的優缺點

利潤中心之區分

知識補充站

- 事業總部制度已成為經營管理的主流模式，公司一方面全部授權給這個部門的產銷及管理大權；另一方面，又要賦予達成預算目標之任務，包括營收及獲利目標在內。
- 至於事業總部（或利潤中心）如何區分，基本上是以同類型產品源歸納在同一事業部門，例如：統一企業即有飲料群、糧食群、速食群、低溫群、麵包群、健康食品群等利潤中心。

Unit 10-4
BU制度的預算趨勢

　　有預算制度，是否表示公司一定會賺錢？答案當然是否定的。預算制度雖很重要，但也只是一項績效控管的管理工具，並不代表預算控管就一定會賺錢。

　　公司要獲利賺錢，此事牽涉到多面向問題，包括產業結構、景氣狀況、人才團隊、老闆的策略、企業文化、組織文化、核心競爭力、競爭優勢、對手競爭等太多的因素了。不過，優良的企業，是一定會做好預算管理制度的。

一.損益財測「假設基礎」之作用

　　公司一般都要採取「預算目標」管理制度，按週、按月、按季、按年別等進行公司營運績效與策略反應的評估及檢討。但是公司在編製今年度的財測之前，必須要很清楚知道財測的「依據基礎」是什麼，才能正確回答財測的數據是否正確無誤，也才有說服力可言。否則到了年中及年末檢討時，才發現預算達成率只有六、七成，那麼當初的假設狀況為何失真呢？

　　在損益財測方面，包括要對營收、營業成本、營業費用、營業淨利、營業外收支、稅前淨利、稅後淨利、稅後EPS等數據之計算來源及假設基礎做一詳細、合乎邏輯與可能達到文字描述及說明才行。這就是財測的「假設基礎」（Assumption Base）說明。

二.預算制度的趨勢

　　近年來企業的預算制度對象有愈來愈細的趨勢，包括已出現的情況如下：

1.各公司別BU預算：如集團各公司。
2.各分公司別BU預算：如北、中、南各分公司。
3.各店別BU預算：如王品、西堤、陶板屋。
4.各館別BU預算：如新光三越、SOGO百貨。
5.各品牌別BU預算：如多芬、麗仕。
6.各事業部別BU預算：如筆電、液晶電視、手機。
7.各產品線別BU預算。
8.各車款別BU預算：如Lexus、Camry、Wish。
9.各廠別BU預算：如一廠、二廠、三廠。

　　這種趨勢，其實與目前流行的「各單位利潤中心責任制度」是有相關的。因此，組織單位劃分日益精細，權責也日益清楚，接著各細部單位的預算也就跟著產生了。

三.損益表預算格式

　　至於損益表預算格式如何呢？茲列示最普及的損益表格（按月別）如右圖，以供參考使用。

BU制度下的預算制度

1.各公司別BU預算→集團各公司	
2.各分公司別BU預算→北、中、南各分公司	
3.各店別BU預算→王品、西堤、陶板屋	
4.各館別BU預算→新光三越、SOGO百貨	
5.各品牌別BU預算→多芬、麗仕	
6.各事業部別BU預算→筆電、液晶電視、手機	
7.各產品線別BU預算	
8.各車款別BU預算→Lexus、Camry、Wish	
9.各廠別BU預算→如一廠、二廠、三廠	

損益表預算格式

月分損益表

	1月	2月	3月	4月	5月	6月	7月	8月	9月	10月	11月	12月	合計
①營業收入													
②營業成本													
③=①-② 營業毛利													
④營業費用													
⑤=③-④ 營業損益													
⑥營業外收入與支出													
⑦=⑤-⑥ 稅前淨利													
⑧營利事業所得稅													
⑨=⑦-⑧ 稅後淨利													

Unit **10-5**
BU制度之運作及成功要因

　　前文提到企業設有BU制度，雖然有助於經營績效的提升，但不一定保證賺錢，因也有其盲點。本文即針對如何有效運作BU制度，才能更發揮該制度的優點。

一.BU組織單位如何劃分

　　實務上，因各行各業甚多，因此，可以看到BU的劃分，從下列切入：公司別BU、事業部別BU、分公司別BU、各店別BU、各地區BU、各館別BU、各產品別BU、各品牌別、各廠別、各任務別、各重要客戶別、各分層樓別、各品類別、各海外國別等。

　　舉例來說：甲飲料事業部劃分茶飲料BU、果汁飲料BU、咖啡飲料BU，以及礦泉水飲料BU四種；乙公司劃分A事業部BU、B事業部BU，以及C事業部BU三種；丙品類劃分A品牌BU、B品牌BU、C品牌BU，以及D品牌BU四種；丁公司劃分臺北區BU、北區BU、中區BU、南區BU，以及東區BU五種。

二.BU制度如何運作

　　BU制度的步驟流程，大致如下：1.適切合理劃分各個BU組織；2.選任合適且強有力的「BU長」或「BU經理」，負責帶領單位；3.研擬可配套措施，包括授權制度、預算制度、目標管理制度、賞罰制度、人事評價制度等；4.定期嚴予考核各個獨立BU的經營績效成果如何；5.若BU達成目的，則給予獎勵及人員晉升等，以及6.若未能達成目標，則給予一段觀察期，若仍不行，就應考慮更換BU經理。

三.BU制度成功的要因

　　BU組織制度並不保證成功且令人滿意；不過歸納企業實務上，成功的BU組織制度，有如下要因：1.要有一個強有力BU Leader（領導人、經理人、負責人）；2.要有一個完整的BU「人才團隊」組織，一個BU就好像是一個獨立運作的單位，需要有各種優秀人才的組成；3.要有一個完整的配套措施、制度及辦法；4.要認真檢視自身BU的競爭優勢與核心能力何在，每一個BU必須確信超越任何競爭對手的BU；5.最高階經營者要堅定決心貫徹BU組織制度；6.BU經理的年齡層有日益年輕化的趨勢，因為年輕人有企圖心、上進心、對物質經濟有追求心、有體力、活力與創新，因此BU經理對此會有良性的進步競爭動力存在，以及7.幕僚單位有時仍未歸屬各個BU內，故仍積極支援各個BU的工作推動。

四.BU制度與損益表如何結合

　　BU制度最終仍要看每一個BU是否為公司帶來獲利與否，每一個BU部能賺錢，全公司累計起來就會賺錢，所以如果將BU制度與損益表的效能成功結合起來使用，即能很清楚知道每個BU的盈虧狀況。BU制度與損益表結合的使用方法如右表所示。

BU制度的運作

1. 合理劃分每一個BU

2. 選擇每一個BU的BU長或BU經理人選

3. 賦予BU的目標數據或預算數據

START

4. 定期考核每個BU的績效成果

5. 賞罰分明

6. 晉升、加薪或撤換不適任人選

END

如何運作BU制度？

BU制度與損益表如何結合

各BU 損益表	BU1	BU2	BU3	BU4	合計
(1)營業收入	$○○○○○	$○○○○	$○○○○	$○○○○	$○○○○○
(2)營業成本	$(○○○○○)	$( )	$( )	$( )	$( )
(3)營業毛利	$○○○○○	$○○○○	$○○○○	$○○○○	$○○○○○
(4)營業費用	$(○○○○○○)	$( )	$( )	$( )	$( )
(5)營業損益	$○○○○○	$○○○○	$○○○○	$○○○○	$○○○○○
(6)總公司幕僚 費用分攤額	$(○○○○)	$( )	$( )	$( )	$( )
(7)稅前損益	$○○○○	$○○○○	$○○○○	$○○○○	$○○○○

Unit 10-6
損益平衡點的用途及計算

　　所謂損益平衡點（Break-Even-Point, BEP）亦稱盈虧平衡或收支平衡點，係顯示一個企業需要多少營業額才能維持收支平衡，即總收益與總成本相等（沒有利潤，也不發生虧損），以及在各種不同營業額下所能發生的利潤或虧損。

一.損益平衡分析的用途

　　損益平衡點之應用乃在於對企業經營狀況的分析，以補充一般成本分析與說明之不足。通常所用的財務報告分析方法，只能說明企業之過去或現在所經營的靜態結果，不能滿足現代企業決定者的要求，而現代化企業最迫切需要的是預計企業經營之趨勢，以及如何預測未來營業的動態變化，以便能及早採取適當的適應措施，而損益平衡點之分析，正足以具體顯示成本、營業額或產量及損益間之相互依存關係，俾預測在各種可能營業額下，成本與收益之不同變化，及在各種情況下可能產生的利潤或虧損。

　　損益平衡點可作為以下用途之分析：

　　1.可顯示各類成本相互間的重要性、各種成本與產量的關係，以及如何控制各種成本。

　　2.可顯示銷售量對於盈利的關係。

　　3.可預知售價與成本的變動，對平衡點位置的影響。

　　4.當售價與成本間之變化方向不一致時，可顯示必須銷售多少數量，才可獲得固定利潤，例如：當售價下跌，而工資及物料價格反而上漲時，銷售量必須增加至何種程度，方可使盈利額不變。

　　5.選擇合適的工廠規模，與可預計工廠規模改變與設備更新，對於平衡點的影響。

　　6.可評估一個新企業的籌劃，或評估一個經營中的企業的合併問題。

　　7.可以比較兩個公司或兩個以上的公司之盈利能力。

二.損益平衡點的計算公式

　　關於損益平衡點的計算公式計有以下四種，茲將其公式整理如右表，以供參考。

　　1.已知固定成本、變動成本時，其收支平衡點之計算公式可分為收支平衡點之售貨額，及收支平衡點之售貨量（生產量）兩種。

　　2.由一定預期售貨額（或售貨量）可獲利潤之計算公式。

　　3.為獲一定目標利潤所需售貨額之計算公式。

　　4.售貨減低與變動成本減低的售貨量（銷售額）。

　　5.擴大生產能力（增加設備）後，維持目標利潤應有的銷售量。

損益平衡點

- 達到使企業不賠了的那一個點的到來。
  - 即達到某一個銷售量或營收額的那一個點。
    - 只要超過損益平衡點後，即會開始賺錢，轉虧為盈。

◎例如：
- ・某直營連鎖店：要達50店以上才會損益平衡。
- ・某新產品上市：要達2千萬以上營收，才會損益平衡。
- ・某大飯店開業：要達多少月營收以上，才會損益平衡。

損益平衡點4計算公式

【記號說明】各計算公式中所用記號說明如下：

F：本期固定成本　　v：本期變動成本　　S：本期售貨額　　m：本期銷貨量
P：製品每一單位售價　c：總成本　　x：應求得數值　　q：目標利潤
$\dfrac{v}{S}$：變動成本比率，即 $\dfrac{變動成本}{售貨額}$　　V：損益平衡點之總變動成本

1.已知固定成本、變動成本時，收支平衡點之計算公式

(1)收支平衡點之售貨額 $x=\dfrac{F}{1-\dfrac{v}{S}}$　(2)收支平衡點之售貨量 $x=\dfrac{F}{P-\dfrac{v}{m}}$（生產量）

2.由一定預期銷貨額（或銷貨量）可獲利潤之計算公式

$$x=S_1(1-\dfrac{v}{S})-F \text{ 或 } x=M_1(P-\dfrac{v}{m})-F$$

前者係由售貨額，後者係由售貨量計算，
惟x：利潤，S_1：預期售貨額，M_1：預期售貨額。

3.為獲一定目標利潤所需銷貨額之計算公式

$$x=\dfrac{F+g}{1-\dfrac{v}{S}} \text{ 或 } x=\dfrac{F+g}{1-\dfrac{v}{m}}$$

前者之x係應求得銷貨額，後者之x係應求得銷貨額，g：目標利潤，F、v、S、m、p不變。

4.銷貨減低與變動成本減低的銷貨量（銷售額）

$$x=\dfrac{F+q}{1-\dfrac{v}{S(1-r)}} \text{ 或 } x=\dfrac{F+q}{1-\dfrac{v(1-r')}{S(1-r)}}$$

上列公式(1-r)為目前銷售金額減低之數，(1-r')為變動成本減低之數。

5.擴大生產能力（增加設備）後，維持目標利潤應有的銷售量

$$x=\dfrac{F+g+a}{1-\dfrac{v}{S}}$$

其中a為擴充設備後所增加之固定費用。

第 11 章

公司治理、企業社會責任、投資人關係管理及ESG報告最新發展趨勢

●●●●●●●●●●●●●●●●●● 章節體系架構 ▼

Unit **11-1**
公司治理的源起及其優點

公司治理（Corporate Governance）已成21世紀任何企業所共同關注的議題。但是公司治理為何受到重視？它是如何產生的呢？而為何企業需要公司治理呢？以下我們要來探討之。

一.公司治理的源起

現代公司治理理論或可追溯至美國1930年代，當時美國大型股份有限公司中，股權結構相當分散，導致所有與支配分離，進而形成經營者支配的現象。在管理階層僅持有少數股份且股東因過於分散而無法監督公司之經營時，管理階層極有可能僅為自身利益而非基於股東最大利益考量來利用公司資產。是以，如何在公司所有者與經營者間建構一制衡機制，以調和兩者利益，並防範衝突發生，乃公司治理必須面對之核心課題。

二.公司治理的強化

1997年亞洲金融危機發生後，「強化公司治理機制」被認為是企業對抗危機的良方。1998年經濟合作暨開發組織（OECD）部長級會議更明白揭示，亞洲企業無法提升國際競爭力關鍵因素之一，即是公司治理運作不上軌道。2001年美國安隆案（Enron）後陸續引發的金融危機，促使美國針對企業管控問題採取積極作為，遂有沙賓法案（Sarbanes-Oxley Act）之公布。我國於1998年爆發一連串企業掏空舞弊案件，其後更因金融機構不良債權問題嚴重，金融風暴一觸即發，故主管機關於1998年起即開始向國內公開發行公司宣導公司治理之重要性，並在臺灣證券交易所（證交所）、櫃檯買賣中心、證券暨期貨市場發展基金會（以下簡稱「證基會」）及中華公司治理協會等單位共同努力之下，陸續推動獨立董事及審計委員會的制度，及制定符合國情之「上市上櫃公司治理實務守則」，引導國內企業強化公司治理，提升國際競爭力。2006年更進一步將公司治理原則法制化，使其具有法律之約束力，為此分別修正公司法、證券交易法及其相關法規，以期完善公司治理制度。

三.公司治理的三大優點

(一)公司治理有助企業國際化：公司治理做得好，才能在世界性資本市場獲得青睞與投資，讓公司更容易取得國際性資本，而邁向國際化路途。

(二)公司治理代表股東的期待：公司治理是代表全體大小股東共同期待的重視、承擔與負責。

(三)公司治理能避免舞弊：公司治理做得好，有助於避免執行幹部群的舞弊及自利主義（Opportunism）傾向，遏阻企業內部不法及不當事件發生。

圖解財務管理

公司治理的定義及優點

何謂公司治理？

一種指導及管理的機制並落實公司經營者責任的過程，藉由加強公司績效且兼顧其他利害關係人利益，以保障股東權益。

公司治理3大優點

1. 公司治理做得好，才能在世界性資本市場獲得青睞與投資，讓公司邁向國際化。
2. 公司治理代表全體股東共同期待的重視、承擔與負責。
3. 公司治理做得好，有助於避免執行幹部群的舞弊，遏阻企業內部不法事件發生。

日本傳統董事會與公司治理董事會之差異

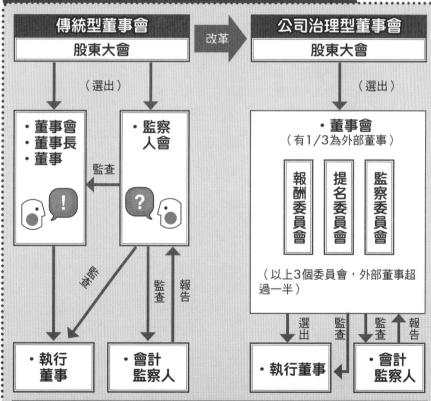

1. 報酬委員會：決定董事長、董事、執行董事之薪資、股票分紅等。
2. 提名委員會：決定董事人選之提名及選任。
3. 監察委員會：決定對執行董事及專業經理人之監督。

Unit 11-2
公司治理原則 Part I

　　公司治理在我國日趨重要，不僅因其係國際間的主要議題，更重要的是優良的公司治理對企業本身助益甚大，因此，公司治理之主要目標在健全公司營運及追求最大利益。根據國內外學者與企業實務的具體作法來看，公司治理有八項原則可資運用。由於本主題內容豐富，特分兩單元介紹。

一.董事會與管理階層應明確劃分

　　大家都很清楚一句名言：「權力使人腐化，絕對權力使人絕對腐化」。如果管理階層可以完全控制董事會，企業將失去制衡與監督機制。這對企業長遠發展將是非常大的傷害。但問題是誰來監督董事會？理論上是股東大會，但股東大會又不一定了解公司運作，因此，還是董事會必須廉潔且有效能。

二.董事會應有半數以上董事是外人

　　在美國，董事是由董事長聘請，但董事長其實只代表董事會裡的一票。一個好的公司，董事長通常會邀請社會的學者、企業家，或是政府部門的人士出任董事，這些人通常也有相當財富，不會受到董事長左右。

　　以美國摩托羅拉公司董事會為例，該公司董事計有十五位，其中內部董事只有四人，包括創辦人、現任董事長兼CEO、總經理兼CEO及董事會執行委員會主席等。外部董事則有十一人，包括已退休前財務長、默克藥廠資深副總裁、MIT大學媒體實驗室主任、P&G董事會主席、阿肯色大學與Morehouse大學校長，以及其他多位不同行業公司的前任董事長。

　　這些都要建立在一個前提，即外部董事必須勇於任事及投入，不是酬庸的位置。

三.董事獨立行使職權

　　董事長聘請董事，就像一個國家的總統，聘請最高法院法官一樣。一旦董事長要解僱董事，必須接受普遍的監督，就像總統不可能隨便開除最高法院法官一樣。如此一來，董事才能獨立行使職權，董事才不會怕董事長，而不敢發言或反對。

四.董事可以開除董事長

　　董事是向股東負責，不是向董事長負責。董事長經營績效不好，董事可以提出建議、糾正，如果無效，雖然董事是由董事長延聘，但董事可以開除董事長。1993年，有二十餘名的IBM董事成員，就共同決議開除IBM董事長；美國運通（AE）董事會也做過同樣的事。這種機制在臺灣是看不到的。即使董事長被解聘，但是他仍然可以是董事會的董事成員之一。

1.董事會與管理階層應明確劃分

(1) 不要讓「權力使人腐化，絕對權力使人絕對腐化」的名言成真。
(2) 管理階層可以完全控制董事會，企業將失去制衡與監督機制。
(3) 設置董事會，但必須廉潔且有效能。

2.董事會應有半數以上董事是外人

(1) 在美國，董事是由董事長聘請，但董事長其實只代表董事會的一票。
(2) 好公司的董事長通常會邀請學者、企業家或政府部門人士出任董事，因其財富相當，不會受到董事長左右。
(3) 外部董事必須勇於任事及投入，不是酬庸的位置。

3.董事要獨立行使職權

(1) 董事長聘請董事，但不能隨意解僱董事。
(2) 董事長必須接受普遍的監督，董事才不會怕董事長。

4.董事可以開除董事長

(1) 董事是向股東負責，不是向董事長負責。
(2) 董事長經營績效不好，董事可提出建議、糾正，如果無效，董事可開除董事長。

5.董事應持有公司股票

6.董事酬勞大部分應為公司股票

7.建立評估董事機制

8.董事應對股東要求做出回應

公司治理

Unit 11-3
公司治理原則 Part II

優良公司治理的公司，能妥善規劃經營策略、有效監督策略執行、維護股東權益、適時公開相關資訊，此對公司爭取投資者的信任，增強投資人之信心，吸引長期資金及國際投資人之青睞尤其重要。因此，公司治理原則的確實運作，更顯得相當重要。

五.董事應持有公司股票

在美國，董事的薪資不高，通常年薪只有2、3萬美元，但擁有相當的股票選擇權。由於董事是「外人」，如果董事沒有公司股票，公司營運好壞則與董事毫無關係，這將很難要求董事確實執行獨立職權。

臺灣許多公司董事是所謂的「法人代表」，公司經營好壞常常與這些人無關，這是不對的。但是很多外部董事，也未必有很多錢可以購買股票（例如：學者），因此只要象徵性的買一些，其實也可以。

六.董事酬勞大部分應為公司股票

董事酬勞與企業成長有絕對正相關，會刺激董事執行職權，如此一來，董事利益將與股東利益結合，與董事長個人利益無關。

七.建立評估董事機制

董事出席、發言次數、協助決策能力、受其他董事敬重程度，都可以成為評估董事機制的選項。建立良好的董事評估制度，將使董事更能發揮職權。

國外許多公司的董事責任相當沈重。以德州儀器而言，一個月開一次董事會，每年的年度規劃會議共達四個整天，因此德儀的董事每年必須有十五天為德儀開會，開會頻率相當。

董事不一定只是認可公司提報的規劃，經營層與董事會雙向互動應該非常頻繁；換言之，董事會必須對經營團隊所提出的策略、方向、政策、原則與計畫，提出不同角度與不同觀點的深入分析、辯論，然後形成共識。

八.董事應對股東要求做出回應

在美國，CEO（Chief Executive Office：公司執行長，地位僅次於董事長，是公司第二號有實權地位的最高執行主管）所創造的企業價值太低，而領取過高薪資時，投資機構通常會要求CEO減薪，並要求董事會討論此事。CEO可以毫不理會，但不理會的CEO除非有能力扭轉局勢，否則也將面臨下臺的壓力。尤其在美國經常發生CEO上臺下臺的情況。

公司治理

1.董事會與管理階層應明確劃分

2.董事會應有半數以上董事是外人

3.董事要獨立行使職權

4.董事可以開除董事長

5.董事應持有公司股票

(1) 董事沒有公司股票，公司營運好壞則與董事無關，這將很難要求董事確實執行獨立職權。
(2) 在美國，董事的薪資不高，但擁有相當的股票選擇權。
(3) 臺灣許多公司董事是「法人代表」，公司經營好壞常常與這些人無關，這是不對的。
(3) 外部董事只要象徵性的購買一些公司股票，其實也可以。

6.董事酬勞大部分應為公司股票

(1) 董事酬勞與企業成長有絕對正相關，刺激董事執行職權。
(2) 董事利益將與股東利益結合，與董事長個人利益無關。

7.建立評估董事機制

(1) 董事出席、發言次數、協助決策能力、受其他董事敬重程度，都可成為評估董事機制的選項。
(2) 董事會必須對經營團隊所提出的策略與計畫，提出不同角度的深入分析、辯論，然後形成共識。

8.董事應對股東要求做出回應

(1) 在美國，CEO所創造的企業價值太低，而領取過高薪資時，投資機構通常會要求CEO減薪，並要求董事會討論此事。
(2) 董事會有權要求CEO改進，但不理會的CEO除非有能力扭轉局勢，否則也將面臨下臺的壓力。

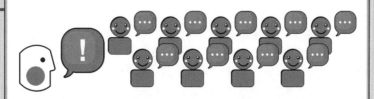

Unit 11-4
公司治理機制之設計

公司治理分為內部與外部機制兩種。內部機制是指公司透過內部自治之方式來管理及監督公司業務而設計的制度,例如:董事會運作的方式、內部稽核的設置及規範等。

外部機制是指透過外部壓力,迫使經營者放棄私利,全心追求公司利益,例如:政府法規對公司所為之控制、市場機制中的購併等。

一.我國公司治理機制之設計

我國現行股份有限公司機關之設計,主要係仿效政治上三權分立之精神,設有董事會、監察人及股東會等三個機關,其公司治理內部機制係以董事會為業務執行機關,而由監察人監督董事會業務執行,股東會為最高意思機關,可藉由股東代位訴訟、團體訴訟、歸入權等制度的行使運作,同時監控董事會及監察人兩個機關,藉由此三機關權限劃分之制衡關係,達到公司治理之目的。

二.應比照先進國家設置各種專門委員會

除上述獨立董監事人員外,依歐美先進企業的經驗顯示,為進行各種專門領域之監督,經常會再設立各種專門委員會,包括下列常見的四種:

(一)審計委員會:負責檢查公司會計制度及財務狀況、考核公司內部控制制度之執行、評核並提名簽證會計師,並與簽證會計師討論公司會計問題。為貫徹審計委員會之專業性及獨立性,審計委員會通常均由具備財務或會計背景之外部董事參與。

(二)薪酬委員會:負責決定公司管理階層之薪資、分紅、股票選擇及其他報酬。

(三)提名委員會:主要負責對股東提名之董事人選之學經歷、專業能力等各種背景資料,進行調查及審核。

(四)財務委員會:主要負責併購、購置重要資產等重大交易案之審核。

小博士解說

所有權與經營權已漸分離

• 我國家族企業色彩濃厚,由家族成員擔任公司負責人或管理階層之情形相當普遍,具有所有權與經營權重疊之特性。此項特性雖使得管理階層在公司內之權威更加集中,有助貫徹命令之執行,但卻容易造成負責人獨裁,危害一般小股東之情形。

• 惟近年來隨著產業結構之調整,電子產業的蓬勃發展,主要技術與資本之結合,漸漸擺脫家族企業之色彩,我國上市公司董事及監察人之持股比例呈下降之趨勢,上市公司之股權結構已漸走向經營權與所有權分離之趨勢。

公司治理案例── 日本旭硝子「公司治理」典範

日本旭硝子公司是日本知名大型化學科技產品企業集團，全集團員工計五萬人，集團營收額為1.3兆日圓。

1. 董事會（取締役會）

每月下旬開會一次
議長：瀨谷博道（董事長）
董事：比城恪太郎（日本IBM董事長）
　　　島田晴雄（慶應大學教授）
　　　石津進也（總經理）
　　　雨宮肇（技術長）
　　　松澤隆（財務長）
　　　田中鐵二（副總經理）

2. 提名委員會

對董事成員之提名同意

3. 報酬委員會

對董事長、董事、總經理之薪資核定

5. 經營會議（每年開15次）

· 4家公司總經理出席
· 3位集團幕僚長出席
　（經營企劃室長、經營管理室長、法務室長）

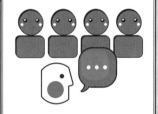

4. 監察人會議

· 與董事會同時召開
· 計4位監察人

6. 集團幕僚單位

· 經營企劃室
· 經營管理室
· 新事業企劃室
· 法務室
· 公共事務室
· 環境安全室
· 稽核室

7. 4家獨立公司

化學品公司
自動車玻璃公司
液晶顯示公司
板玻璃公司

Unit **11-5**
公司治理有問題之判斷

　　我國資本市場向來以散戶投資人為主，法人機構之投資比重偏低。由於個人投資者之投資觀念並未完整正確，因此投資決策多屬草率粗糙，易受市場波動影響而買賣股票頻繁，造成市場周轉率過高。加上這些小股東持有股權之比例較低，且人數眾多不易凝聚力量，對其權利義務亦不甚清楚，故小股東常會放棄其權利之行使，而默許董事及大股東之行為，因此部分公司管理當局利用投資人疏於重視公司基本面之特性，亦不重視公司治理制度。

　　因此，一般投資大眾要如何判斷哪家公司治理風險較高，或是公司治理有問題的公司呢？可從以下五大指標判斷。

一.董事會成員大部分均為家族成員

　　首先，投資人可觀察上市櫃公司的董事會組成，如果最大股東家族成員及其所控制投資公司法人代表擔任董事的席位超過一半，而且董事長與總經理皆由同一家族成員擔任，則最大股東家族成員可充分掌控公司的重大決策，缺乏監督機制，提高公司治理風險。

二.財報附註關係人交易部分複雜且多

　　其次，投資人可觀察財務報表附註的關係人交易部分，如果公司關係人交易金額明顯比同業高出許多，而其中又包含證券買賣、土地交易、資金往來與背書保證，則投資人必須小心其財務報表的透明度與公司資產是否受到不當移轉。

三.與本業無關的轉投資過多且失當

　　再者，投資人必須閱讀財務報表的轉投資明細表，若公司成立許多與本業無關的投資公司，且其買回母公司股票時，最大股東可掌握公司更多的控制權與其投入股市較深，亦加大公司治理的風險。

四.董監事債權設定較多，涉入股市較深

　　另外，投資人如果發現董事、監察人與大股東質權設定（股票質押）過高（例如：30%），則可能隱含大股東投入股市較深，地雷股事件的公司亦有此項特質。

五.連年虧損或獲利比同業差很多

　　企業的存在，無非是想要獲利，而投資大眾購買該公司發行的股票，也是想要賺錢。所以當公司連年虧損或獲利比同業差很多時，美國的CEO都會被董事會要求下臺了，那不正意味著該公司的董事會沒有善盡監督之責或公司治理機制出了問題。

公司治理有問題5指標

★如何判斷公司治理有風險？

1.董事會成員大部分均為家族成員
2.財報附註關係人交易部分複雜且多
3.與本業無關的轉投資過多且失當
4.董監事債權設定較多，涉入股市較深
5.連年虧損或獲利比同業差很多

強化公司治理資訊揭露規範

公司治理揭露事項	揭露要求
公開發行公司年報應記載事項（公開發行公司年報應行記載事項準則第7條） NEWS	· 致股東報告書 · 公司簡介 · 公司治理報告 · 募資情形：資本及股份、公司債、特別股、海外存託憑證、員工認股權憑證及併購之辦理情形暨資金運用計畫執行情形。 · 營運概況 · 財務概況 · 財務狀況及經營結果之檢討分析與風險事項 · 特別記載事項（如關係企業三書表與私募有價證券辦理情事）
強化董事、監察人資訊揭露（公開發行公司年報應行記載事項準則第10條）	· 應揭露董、監事及經理人最近年度之酬金，並比較說明給付酬金之政策、標準與組合，訂定酬金之程序及與經營績效之關聯性。 · 應揭露公司董監事所具專業知識及獨立性情形等相關資訊。 · 應揭露董事會運作情形、審計委員會運作情形。 · 與財務報告有關人士辭職解任情形匯總。
股權結構	· 揭露內部人股權轉讓及質押情形。 · 公司與內部人對轉投資事業之控制能力等相關資訊。 · 揭露公司之股東結構、主要股東名單及股權分散及情形。
增列風險管理資訊	· 增列財務狀況及經營結果之檢討分析與風險管理事項。 · 應揭露公司員工分紅資訊。 · 更換會計師相關資訊。
其他相關強制揭露資訊 	· 公司治理與上市櫃公司治理實務守則差異性。 · 股東會及董事會之重要決議。 · 公司及其內部相關人員之處罰、違反內部控制制度之主要缺失與改善情形。 · 產業之現況與發展，產業上、中、下游之關聯性，產品之各種發展趨勢及競爭情形暨長、短期業務發展計畫。 · 公司各項員工福利措施、進修、訓練、退休制度與其實施情形，以及勞資間協議與各項員工權益維護措施情形。

Unit **11-6**
公司治理的涵義及發展歷程

一.涵義

公司治理是指一種指導及管理企業的機制，以落實企業經營人的責任，並保障股東的合法權益及兼顧其他利害關係人的利益。良好的公司治理應具有促使董事會與管理階層以符合公司與全體股東最大利益的方式達成營運目標的正當誘因，協助企業管理結構之轉型，以及提供有效的監督機制，以激勵企業善用資源、提升效率，進而提升競爭力，促進全民之社會福祉。

二. OECD公司治理原則

自1999年發布以來，OECD公司治理原則已被各界公認為良好公司治理的國際基準。於2004年修訂的公司治理原則，OECD提出六項原則，提供企業建立一個健全的公司治理之參考。2015年最新修訂並更名為G20/OECD公司治理原則，新增主張強化機構投資人的角色、加強防範內線交易等，最新六項原則如下：
1. 確立有效公司治理架構之基礎。
2. 股東權益、公允對待股東與重要所有權功能。
3. 機構投資人、證券市場及其他中介機關。
4. 利害關係人在公司治理扮演之角色。
5. 資訊揭漏和透明。
6. 董事會責任。

三.我國公司治理發展歷程

我國自1998年起向國內公開發行公司宣導公司治理之重要性，行政院於2003年1月7日成立「改革公司治理專案小組」，就公司治理之各項議題進行研討，並據以提出「強化公司治理政策綱領暨行動方案」，作為推動公司治理之依據。當時即陸續推動與執行各項政策，包含增加董事會獨立性、逐步分階段強化董事會功能性委員會之設置、參考OECD發布之公司治理原則符合國情之上市（櫃）公司治理相關實務守則、推動電子投票、強化關係人交易之決策過程與揭露、引進投資人保護措施及提高公司資訊透明度等。

提升企業公司治理的3大好處

1.有助企業籌資更穩健！	2.使大眾投資更穩當且資本市場更吸睛！	3.有助市場股票價格合理提升！

年度	事項
1998	推動公司治理開始宣導
2002	IPO設置獨立董事 公開資訊觀測站（MOPS）上線 公布「上市上櫃公司治理實務守則」
2003	行政院專案小組「強化公司治理政策綱領暨行動方案」
2005至2010	法規修訂 ・公司法修訂（2005） ・證券交易法修訂（2006、2010） ・公布企業社會責任實務守則、誠信經營守則
2013	強化公司治理藍圖 證交所成立公司治理中心 擴大採行電子投票、設置獨立董事、審計委員會之範圍

OECD簡介

知識補充站

經濟合作暨發展組織（簡稱經合組織：英語：Organization for Economic Co-operation and Development，OECD）：是全球35個市場經濟國家組成的政府間國際組織，總部設在巴黎米埃特堡（Château de la Muette）。

經濟合作暨發展組織的前身是1947年由美國和加拿大發起，成立於1948年的歐洲經濟合作組織（OEEC），該組織成立的目的是幫助執行致力於第二次世界大戰以後歐洲重建的馬歇爾計劃。後來其成員國逐漸擴展到非歐洲國家，1961年，歐洲經濟合作組織改名為經濟合作暨發展組織。

經合組織的其宗旨為：幫助各成員國家的政府實現可持續性經濟增長和就業，成員國生活水準上升，同時保持金融穩定，從而為世界經濟發展作出貢獻。其組建公約中提出：經合組織應致力於為其成員國及其它國家在經濟發展過程中的穩固經濟擴展提供幫助，並在多邊性和非歧視的基礎上為世界貿易增長作出貢獻。

Unit 11-7
成立公司治理中心與辦理公司治理評鑑

一.強化公司治理藍圖

　　為加速推動公司治理，強化區域競爭力，並使外界明確瞭解我國公司治理未來規劃方向，金管會於2013年12月26日發布以五年為期之「強化公司治理藍圖」，並於往後採逐年滾動式修正。未來將透過完備法治、企業自律及市場監督三者共同力量，於未來積極推動五大計畫項目，包含形塑公司治理文化、促進股東行動主義、提升董事會職能、揭露重要公司治理資訊及強化法制作業，作為推動公司治理政策指引。

二.形塑公司治理文化

　　透過民間市場監督機制，促使公司及利害關係人重視公司治理。

(一) 成立公司治理中心

　　證交所於2013年10月成立公司治理中心，由金管會證期局、銀行局、保險局、經濟部商業司主管及各證券周邊單位首長組成諮詢委員會，負責審議重大公司治理業務之推動，並由證交所公司治理部負責規劃執行公司治理藍圖計畫項具體措施。公司治理中心的設立目的主要係致力結合政府、民間、證券周邊單位及媒體資源，提供投資人交流管道等，引導企業強化公司治理，形成良好公司治理文化，並透過國際互動宣導我國公司治理成效提升國際形象與市場價值。

(二)辦理公司治理評鑑

　　為加速推動我國上市櫃企業公司治理，金管會督導證交所公司治理中心建置「公司治理評鑑系統」，由公司治理中心組成評鑑委員會，擬定評鑑指標及給分標準，並設評鑑小組負責初評，就上市（櫃）公司於網站、年報、公開資訊觀測站上揭露之公司治理相關事項、年度內發生之公司治理相關事件，以及股東會、董事會、獨立董事之運作或職權行使等予以評分，最後依分數排序，並將結果公布，供公司及投資人參考。

(三)編制公司治理指數

　　證交所及櫃買中心挑選公司治理評鑑表現較佳之上市（櫃）公司編製公司治理指數，於2015年6月公布並定期更新，以激勵公司積極提升公司治理並可做為投資人選股之參考。

政府形塑公司治理文化

1.成立公司治理中心

2.辦理公司治理評鑑

3.編製公司治理指數

政府許可公司治理藍圖5大方向

計畫項目	具體措施
1.形塑公司治理文化	・成立公司治理中心 ・辦理公司治理評鑑 ・編製公司治理指數
2.促進股東行動主義	・擴大實施電子股票 ・提升股東會品質 ・建置利害關係人連繫平臺
3.提升董事會職能	・擴大獨立董事及審計委員會之設置 ・強化董事會效能
4.揭露重要公司治理資訊	・提升非財務性資訊之揭露品質 ・整合違規及交易面異常資訊之揭露
5.強化法制作業	・建立公司內部控制之核心原則 ・強化股東權益保護事項 ・研修相關法規促使公司重視公司治理相關規定

Unit **11-8**
上市櫃公司實施公司治理制度之重要方向 Part I

一.強化董事會職能

　　董事會成員應本著忠誠、謹慎及高度注意的態度以公司利益為前提，對於評估公司經營策略、風險管理、年度預算、業務績效及監督主要資本支出，併購與投資處分等重大事項須善盡職責，同時應確保公司會計系統和財務報告之適正性，並避免有董事會成員損及公司之行為或與股東間發生利益衝突之情事。又董事會應審慎選任、監督經營階層，對公司事務進行客觀判斷，以及遴選適任之內部稽核主管，確保內部控制之有效性，俾防範弊端。公開發行公司得依章程規定或依主管機關之要求設置獨立董事，而獨立董事對於董事會決議事項如有反對意見或保留意見，應於董事會議事錄載名。

二.發揮監察人（審計委員會）功能

　　公開發行公司應選擇一設置審計委員會或監察人，但主管機關得視情形命令公司設置審計委員會替代監察人。監察人（審計委員會）應適時行使監察權，並本於公平、透明、權責分明之理念，促使監察人（審計委員會）制度之運作更為順暢；監察人（審計委員會）除確實監督公司之財務業務事項外，必要時得委託專業會計師、律師代表審核相關事務。另為公司於申請上市或上櫃時對於證交所或櫃檯買賣中心所出具之相關承諾事項，監察人（審計委員會）應確實查閱內部稽核報告，追蹤公司內部控制與內部稽核之執行情形，公開發行公司設有獨立董事者，應一併交付內部稽核報告予獨立董事。遇有危害公司之狀況，監察人（審計委員會）倘能適時主動告知主管機關及證交所或櫃檯買賣中心，將有助先期防範或遏止弊端。

三.重視股東及利害關係人之權利

　　公司應公平對待大小股東，鼓勵其踴躍出席股東會，積極參與董監事之選舉或公司章程等之增修事宜，公司亦應給予股東適當、充分發問或提案之機會，俾達制衡之效，同時股東應有即時、經常取得公司資訊及分享利潤的權利。此外，公司治理尤須重視利害關係人的權益，在創造財富、工作及維持財務健全上與之積極合作，如有利害關係人為公司挹注資金之情形，公司務必依法相對履行債務人之責任，以避免公司產生財務危機。

上市櫃公司實施公司治理制度之6大方向

1. 強化董事會職能

2. 發揮監察人（審計委員會）功能

3. 重視股東及利害關係人之權利

4. 資訊揭露透明化

5. 內控與內稽制度之建立與落實

6. 慎選優良之會計師及律師

做好公司治理之6大相關單位

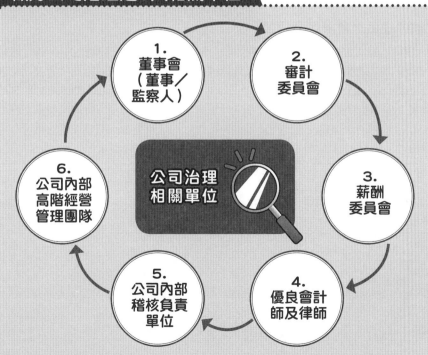

公司治理相關單位

1. 董事會（董事／監察人）

2. 審計委員會

3. 薪酬委員會

4. 優良會計師及律師

5. 公司內部稽核負責單位

6. 公司內部高階經營管理團隊

Unit **11-9**
上市櫃公司實施公司治理制度之重要方向 Part II

圖解財務管理

四.資訊揭露透明化

「上市上櫃公司治理實務守則」第2條明定提升資訊揭露透明度乃公司治理之原則之一，公司應建立發言人制度並妥善利用公開資訊系統，使股東及利害關係人能充分瞭解公司之財務業務狀況以及實施公司治理之情形。另證券交易法第36條及證券交易法施行細則第7條著重於財務資訊之揭露及對股東權益之影響，而財務資訊的傳遞往往可以顯現出公司治理的成果與效益。

五.內部控制暨內部稽核制度之建立與落實

為健全公司經營，協助董事會及管理階層確實履行其責任，公司應建立完備之內部控制制度，並確實有效執行。監察人（審計委員會）除應依相關規定查閱，追蹤內控與內稽之執行情形外，上市上櫃公司尚應確實辦理自行評估作業，董事會及管理階層亦應每年檢討各單位自行審查結果及稽核報告，作成內部控制聲明書，按期陳報主管機關。

六.慎選優良之會計師及律師

專業且負責之會計師於定期對公司財務及內部控制之查核過程中，較能適時發現、揭露異常或缺失事項，並能提出具體改善或防弊意見，或將因此突破公司治理之盲點，藉以增進公司治理之興利與防弊功能。良好的律師則可以提供適當的法律服務，協助董事會及管理階層提升其基本的法律素養，避免公司或相關人員觸犯法令，使公司治理在法律架構及法定程序下從容運作；一旦董事會、監察人與股東會有違法衝突情事，適當的法律措施亦能使公司治理得以靈活發揮效益。

小博士解說

稽核室

各上市櫃公司通常依規定都會成立稽核室這個單位。這個單位具有高度獨立性及客觀性，並且直屬於公司高階的董事長或總經理。

稽核室有一位稽核主管及稽核專員，該單位負責每天公司內部各單位日常運作的合法性稽核檢查，以使各單位均能守法和依公司規定制度而行。因此，稽核室是公司很重要單位。

180

慎選優良會計師及律師

1.
優良會計師

2.
優良律師

- 共同為良好公司治理做嚴格把關！
- 共同為良好公司治理做出典範效果！

內部控制＋內部稽核具體落實

1.
內部控制

2.
內部稽核

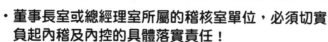

- 董事長室或總經理室所屬的稽核室單位，必須切實負起內稽及內控的具體落實責任！
- 稽核室必須具有高度獨立性才行，必須具有把關責任，公司治理才會上軌道！

Unit **11-10**
公司治理六大原則及公司治理藍圖五大計畫項目

一. OECD：公司治理六大原則

公司治理是指一種指導及管理企業的機制，以落實企業經營人的責任，並保障股東的合法權益及兼顧其他利害關係人的利益，良好的公司治理應具有促使董事會與管理階層以符合公司與全體股東最大利益的方式達成營運目標的正當誘因，協助企業管理結構之轉型，以及提供有效的監督機制，以激勵企業善用資源、提升效率，進而提升競爭力，促進全民之社會福祉。

G20/OECD公司治理六大原則：

1.確保有效的公司治理架構（Ensuring for an Effective Corporate Governance Framework）；

2.保障股東權益、公平對待股東及發揮其重要功能（The Rights and Equitable Treatment of Shareholders and Key Ownership Functions）；

3.機構投資人、證券市場及其他中介機構（Institutional Investors, Stock Markets, and Other Intermediaries）；

4.重視利害關係人之權益（The Role of Stakeholders in Corporate Governance）；

5.資訊揭露及透明性（Disclosure and Transparency）；

6.落實董事會之責任（The Responsibilities of the Board）

我國自1998年起向國內公開發行公司宣導公司治理之重要性，行政院於2003年1月7日成立「改革公司治理專案小組」，就公司治理之各項議題進行探討，並據以提出「強化公司治理政策綱領暨行動方案」，作為推動公司治理之依據。當時即陸續推動與執行各項政策，包含增加董事會獨立性，逐步分階段強化董事會功能性委員會之設置、參考OECD發布之公司治理原則制定符合國情之上市（櫃）公司公司治理相關實務守則、推動電子股票、強化關係人交易之決策過程與揭露、引進投資人保護措施及提高公司資訊透明度等。

二.政府：公司治理藍圖五大計畫項目

上述公司治理專案之推動雖頗有成效，惟區域鄰近國家公司治理改革已快速進展，我國應加快改革腳步，金融監督管理委員會乃於2013年公布行政院院會通過之「強化我國公司治理藍圖」，揭櫫我國之公司治理改革決心，引導未來五年之改革方向，除建立更具體明確之強行法規架構、於上市（櫃）公司之公司治理相關實務守則中增訂建議措施外，並成立臺灣證券交易所公司治理中心，整合政府、民間、證券周邊單位及媒體之力量，與上市櫃公司、民間及社會積極對話，形塑公司治理文化，破除以往由主管機關發動改革措施之模式，讓企業深入了解公司治理之價值後，自發性採行非法令強制規定之公司治理措施，強化公司競爭力，並提升我國公司治理之國際地位。

OECD：6大公司治理原則

1. 確保有效率的公司治理架構

6. 公平對待股東

2. 落實董事會之責任

OECD公司治理原則

5. 重視利害關係人之權益

3. 資訊揭露及透明性

4. 保障股東權益及發揮其重要功能

公司治理藍圖5大計畫項目

形塑公司治理文化

促進股東行動主義

提升董事會職能

揭露重要公司治理資訊

強化法制作業

提升企業公司治理水準

促進股東行動主義

大眾投資更穩當

資本市場更吸睛

Unit 11-11
審計委員會及薪酬委員會之組成與職權

一.審計委員會組織

　　有鑑於審計委員會有其特有之職權，考量其應具備專業及獨立性，2006年1月11日新修訂之證券交易法明定，審計委員會應由全體獨立董事組成，其人數不得少於三人，其中一人為召集人，且至少一人應具備會計或財務專長，以確實發揮審計委員會之功能（證券交易法）。

二.審計委員會職權

　　1.證券交易法、公司法及其他法律對於原屬監察人之規定（如：監督公司業務之執行），準用於審計委員會（證券交易法）。

　　2.公司法對於原屬監察人之規定，涉及監察人之行為或為公司代表者，明定於審計委員會之獨立董事成員準用之（證券交易法）。

　　3.為有效發揮審計委員會之獨立、專業功能，並強化公司內控制度運行之有效性，審計委員會之職權，除屬獨立董事之職權項目外（證券交易法），尚包括考核內部控制制度，以及納入證券交易法36條第1項同意年度財務報告及半年度財務報告等職權（證券交易法）。

三.薪酬委員會組成

　　依據薪酬委員會職權辦法規定，薪資報酬委員會成員由董事會決議委任，其人數不得少於三人，且已依證交法規定設置獨立董事者，薪資報酬委員會至少應有獨立董事一人參與。薪資報酬委員會成員應符合專業性及獨立性之規定。

四.薪酬委員會職權

　　1.訂定並定期檢討董事、監察人及經理人績效評估與薪資報酬之政策、制度、標準與結構，以及定期評估並訂定前開人員之薪資報酬。

　　2.薪資報酬委員會成員履行相關職權時，應依據系列原則：

　　(1) 董事、監察人及經理人之績效評估及薪資報酬應參考同業通常水準支給情形，並考量與個人表現、公司經營績效及未來風險之關聯合理性。

　　(2) 不應引導董事及經理人為追求薪資報酬而從事逾越公司風險胃納之行為。

　　(3) 針對董事及高階經理人短期績效發放紅利之比例及部分變動薪資報酬支付時間，應考量行業特性及公司業務性質予以決定。

董事會下設2個委員會

董事會

1. 審計委員會（人數不少於3人）（具會計及財務專長）

2. 薪酬委員會（人數不少於3人）

審計委員會之職權

1.考核內部控制制度及內部稽核制度！

審計委員會職權

3.有關獨立董事之應有職權！

2.同意及查核各種財務報告！

Unit **11-12**
企業社會責任的定義及範圍

隨著消費意識及自我權益認知的高漲，現代企業已充分體認到善盡「企業社會責任」（Corporate Social Responsibility, CSR）的必要性及急迫性。

一.CSR的定義與觀點

(一)本著「取之於社會，用之於社會」理念：CSR係指企業應本著「取之於社會，用之於社會」的理念，多做一些善舉，用以回饋社會整體，使社會得到均衡、平安、乾淨與幸福的發展。

(二)本著「慈悲的資本主義」精神：CSR係指企業應本著「慈悲的資本主義」觀念，勿造成富人與窮人的對立，也勿造成贏得財富卻毀了這個環境的不利事件。因此，在慈悲的精神下，舉凡環保維護、窮人捐助、病人協助、藝文活動贊助等，都是現代企業回饋社會之舉。

(三)內外部全方位的善盡責任：CSR並不是單一的指向社會弱勢團體的捐助而已，舉凡產品品質的不斷改善，超額不為獲利的價格下降回饋、公司資訊公開透明化、產品與服務的不斷創新改善、勞工保障等，均是現代企業CSR應做之事。

(四)要兼顧經濟觀點與社會觀點：CSR觀點係認為企業的功能及任務，並不是唯一的賺錢及獲利。如果只是單一的「經濟觀點」，而缺乏「社會觀點」，那麼在資本主義下的社會，就可能會有失衡與對立的一天。因此，企業必須將經濟觀點與社會觀點同時納入企業的經營理念。這樣的企業才是卓越、優質與受到大眾好口碑的好企業。

二.CSR與關係人範圍

企業社會責任（CSR）要面對哪些關係人（Stakeholders）呢？大體來說，大概與下列這些人都有一些關係，包括股東、投資機構、顧客、行政主管機關、地區居民、大眾媒體、業界公會、員工、勞工工會、上游供應商、下游通路商，以及非營利事業機關等十二種關係人範圍，企業社會責任即在思考如何滿足這些不同人與不同團體的社會性需求或專業性需求。

小博士解說

良知消費

- 良知消費（Ethical Consumerism）又稱道德消費，是指購買符合道德良知的商品。一般而言，這是指沒有傷害或剝削人類、動物或自然環境的商品。
- 良知消費除了「正面購買」符合道德的商品，或支持注重世界整體利益而非自身利益營運模式之外，亦可採取「道德抵制」的方式，拒絕購買不符合道德的商品，或是抵制違反道德的公司。

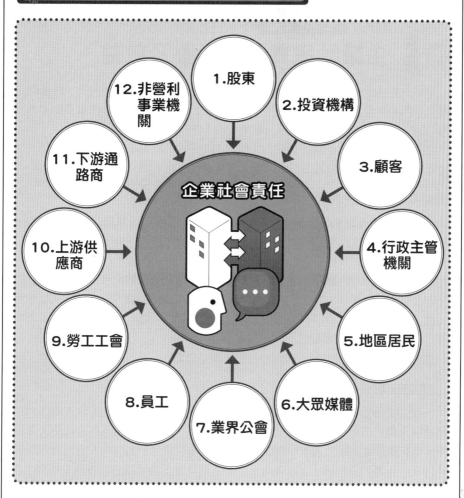

CSR定義與觀點

1.本著「取之於社會，用之於社會」理念

2.本著「慈悲的資本主義」精神

3.CSR既對外部做好事，也對內部做好事

4.企業應兼具「經濟觀點」及「社會觀點」二者並行為佳

Unit **11-13**
企業社會責任的活動及效益

全球在地化已成趨勢，企業除了關心利潤、投資擴張及股東權益外，愈來愈多的臺灣企業開始展現關懷社會的經營理念，以具體行動，誠心對社會大眾作出貢獻，除了努力創造更美好的環境外，也成為臺灣企業人性化經營的最佳典範。

那要如何才能善盡企業社會責任（CSR）呢？良善的活動策劃與舉辦，是一個可與外界連接的橋梁，這股看不見的力量，也會產生意想不到的正面效應。

一.CSR與活動主題內容

根據企業實務的作業顯示，大致有下列活動內容，均可歸納為企業應有的社會責任，包括：1.對政府相關法令的遵守及貫徹；2.對外部環境維護與保持（環保）的實踐；3.對顧客個人資訊與隱私資料的維護；4.對社會弱勢團體的救助或贊助捐獻；5.對商品品質與安全的嚴格把關；6.對員工與勞工權益的保障及依法而行；7.對工作場所安全衛生的保護；8.對公司的落實治理（Corporate Governance）；9.對社會藝文與健康活動的贊助；10.對商品或服務定價的合理性，沒有不當或超額利益；11.對媒體界追求知權利的適度配合公開及接受參訪或訪問；12.公司營運資訊情報依法公開與透明化，以及13.對社會善良風俗匡正的有益貢獻。

二.CSR帶來哪些助益

一家企業若能做好CSR，將會為企業帶來長期可見的效益，包括：1.有助該企業獲得社會全體的信賴；2.有助優良企業形象的塑造；3.有助企業獲得良好的大眾口碑支持；4.有助企業品牌知名度、喜愛度、忠誠度及再購率的提升；5.有助大眾媒體正面性的充分報導與媒體露出；6.有助企業的長期性優良營運績效的獲致及維繫；7.有助得到消費大眾的正面肯定與支持、敬愛；8.有助得到政府機構的正面協助；9.有助得到大眾股東及投資機構的好評，從而支持該公司股價的上升；10.有助內部員工的榮譽感與使命感建立，並營造出優質的企業文化，以及提升員工對公司的滿意度及向心力，以及11.有助減少外部團體對該公司做出不利的舉動及造成傷害。

小博士解說

全球在地化

- 全球在地化（Glocalization）也有譯為在地全球化者，是全球化（Globalization）與在地化（Localization）兩字的結合，意指個人、團體、公司、組織、單位與社群同時擁有「思考全球化，行動在地化」的意願與能力。

- 這個名詞被使用來展示人類連結不同尺度規模（從地方到全球）的能力，並幫助人們征服中尺度、有界限的「小盒子」的思考。

圖解財務管理

188

CSR的活動主題

1.對環保的實踐
2.對弱勢團體的捐助
3.對商品品質的把關
4.落實公司治理
5.對節能減碳的實踐
6.營運資訊完全公開透明
7.對藝文、運動的贊助
8.匡正社會善良風俗
9.對教育活動的贊助
10.保障勞工基本權益

CSR對企業的助益

- 1.獲得社會及消費者信賴心
- 2.塑造企業優良形象
- 3.獲得股東支持
- 4.塑造優良企業文化
- 5.獲得投資機構的好評
- 6.間接有助營運績效提升

Unit **11-14**
企業社會責任的作法 Part I

　　企業社會責任（CSR）有很多面向及多元化的不同取向作法，如果我們以不同對象為例來看，大致有以下作法，可資參考使用。

　　由於本主題可探討的內容頗為豐富，故特分兩單元予以介紹。

一.對大眾媒體

　　公司的各項資訊與發展，應充分公開給大眾媒體知道，以滿足媒體報導的需求；並應樂於接受媒體的各種專訪需求；同時定期邀請媒體記者餐敘或參訪，以促進雙方的良好互動關係及了解。

二.對社會整體

　　公司應成立文教基金會或公益慈善基金會，以適度能力捐助或贊助社會各種弱勢團體及慈善非營利事業機構，以使他們能夠得到扶助。

　　公司並且應該不斷改善營運效率及效能，降低成本，利用降價或其他方式回饋給大眾消費者。

三.對環保

　　公司應投資適當的環保設備及措施，以避免汙染外部環境，為社會環境打造乾淨無汙染的空間。

四.對消費者

　　公司應不斷加強研發與技術能力，以提高產品的品質、功能、耐用期限及設計美感，為消費者帶來更好的使用經驗並滿足消費者需求。

小博士解說

Timberland——地球守護者

• Timberland的企業社會責任代表著Timberland「Humanity人性」、「Humility謙遜」、「Integrity正直」和「Excellence卓越」的核心價值，為了建構強而有力的社群，達成永續經營的目標，Timberland的企業社會責任展現在實踐「環境責任」、「社區參與」和「全球性的人權保護」等政策，朝目標邁進。

• Timberland推廣「地球守護者」乃起因於熱愛大自然、具保護天然資源之責任，為了守護地球，採取使地球永續的行為，以種植樹木、使用太陽能源、開發永續產品、獎勵志工活動的方式，表現出對大自然的敬意。

看不見的力量——CSR的作法

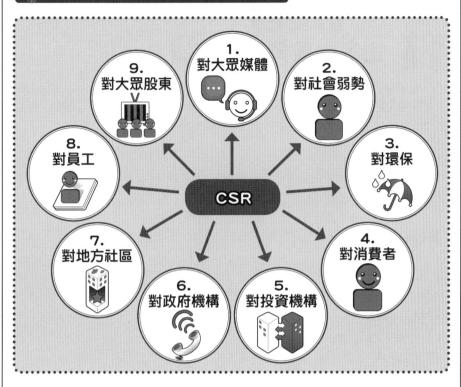

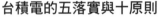

台積電的五落實與十原則

知識補充站

- 台積電董事長兼執行長張忠謀先生堅信，所謂「企業社會責任」就是成為促使社會向上提升的力量。張忠謀表示，台積電是從「倫理、商業道德、經濟、法治、環保」這五個方面，落實一己之力，樹立安定社會的力量，促使更多人起而效尤，社會亦能因此進步。
- 台積電的社會願景是一個「共創永續發展、公平正義、安居樂業的社會」。
- 台積電實踐企業社會責任的十項原則，是其持續為社會帶來正向發展的重要圭臬：1.堅持誠信正直，對股東、員工、及社會大眾皆同；2.遵守法律、依法行事、絕不違法；3.反對貪腐，拒絕裙帶關係，不賄賂、也不搞政商關係；4.重視公司治理，力求在股東、員工及所有利益關係人之間，達到利益均衡；5.不參與政治；6.提供優質工作機會，包括良好的待遇、具有高度挑戰的工作內容，及舒適安全的工作環境，以照顧員工的身心需求；7.因應氣候變遷，重視並持續落實環境保護措施；8.強調並積極獎勵創新，並充分管控創新改革的可能風險；9.積極投資發光二極體照明以及太陽能等綠能產業，為環保節能盡一份心力，以及10.長期關懷社區，並持續贊助教育及文化活動。

Unit **11-15**
企業社會責任的作法 Part II

　　企業要善盡社會責任的作法，如前文所說有多種面向及不同取向，不僅對消費者，更要擴大到社會整體；不僅要注重環保，也要將公司的各項資訊與發展公開化。這些作法無非是要向社會大眾宣告——我是經得起放大檢視的正派企業。

五.對投資機構

　　公司應定期舉辦法人說明會，以使外部投資機構了解本公司的營運狀況，有助於他們做出正確的投資判斷，避免他們投資損失。

六.對政府機構

　　公司應遵守政府的法規，而從事必要的社會責任活動。同時應編製「年度CSR報告書」，以揭露公司每年度做了哪些CSR活動及投入多少財力、人力及物力。

七.對地方社區

　　公司應與當地社會民眾多做溝通，以使地方社區了解公司的各項CSR作為。同時應適度回饋社區，以捐獻或義工支援社區方式，與社區建立良好互動關係。

八.對員工

　　公司應依政府人事規章，遵守法令規定，依法執行對待員工的各項權利及義務；並應依企業經營理念，善待員工，避免過多的勞資糾紛及勞資對立，提升員工對公司的滿意度；同時也可鼓勵員工組成社會志工團隊，投入CSR外部活動。

九.對大眾股東

　　公司應塑造優良CSR的企業形象，並透過好的營運績效，及不斷提升在公開市場的股價，以及回饋理想的股利給股東，使大眾股東得到充分的滿意。

小博士解說

中化製藥的CSR

- 中國化學製藥股份有限公司成立於1952年，以經營藥品製造、販賣以及有關之進出口業務，其專業頗受肯定，陸續與先進國家各大藥廠、醫療用品企業建立技術合作及產銷計畫。
- 該公司為紀念創辦人王民寧先生提升國人健康、製藥技術、帶動國內醫藥事業的志業，於1989年成立財團法人王民寧先生紀念基金會，以獎勵醫藥學術研究和發展醫藥教育，同時也廣泛地參與各項社會公益活動，使基金會的功能更加彰顯。

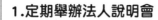

CSR對投資機構、股東的作法

1.定期舉辦法人說明會

2.定期出「年報」

3.營運資訊即時公開、透明、公告

4.接受媒體專訪、投資機構專訪

5.遵守政府法令規定

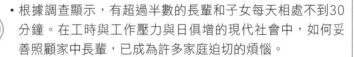

NEWS

中化製藥——老人照護，面面俱到

知識補充站

- 根據調查顯示，有超過半數的長輩和子女每天相處不到30分鐘。在工時與工作壓力與日俱增的現代社會中，如何妥善照顧家中長輩，已成為許多家庭迫切的煩惱。

- 面對長輩的健康及照護問題，中化製藥引進美國銀髮族居家照顧服務系統（Home Instead Senior Care），提供年長者整合性的照顧服務，包括指派服務人員陪伴長輩就醫與問診、協助記錄病況、用藥細節、醫師交代事項，並於服務結束後與家屬討論每個細節，減輕家庭照顧者的負擔，強化其照顧能力及意願。

- 除了身體健康面向以外，中化製藥透過有計畫、有目標的活動安排，鼓勵健康的老人走入人群、分享豐富的人生閱歷，增加長輩們心靈上的寄託，增加長輩與社區的互動，達到身、心、靈並重的照顧。

- 中化製藥並注意到，周全的長輩居家照顧，除了主要照顧者必須擁有對於身體照顧、與長輩的溝通及心理問題等方面的知識與技巧以外，這些知識與技巧也必須落實到長輩周遭的人，因此中化製藥常利用當地的社區資源舉辦衛教講座。

Unit **11-16**
企業社會責任的評量指標

　　我國為協助國內上市櫃公司履行企業社會責任，追求企業永續發展，財團法人中華民國證券櫃檯買賣中心與臺灣證券交易所共同制定「上市上櫃公司企業社會責任實務守則」，於民國99年2月8日公布，期望企業能為環境及社會多盡一分心力。

一.國內企業社會責任實務守則

　　櫃買中心表示，企業社會責任實務守則將作為國內上市、上櫃公司落實企業社會責任基本參考原則。

　　櫃買中心指出，隨著地球環境暖化問題日益嚴重，以及全球性金融風暴的發生，愈來愈多的國際組織及專家開始呼籲企業應重視其社會責任，期許企業除了傳統經營宗旨——獲利之外，也能多考量公司在環境、社會、治理、人權等方面的責任與義務。

　　守則內容涵蓋總則、落實推動公司治理、發展永續環境、維護社會公益、加強企業社會責任資訊揭露以及附則。

二.國外CSR的指數評量

　　國外高盛、花旗、摩根史坦利、金融時報等，均分別發展出CSR的指數評量的面向，可以歸納為下列四個面向：

　　(一)公司治理：強調運作透明，才能對員工與股東負責。

　　(二)企業承諾：強調創新與培育員工，不斷提升員工的價值與提供消費者有益的服務。

　　(三)社會參與：就是以人力、物力、知識、技能投入社區。

　　(四)環境保護：強調有目標、有方法的使用與節約能源，減少汙染。

小博士解說

CSR國際標準

・CSR標準很多，比較廣泛運用的包括：1.OECD多國企業指導綱領；2.聯合國「全球盟約」；3.全球蘇利文原則；4.全球永續性報告協會，以及5.道瓊永續性指數。臺灣目前針對國際性的企業社會責任評鑑標準，為企業進行比較完整的CSR體質檢驗的，應該是《天下》雜誌，評鑑標準包括企業治理、企業承諾、社會參與、環境保護等四個面向，比較趨近CSR國際標準。

・以《天下》雜誌企業公民獎2010年得獎企業為例，台達電、台積電與中華電信，都是國內企業社會責任實踐力非常完整的企業。

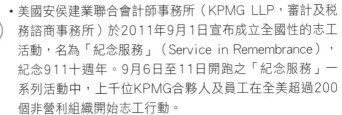

KPMG成立全國性志工活動

知識補充站

- 美國安侯建業聯合會計師事務所（KPMG LLP，審計及稅務諮商事務所）於2011年9月1日宣布成立全國性的志工活動，名為「紀念服務」（Service in Remembrance），紀念911十週年。9月6日至11日開跑之「紀念服務」一系列活動中，上千位KPMG合夥人及員工在全美超過200個非營利組織開始志工行動。

- 「911留給我們的遺產之一，是人們學會共同為需要幫助的人提供服務。在此十週年紀念日，全國的人們都會自願參與志工服務以改善這個我們所生活並工作的地方，紀念911中的罹難者及無名英雄。」KPMG主席兼執行長John Veihmeyer如此說道。

- 美國KPMG除了准予每位員工每年12個志工小時之外，額外提供志工假，鼓勵員工投入服務行列。全美85個KPMG分支與超過200個當地非營利組織合作，支援「紀念服務」活動。KPMG合夥人及員工亦得自由選擇加入非營利組織提供志工服務。

Unit **11-17**
企業社會責任的基本戰略

從整體戰略面來看，企業社會責任（CSR）活動有其基本實踐架構，茲分述之。

一.企業倫理與企業社會責任

在這塊領域，企業應該遵守一些作為，包括以下三點：

(一)遵守政府規定：企業應遵守政府相關經濟、產業、勞資與稅務的法令規定及責任活動。

(二)遵守一般社會標準與責任：企業應遵守社會一般性與日常性的規範標準與責任活動，例如：內部員工的紀律、產銷活動的紀律、廣宣的紀律。

(三)應善盡企業的社會責任活動：例如：食品安全、環保、綠化、節能減碳、降低汙染與噪音、回收利用，儘量確保就業不裁員等。

二.企業投資的社會貢獻活動

關於企業投資的社會貢獻活動這塊領域又包括二個部分：

(一)企業對公益、慈善、文化、教育、救濟及醫療的慈善社會貢獻活動：實務上，企業自己成立慈善基金會或是出錢贊助、支援其他慈善法人社團等均常見，例如：國內的國泰、富邦、台積電、宏達電、遠東、中國信託、統一企業、TVBS、統一超商等均成立慈善、文化或教育基金會。

(二)企業對投資型的社會貢獻活動：此係指企業加強在國內的各項產銷擴大投資活動，或是透過旗下基金會的大型投資活動。

三.透過專業活動的社會革新

企業可透過經營事業的過程活動，展開創新與進步，從而帶動整個社會的革新與進化。例如：統一超商早年率先推出24小時無休服務，帶動社會夜間治安的改善及無休服務便利性；再如企業的技術革新，帶來社會創新產品與創新服務的不斷進展，使社會經濟不斷向上成長，以及物流配送的發達，使社會出現嶄新的企業營運模式等，都是企業引領帶動整個社會與經濟系統不斷進步、突破、向上提升價值的重大貢獻。

小博士解說

企業倫理的定義
所謂企業倫理（Enterprise Ethics），又稱企業道德，是企業經營本身的倫理。不僅企業，凡是與經營有關組織都包含有倫理問題。只要由人組成的集合體在進行經營活動時，在本質上始終存在著倫理問題。一個有道德的企業應當重視人性，不與社會發生衝突與摩擦，積極採取對社會有益的行為。

戰略CSR的3大面向實踐領域

3.透過事業活動的社會革新	2.投資的社會貢獻活動

3.透過事業活動的社會革新

☆實例
①統一超商早年率先推出24小時無休服務,帶動社會夜間治安的改善及無休服務便利性。
②企業的技術革新,帶來社會創新產品與創新服務的不斷進展,使社會經濟不斷向上成長。
③物流配送的發達,使社會出現嶄新的企業營運模式。

2.投資的社會貢獻活動

①企業對公益、慈善、文化、教育、救濟及醫療的慈善社會貢獻活動。
②企業對投資型的社會貢獻活動。

CSR

1.企業倫理與企業社會責任

①企業應遵守政府法令規定與責任活動。
②企業應遵守社會一般性與日常性的規範標準與責任活動。
③企業應善盡社會責任活動
→★食品安全、環保、綠化、節能減碳、降低汙染與噪音、回收利用。
　★儘量確保就業不裁員。

知識補充站

企業倫理範圍
• 企業倫理的內容依據主題可以分為對內和對外兩部分:內部即指勞資倫理、工作倫理、經營倫理;外部則指客戶倫理、社會倫理、社會公益。
• 可歸納以下六點來界定其範圍:1.企業與員工間的勞資倫理;2.企業與客戶間的客戶倫理;3.企業與同業間的競爭倫理;4.企業與股東間的股東倫理;5.企業與社會間的社會責任,以及6.企業與政府間的政商倫理。
• 其中企業與同業間的競爭倫理包括有不削價競爭(惡性競爭)、散播不實謠言(黑函、惡意中傷)、惡性挖角、竊取商業機密等,值得留意。

Unit **11-18**
企業社會責任的實踐

　　企業社會責任（CSR）在實踐過程中，如果能通過以下課題的考驗，更能發揮其正面效應。

一.企業家及高階經營團隊的堅持

　　企業沒有最高階經營層的堅持，就不易在CSR三大領域全力貫徹與全心策劃。

二.企業內部專責單位的成立

　　企業已有愈來愈多設立外圍的公益基金會或是CSR專責單位，來實際推動CSR工作。有了專責單位就比較會專心一致的策劃及落實CSR工作。

三.企業內部溝通的強化

　　企業做CSR活動，當然要從企業的年度、盈餘或資本額，提撥一定比例，投資在CSR活動上。此外，在人力調配上，亦必須做一些額外工作。這些都要與員工做良好的溝通，使大家對CSR的工作，認為是每個人必須具備的概念及工作中的一環。

四.應確立社會貢獻活動的使命建構

　　企業在落實CSR工作之前，應先擬定想達成CSR哪些「目標使命」（Mission）。因為CSR涉及領域很廣泛，有企業內部營運，有外部營運，有對事物的，也有對人，究竟我們的使命責任的優先達成項目及內涵為何，這些都是CSR的前提工作。

　　例如：我們是要以做到同業汙染最低或零汙染企業，或是我們要做文化教育的最佳贊助者，還是我們要做公益慈善義舉的社會影響力者等。

五.經營資源的最適配置

　　做CSR工作所用到的企業資源，包括人力、物力及財力，應該有優先性、順序性、全盤性、戰略與戰術區分性、階段性及重點性等區別，然後才投注不同的多少資源，以求發揮最大成效。配置（Allocation）就是希望達成最佳的效率及最好的效能，然後實踐企業所訂的CSR「使命」。

六.對CSR成果的評估及評價

　　最後一個課題，即是應考量到CSR執行後的成果，這是評價（Evaluation）問題。

　　CSR既然花費公司資源投入，自然要求有其回報及效益。雖然這些效益不像獲利般的世俗化，但也不能白白浪費做對社會沒有貢獻的事。因此，從有形或無形的兩效益來看，企業都應歸納CSR每年成果究竟何在的問題。另外，評價也是對未來的方向，指出企業可以更努力的方向、作法、項目及思維，然後獲得對整體外部社會有更大的貢獻。

CSR活動實踐6大步驟

企業應面對的考驗

1.企業家及高階經營團隊的堅持

→對CSR工作現況的分析及歸納，然後抽出主要課題何在。

2.企業內部專責單位的成立

→對CSR工作願景達成的戰略展開推動，包括重點課題、對象、方針、方向、策略、計畫原則與政策如何。

3.企業內部溝通的強化

→對CSR工作的內部組織溝通，務必做好，讓全體員工都有共識。

4.應確立社會貢獻活動的使命建構

→對CSR工作願景（Vision）的策定及陳述明確、清晰，知道要往最終目標何在。

5.經營資源的最適配置

→對CSR工作推動的組織、人力、配置與預算列出之確定，此涉及到執行力層次。

6.對CSR成果的評估及評價

→最後，就是針對已訂的具體計畫展開執行，並且要追蹤執行後的效益何在及對社會貢獻何在。

199

Unit **11-19**
波特對企業社會責任的看法

麥可‧波特（Michael Porter）教授對企業社會責任（CSR）看法又是如何呢？以下我們將說明之。

一.CSR是企業營運不可缺少的一部分

(一)企業社會責任愈來愈重要：因為大家已經愈來愈注意到企業營運對社會、環境的影響與衝擊，以及大家對全球化的擔憂，使企業受到愈來愈多非政府組織、信評機構，以及整個社會的密切監督。

因此，今天每一位企業執行長已經了解到，不能再把企業社會責任只視為次要問題，而是企業營運不可缺少的部分。

換句話說，整個社會已經愈來愈意識到企業社會責任的重要性，也愈來愈意識到政府不可能解決所有問題，所以就開始要求企業也必須擔負更多的社會責任。

(二)企業要全方位注意相關問題：企業現在不僅是要回饋公司營運所在地的社區，也要注意供應商、聘僱員工、兒童、環境汙染、能源等各種議題。

過去企業做決策，只需要單純考慮經濟因素，現在則必須把以上所有因素全部考慮進去。

(三)企業不僅要守法，也要遵守法律背後精神：目前每個企業必須要做兩件事，一是守法，不僅是遵守白紙黑字寫下來的法律規定，也要遵守法律背後的精神；二是如果做了汙染環境、歧視勞工、剝削供應商等有害事情，就要馬上停止。

(四)企業不僅要回應社會期望，也要對社會有好的影響：目前在企業社會責任這個領域中，大家討論的焦點主要包含了兩個面向，一個是企業必須要回應社會的期望與需求，以及社會關心的議題，像是遵守法律、減輕企業營運對社會造成的傷害等。另一個面向，則是企業必須要有主動貫徹社會責任的策略，對社會產生有意義的、正面的、積極的影響。

二.CSR團隊應是營運單位，也是企業策略的一部分

負責企業社會責任的團隊，不應是公司內一個獨立運作的單位，而應是其中一個營運單位，與整個企業的運作結合一起。

企業擬定策略時，也應將企業社會責任當作主要策略之一，而不是分開。但現在很少有企業做到這一點。

三.CSR是企業對社會的正面影響力

企業的社會影響力，就是企業解決社會所關心議題的能力。例如：企業透過製程的改善，減少有害物質的排放及有毒物質的使用，並清除自己所造成的汙染。

換句話說，在環境、能源、營運透明度、勞工待遇等社會所關心的議題上，企業對這些領域帶來積極正面影響的能力，就是企業的社會影響力。

波特教授對CSR看法

1.CSR ➡	企業應有一個專責單位負責

2.CSR ➡	應視為「企業策略」的一部分，具戰略性及重要性

3.CSR ➡	應可發揮對「社會正面」影響力

4.CSR	➡ (1)關心環保 (2)關心勞工權益 (3)關心股東權益 (4)關心營運透明度 (5)關心社會弱勢 (6)關心社區 (7)關心兒童與老人 (8)關心節能減碳

第十一章 公司治理、企業社會責任、投資人關係管理及ESG報告最新發展趨勢

201

Unit **11-20**
投資人關係管理的目的

我國證交所曾在媒體呼籲上市公司不能只專注本業，還要注重投資人關係。然而什麼是投資人關係？管理它的目的何在？以下我們要來探討之。

一.投資人關係的緣起

投資人關係管理（Investor Relations Management, IRM)，也簡稱投資人關係（Investor Relations, IR），起源於美國20世紀50年代後期，這一名稱包含相當廣泛，既包括上市公司（含擬上市公司）與股東、債權人和潛在投資者之間的關係管理，也包括在與投資者溝通過程中，上市公司與資本市場各類中介機構的關係管理。

公司藉由良好投資人關係，可擁有合理的股價表現及成交量，以募集較低成本之營運資金，最佳化股東結構以穩定公司業務經營權與開發長期投資資源，進而提升國際投資領域之能見度，故投資人關係對於公司資本市場之發展，實有關鍵影響力。

二.IR的目的為何

根據日本投資人關係協會，對其會員所做的實態調查，其結果顯示投資人關係的管理目的及目標，以排行依序如下：1.促進對本企業及事業發展的認識及理解；2.促進對本企業認知度的提升；3.促進對本企業經營戰略及經營理念的傳達；4.促進能夠長期持有本公司股票；5.促進對企業形象的提升；6.促進增加股東人數；7.促進本企業價值的提升；8.促進購買本企業股票；9.促進本企業品牌價值提升；10.建立機構投資者之良好關係，以及11.避免公司股價過度下跌。

三.IR活動的角色位置

投資人關係（IR）活動的角色位置，乃是扮演著公開發行公司與外部投資機構及投資者個人，雙方間的一種重要且必要的雙向互動的訊息溝通傳達管道，以及對企業信賴與理解的強化工具。當然，最終目的，還是希望得到這些投資法人機構與個別投資者的青睞，進而投資及持有本公司股票，使本公司股份能夠被看好，而維持在高檔，創造公司最大總市值利益。

小博士解說

IR不見得有專人負責

實務上，投資人關係部門，不是每個公司都有。沒有投資人關係部門的公司，就由發言人處理投資人、媒體的問題；發言人不在，就由代理發言人處理。每家上市櫃公司都有發言人和代理發言人，這職位一定是兼任的，例如：財務副總兼任發言人、行銷副總兼任代理發言人等。

投資人關係管理的目的

日本投資人關係協會對企業IR的目的及目標之調查結果

排名	IR的目的及目標
①	促進對本企業及事業發展的認識及理解
②	促進對本企業認知度的提升
③	促進對本企業經營戰略及經營理念的傳達
④	促進能夠長期持有本公司股票
⑤	促進對企業形象的提升
⑥	促進增加股東人數
⑦	促進本企業價值的提升
⑧	促進購買本企業股票
⑨	促進本企業品牌價值提升
⑩	建立機構投資者之良好關係
⑪	避免公司股價過度下跌

資料來源：IR戰略，日本三菱信託銀行

IR活動的角色位置

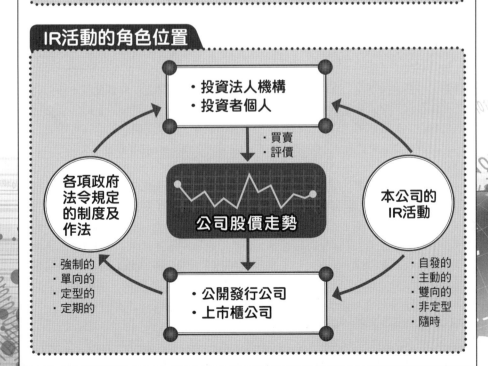

$$$

Unit 11-21
投資人關係的對象及作法

建立良好的投資人關係（IR）管理，與國際資本市場接軌，是企業永續經營的重要議題。以下乃就如何做好IR管理的方法與讀者分享。

一.IR的對象

(一)國內的投資機構：包括證券公司的自營商、銀行的投資部門、壽險公司的投資部門、投資信託公司的投資部門，以及一些財務顧問公司等。

(二)國外的投資機構：包括國外投資銀行、商業銀行、證券公司、壽險公司、基金等國外在臺灣的駐在單位，例如：摩根史坦利、高盛、美林、CSFR瑞士銀行等。

(三)國內外的個人投資者：通常是指散戶小股東，但有些也善於短線操作。

(四)國內外的大眾傳播媒體：包括專業性雜誌、報紙、網站、期刊、廣播等媒體記者。

二.IR的相關作法

投資人（或稱股東）關係管理，對現代企業而言，是愈來愈重要。這些投資者，有些是大型投資機構，有些是散戶小股東，不管是大是小，他們的投資，都是希望能夠獲得好的投資報酬。而就公司而言，這些大小股東願意在公開市場上購買我們公司的股票，代表他對本公司有所寄望。

實務上來說，投資人關係管理的具體落實，大概有幾點作法：1.定期召開法人說明會，亦即針對國外投資機構（QFII）、國內投資機構（銀行、投信、投顧自營商、財務公司、壽險公司等）定期（每季為佳）舉行對外正式公開的說明會，包括很多媒體業也會來採訪；2.公司網站及證交所上市櫃公司網站上，均應及時更新公司最新的財務狀況及重大營運活動說明；3.公司年報在每年六月召開股東會時，均必須提供，而年報中，應依規定詳實記載公司所有營運狀況；4.公司應有股務室或投資人關係室，以專責專人處理所有大小股東的來信、來電及來e-mail等溝通回覆事宜；5.公司財務長及執行長（或稱總經理）應對公司大股東或董事長代表的任何問題，及時回應，並將公司重大政策、策略與財務事宜等，在董事會召開時詳細提出討論與分析，以及下最後決策；6.公司每年六月底前，一定要舉行一次對外公開的股東大會，屆時會有一些小股東出席參加，公司董事長也會率相關主管出席，除做營運報告外，也聆聽小股東的現場意見；7.接受財經雜誌、報紙的專訪與深度報導；8.與個別投資機構的個別會談及互動討論；9.接受或主動邀請參訪本公司、本工廠；10.日本企業也經常舉行半年期或年終的決算說明會，或是在重大經營策略改變時，也會舉行公開說明會，以及11.海外巡迴說明會（Road Show），這是企業在正式發行GDR、EBS、ADR或海外上市之前的一些活動。

投資人關係的對象及作法

IR的對象

1.國內投資機構	2.國外投資機構	3.國內外個人投資者	4.國內外大眾媒體

IR的作法

1.定期召開法說會	7.接受媒體專訪
2.上網及時更新訊息	8.接受個別投資機構互動
3.每年提供新年報	9.接受參訪工廠
4.設立IR專責單位	10.舉行年度決算說明會
5.公司相關單位應回答股東意見	11.海外巡迴說明會
6.每年6月底前舉行股東會	

Unit **11-22**
投資人關係的年報撰寫

上市櫃公司每年六月前在股東大會召開時，必須完成撰寫且最完整的IR（投資人關係）資訊揭露——年度報告書（簡稱年報），其撰寫綱要項目，茲臚列如下，以供參考。

一.年度報告撰寫的法令依據

有關上市、上櫃、興櫃及公開發行公司對投資人的資訊揭露，在國內的公司法、證券交易法及公開發行公司相關法令等規範中，都有詳細的訂定。

二.IR的資訊揭露——年度報告書

上市櫃公司年度報告書（年報）撰寫內容綱要，計有九大項目如下：

(一)致股東報告書。

(二)公司概況：包含有1.公司簡介；2.公司組織；3.公司資本及股份，以及4.公司債、特別股、海外存託憑證、員工認股權憑證及併購（包括合併、收購及分割）之辦理情形。

(三)營運概況：包含有1.業務內容；2.市場及產銷概況；3.從業員工資料；4.環保支出資訊；5.勞資關係；6.重要契約；7.訴訟及非訴訟事件，以及8.取得或處分資產。

(四)資金運用計畫執行情形：包含有1.計畫內容，以及2.執行情形。

(五)財務概況：包含有1.最近五年度簡明資產負債表及損益表；2.最近五年度財務分析；3.最近五年度財務報告之審查報告書；4.最近年度財務報表；5.最近年度經會計師查核簽證之母子公司合併財務報表；6.公司及關係企業財務周轉困難之情事，以及7.最近二年度財務預測及其達成情形。

(六)財務狀況及經營結果之檢討分析與風險管理：包含有1.財務狀況比較分析表；2.經營結果分析；3.現金流量分析；4.最近年度重大資本支出對財務業務之影響；5.最近年度轉投資政策分析；6.風險管理之分析評估，以及7.其他重要事項。

(七)公司治理運作情形。

(八)特別記載事項：包含有1.關係企業相關資訊；2.內部控制制度執行狀況；3.董事或監察人對董事會通過重要決議事項之不同意見；4.私募有價證券辦理情形；5.子公司持有或處分本公司股票情形；6.股東會及董事會之重要決議事項；7.公司及其內部人員依法被處分及公司對內部人員違反內部控制制度規定之處罰與改善情形，以及8.其他必要補充說明事項。

法令依據

有關上市、上櫃、興櫃及公開發行公司對投資人的資訊揭露，在國內的公司法、證券交易法及公開發行公司相關法令等規範中，都有詳細的訂定。

年度報告書撰寫9綱要

1. 致股東報告書

2. 公司概況

3. 營運概況

4. 資金運用計畫執行情形

5. 財務概況

6. 財務狀況及經營結果之檢討分析與風險管理

7. 公司治理運作情形

8. 特別記載事項

Unit **11-23**
法人說明會 VS. 巡迴說明會

前文介紹投資人關係（IR）的作法中，有提到公司要定期召開「法人說明會」，如果有必要，也要進行「巡迴說明會」。

這兩種說明會，乍看之下，好像雷同，其實真的很不同，以下我們就來說明它們哪裡不同。

一.何謂「法人說明會」

法人說明會是上市、上櫃公司經常舉辦的一種記者會型態。茲將其舉辦時間點及說明會重點概述如下：

(一)法人說明會的舉行時間：一般來說，可分為以下兩種狀況：

1.公司剛上市、上櫃申請獲准之後，必然要舉行一次公開的法人說明會（簡稱法說會）。

2.已經上市上櫃公司，在重大時間點上，各公司如果覺得必須發布公司重大營運活動及訊息時，也會邀請相關單位人員出席法說會或業績說明會。

(二)出席的邀訪單位：包括各財經報紙、財經月刊、財經網站、財經電視臺以及國內外各大投顧公司、投信公司、證券公司、壽險公司、投資銀行、工業銀行、商業銀行及國外媒體機構等。

(三)法說會的重點內容：通常包括有1.公司近期營運概況及獲利狀況；2.公司未來展望與財測說明；3.國內外產業、市場、技術與顧客等之變化狀況，以及4.公司未來重大投資案及其效益預估。

(四)法說會的舉辦原因：可是為什麼要舉辦法說會呢？當然有其正面效應，即希望藉此增加公司透明度及公開性，同時也希望國內外股票投資公司，能夠踴躍買進公司股票以提升股價。

二.何謂「巡迴說明會」

公司什麼時候要進行「巡迴說明會」（Road Show）呢？通常是在國外發行ECB（歐洲可轉換公司債），或在紐約及NASDAQ等地上市及發行GDR時，公司的經營團隊，就必須率團出國到各地，配合國外券商的安排，舉行在海外各地的說明會，以爭取當地投資者對公司的支持與認購。

通常出席巡迴說明會的主管，包括董事長或總經理，以及財務長、營運長、技術長、策略長、法務長等各主管或副總等人。

巡迴說明會是一個辛苦的過程與經驗，但也必須成功演出，才能順利完成ECB、GDR或上市之目標，而取得公司未來五年所需要擴張發展的資金需求。

法人說明會VS.巡迴說明會

法人說明會

上市櫃公司 → 定期
（每季、每年）

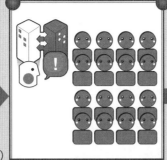

向國內外投資機構及媒體舉辦業績說明會

增加公司透明度及未來展望

★說明會重點內容

1. 公司近期營運概況及獲利狀況。
2. 公司未來展望與財測說明。
3. 國內外產業、市場、技術與顧客等之變化狀況。
4. 公司未來重大投資案及其效益預估。

巡迴說明會

巡迴說明會 →

欲在海外發行公司債、私募或上市等之公司

特別 →

赴海外向當地投資機構做簡報說明

→ 找到欲投資的對象

★說明會特色

1. 公司的經營團隊率團出國到各地，配合國外券商的安排，舉行在海外各地的說明會，以爭取當地投資者對公司的支持與認購。
2. 出席巡迴說明會的主管，包括董事長或總經理，以及財務長、營運長、技術長、策略長、法務長等各主管或副總等人。
3. 這是一個辛苦的過程與經驗。

209

Unit 11-24
何謂「投資人關係」？投資人關係部門的工作內容有那些？

一.何謂投資人關係

在國內外，投資人透過「股東行動主義」（Shareholder Activism）積極監督，參與公司決策，促進公司治理，是資本市場典型且常見的投資模式。隨著資本市場發展成熟，股東行動意識的抬頭，這股新的股東力量，讓投資人關係（Investor Relations, IR）也開始受到企業的關注。

美國投資人關係協會（National Investor Relations Institute, NIRI）於1969年正式成立，定義投資人關係為：「一項策略管理職責，整合企業財務、溝通、行銷及法遵，使公司在資本市場和其他利害關係人之間，達成最有效的雙向溝通，最終有助實現公司價值，並提升股東價值。」目前NIRI已是全球最大IR專業團體，超過3,300名會員，以美國為主遍布全球45個國家。

二.投資人關係是什麼

簡單來說，投資人關係就是公司與投資人（資本市場）之間的溝通窗口。對投資人來說，資本市場中潛在的投資標的眾多，投資人為什麼要投資你的公司？又如何讓投資人注意到你的公司？

假設資本市場有A及B兩家背景條件相當的公司，A公司重視投資人關係，設有投資人關係部門或專責人員，達到與投資人良好的溝通。反觀B公司則全無，如果你是投資人會買哪家公司股票？答案顯而易見。

綜之，投資人關係就是滿足資本市場各種需求的主要溝通窗口，負責正確傳遞訊息並積極與投資人互動，取得投資人的信心。

三.投資人關係主管（IRO）

近幾年來，臺灣資本市場有很大的進步，目前主管機關及上市櫃公司對投資人關係已有相當概念，大型公司則設有專責的投資人關係部門及投資人關係主管（Investor Relations Officer, IRO）。

四.投資人關係部門的工作執行內容

IR部門平常的工作內容，基本上可以在分為三種：1.書面揭露；2.動態活動；3.媒體傳播。

投資人關係部門的三大工作執行內容

類型	執行內容
1.書面揭露	各類財務資訊、年報、公開說明書、股東會議手冊、董事會議事錄、法人說明會簡報資料、公司治理評鑑結果、非財務性報告（企業社會責任報告書、整合性報告書、內部刊物）等。
2.動態活動	實體或線上法人說明會、股東會、一對一／一對多訪談、分析師說明會、Roadshow（巡迴說明會、海外路演）、公司參訪、視訊會議、電話會議、拜訪投資人等。
3.媒體傳播	網路、電子及平面某體新聞稿、記者會、公司網站（投資人關係專區）、公司資訊觀測站、集保中心投資人關係平台、電子郵件等。

投資人關係主管（IRO）

投資人關係主管
（Investor Relations Officer）

面對資本市場的投資大眾及投資公司，做好互動良好關係！

投資人關係部門的工作內容三大類

1. 書面公開揭露（例如各種財務資訊、年報…等）

2. 動態活動（例如法說會、公司參訪等）

3. 媒體傳播（記者會、新見稿等）

Unit 11-25
IR專業經理人應具備的核心能力

一.IR職能應具備以下能力：

　　1.**溝通能力**：包括對內及對外的溝通，對內要取得及時且完整的訊息，對外要能及時且準確的說明。

　　2.**企業文化**：企業文化是企業價值的展現，完整了解企業文化，才能做好對內的溝通及對外公司價值的說明。

　　3.**專業能力**：能夠闡述公司價值，對財務及非財務資訊均能通盤了解，至少應具備企業財務、傳播、行銷及證券法規等方面的專業能力。

　　4.**公關能力**：建立公司與社會公眾的關係，促進公眾對公司之認識並樹立公司良好形象；反映在實務上，應著重在與媒體及政府行政部門之間關係的建立與維繫。

　　5.**情緒管理**：經常面對高壓力且高度時效性的事件，必須做到完善的情緒管理，才能穩健且完整的對內及對外溝通。

二.IR人員應增強下列知識：

　　1.對所處企業及產業有足夠的了解。

　　2.證券交易法、公司法等相關法令規範。

　　3.財報閱讀能力。

　　4.口語表達、簡報、新聞稿撰寫能力。

　　5.編製並定期維護對外的IR溝通文件。

　　6.了解資本市場生態，以及分析師、基金經理人的需求。

　　7.了解媒體生態、記者的想法及需求。

　　8.在人格特質上，有三點最為重要：

　　(1)要有熱情。

　　(2)要廣結善緣，建立人脈。

　　(3)要遵守法律。

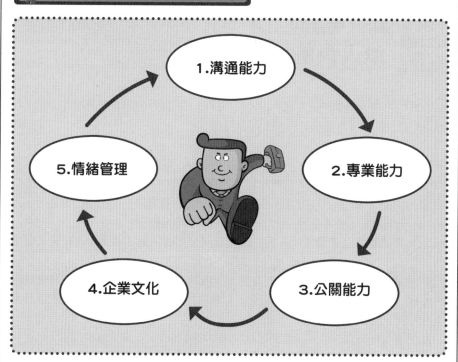

IR人員應具備之5大能力

1.溝通能力

2.專業能力

3.公關能力

4.企業文化

5.情緒管理

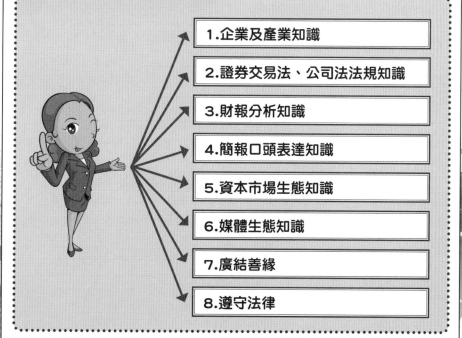

IR人員應增強之知識

1.企業及產業知識

2.證券交易法、公司法法規知識

3.財報分析知識

4.簡報口頭表達知識

5.資本市場生態知識

6.媒體生態知識

7.廣結善緣

8.遵守法律

Unit 11-26
IR人員的績效評估

　　良好的投資人關係絕對有助於提升公司市值，但是股價絕非衡量投資人關係唯一或最佳的績效指標，畢竟影響股價的因素很多。

一.IR績效的指標：

　　1.券商報告：許多投資人進行投資決策時，往往參考卷商報告的投資建議，公司各項資訊愈透明，IR做得愈緊密，相對券商報告也會愈豐富。公司得到的券商報告質量愈高、數量愈多，且愈正面，也代表正向的IR績效指標。

　　2.股票流動性及波動性：良好的IR可以讓公司資訊更加透明，讓投資人更了解公司。有助於提高公司股票的流動性，股價的波動度也會相對較小。

　　3.投資人組合：擁有更多長期投資人及機構投資人，可讓公司股東結構更為健康，也有助於公司長期發展。長期投資人及機構投資人的增加，即是正向的IR績效指標。

　　4.外資持股比例：外資（臺灣以外的國外投資機構）以專業機構投資人為主，持有時間相對較長，所以體質愈佳且IR做得愈好的公司，外資持股比例也會提高。

　　5.投資人參與程度：在股東行動主義的理念下，公司希望投資人能參與公司重大決策，支持公司各項發展營運。因此，IR做得愈好的公司，其股東會及法說會的投資人參與程度高，也是正向的IR績效指標。

二.公司具體IR執行策略：

　　1.完整說明公司價值及願景，讓投資人更有信心：投資人首次接觸公司資訊九成以上是透過公司官網，故持續強化官網資訊，滿足投資人及機構的需求，官網中須將公司價值、發展願景與策略布局揭示清楚。

　　2.定期召開法人說明會，搭起投資人溝通管道：每年至少召開二次以上的法說會，獲利好時，透過法說會向投資人報告經營成果；獲利不好時，更需透過法說會完整說明改進策略及未來發展規劃。

　　3.強化媒體關係及資訊傳達，讓資訊適當曝光：資訊爆炸時代，上市櫃公司1,600多家，為何要投資好？須要完整的媒體曝光與宣傳，否則再好的經營成果，也可能被資訊洪流所淹沒。因此，公司與主流財經媒體均保持密切聯繫，並擬定年度媒體宣傳策略，讓公司經營成果得到適當的曝光。

　　4.設立專責部門，即時回應投資人需求：公司應設立專責的IR部門及人員，直接且快速的回應投資人各項詢問，全力強化投資人關係的建立與維繫。

IR人員的績效評估

1. 股價與市值。

2. 券商正向報告。

3. 股東穩定流動性及波動性。

4. 投資人組合。

5. 較高的外資、法人持股比例。

6. 熱烈的投資人參與程度。

公司具體IR執行策略

1. 官網應完整說明公司價值及發展願景。

2. 公司應定期每半年或每季召開法人說明會。

3. 公司應強化媒體關係及資訊傳達，讓正面資訊曝光。

4. 公司應設立專責IR部門即時回應投資人需求。

Unit 11-27
ESG報告最新發展趨勢專題分析

圖解財務管理

一.評估企業永續發展的能耐，ESG掀起浪潮（何謂ESG）

為了讓投資機構填滿一張攸關企業投資評價的新考卷，考卷的名字，叫做「ESG」。ESG是Environmental（環境）、Social（社會）與Governance（公司治理）三者的縮寫，是全球近年興起的一股企業社會責任投資浪潮。

傳統上，在決定一家企業是否值得投資時，機構投資人大多只會檢視其財務報表，以營收獲利、EPS等指標來判斷投資價值。然而，在納入ESG的考量後，投資人所看的項目，將大幅擴展至各類影響公司未來發展的「非財務因子」。例如：企業在碳排放及能源使用的效率、供應鏈廠商生產線對環境的衝擊、員工培訓及勞動條件，以及利害關係人權益等面向。

即ESG是評估企業永續發展的能耐，套用在投資領域，則被認為能夠幫助投資人評估財報上看不到的風險。ESG投資概念已廣泛受到外資機構買單。

二.全球ESG投資規模多大？二千家金融機構，掌握逾81兆美元

216

據統計，全球簽署聯合國ESG投資指導原則的金融機構至今已超過二千家，對應的資產管理規模更是超過81兆美元。其中，已表態遵行ESG投資邏輯的資金規模，已從2012年的13兆美元，大幅成長至2020年的35兆美元，超過全球總資產管理規模的1/4，在歐洲，這一比重甚至高達53%。尤其，新冠疫情過後，ESG投資更到更多投資人青睞，2021年《全球機構投資人調查》顯示，全球有超過四分之三的投資人增加了ESG投資。

臺灣指數公司與富時集團於2017年底共同發布「臺灣永續指數」，為全臺第一個完整納入ESG投資原則的指數。自2016年10月主管機關發布「機構投資人盡職治理守則」後，至2022年3月已有153家國內投資機構簽署。

多家投資機構推出的報告均證實，ESG與企業長期營運有正向關係。一家公司若要在資本市場長期穩健營運，就不得不重視ESG。

在香港想掛牌上市，夠格的ESG就是必要條件。2016年起，港交所強制要求所有上市公司部必須遵守「環境、社會及管治報告指引」進行報告。

ESG的3種：環境、社會、公司治理

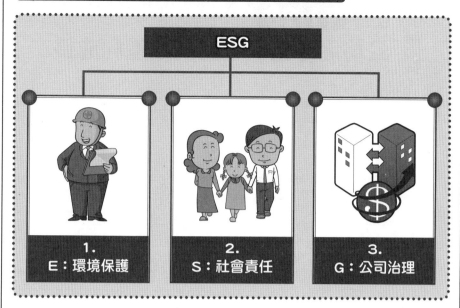

ESG

1.
E：環境保護

2.
S：社會責任

3.
G：公司治理

知識補充站

ESG的內容

1. Environmental環境：提早因應氣候變遷對事業的影響，鼓勵環境友善的科技等。
2. Social社會：關心人權問題，消除對勞工的施壓、過勞，以及避免職業歧視等。
3. Governance公司治理：杜絕公司內部貪污、腐敗等。

知識補充站

ESG評鑑權威如何打分數？

1. 富時社會責任指數（與臺灣指數公司合作編製臺灣永續指數）：
   ‧評比管道：搜集ESG三面向公開資訊。
   ‧資料來源：公司官網、具公信力的公開資料，包括永續性報告書、環境報告書、社會面報告書、年度財務報告書或媒體報導。
2. 道瓊永續指標（歷史最悠久，ESG評鑑架構基礎）：
   ‧評比管道：以問卷填寫為主，媒體及公開訊息為輔。
   ‧資料來源：問卷調查、公司文件、公開報告、直接與公司接觸。
3. 英國Hermes資產管理公司：
   ‧評比管道：電訪、面訪、股東會及法說會。
   ‧資料來源：ESG分析小組實地訪談報告。

Unit 11-28
公司治理佳，有助長期獲利成長

一.最近火紅的永續投資，同時包含環境、社會及公司治理（ESG）等三個面向，投資上以公司治理為首，因為ESG分數較高，並不表示企業就一定擁有較佳的獲利表現；但公司治理面向與公司長期獲利較有高度相關。

二.公司治理能夠強化董事結構與運作，不僅能確保股東權益與公司營運效益，加上資訊透明度高，更能與合作廠商及客戶維持長期良好的關係，這些有助於創造長期財務績效與永續的經營。

三.2003年哈佛大學及賓州大學華頓商學院研究顯示，在1990年代較重視公司治理的企業，其股價平均年報酬率高出大盤約8%。2016年Hermes發表報告，指出公司治理較好的企業，過去八年每月投資報酬率會比公司治理差的企業高。

四.臺灣指數公司成立的「臺灣公司治理100指數」，成份股的篩選不僅須通過公司治理評鑑，強化在董事運作、資訊透明度及CSR等非財務資訊的揭露，也必須透過流動性及財務指標來評量；在財務指標上，透過每股淨值、稅後淨利及營收成長率等三項篩選因子，更有助於確保企業長期獲利與競爭優勢。

圖解財務管理

218

公司治理佳，有助長期獲利成長

公司治理佳

有助企業
長期獲利成長

有助企業
股價上升

公司治理與要件

1. 強化董事成員及運作有效性

2. 財務及營運資訊透明變高，
   沒有任何隱藏

3. 重視大小股東根本權益

4. 與合作廠商及客戶維持長期
   良好關係

5. 以市場終端消費者利益為至
   上考量

Unit **11-29**

金管會啟動「公司治理3.0──永續發展藍圖」

　　為持續深化我國公司治理及提升企業永續發展，並營造健全永續發展（ESG）生態體系，強化我國資本市場國際競爭力，金管會於2020年8月25日，宣布「公司治理3.0──永續發展藍圖」正式啟動。

　　該計劃以下列五大主軸為中心，合計39項具體推動措施，重點摘要如下：

一.強化董事會職能，提升企業永續價值

　　1.董事會成員多元化

　　(1)推動上市櫃公司獨立董事席次不得少於董事席次之三分之一。

　　(2)推動上市櫃公司設置提名委員會。

　　(3)董事會多元化資訊之揭露。

　　2.強化董事會之職能。

　　(1)推動上市櫃公司導入企業風險管理機制。

　　(2)推動上市櫃公司進行功能性委員會績效評估。

　　(3)提供多元化的董事進修規劃。

　　(4)擴大強制設置公司治理主管及強化其職能。

　　(5)推動興櫃公司投保董監事責任保險。

　　3.強化獨立董事及審計委員會職能及獨立性。

　　(1)推動上市櫃公司獨立董事半數以上連續任期不得逾三屆。

　　(2)訂定獨立董事及審計委員會行使職權參考範例。

　　(3)推動上市櫃公司每季財務報表需經審計委員會同意。

　　(4)強化獨立董事獨立性之揭露。

　　4.落實董事會之當責性

　　(1)促進董事薪酬資訊透明化與合理訂定。

　　(2)推動非營業活動之關係人交易於股東會報告。

二.提高資訊透明度，促進永續經營

　　1.強化上市櫃公司ESG資訊揭露。

　　(1)參考國際準則Task Force on Climate-related Financial Disclosures（簡稱TCFD）規範強化永續報告書揭露。

　　(2)參考國際準則規範Sustainability Accounting Standards Board（簡稱SASB）強化永續報告書揭露。

(3)擴大永續報告書編製之公司範圍。

(4)擴大永續報告書第三方驗證之範圍。

(5)修改現行企業社會責任（CSR）報告書之名稱為永續報告書（Sustainability Report or ESG Report）並推動發布英文版永續報告書。

2.提升上市櫃公司資訊揭露時效及品質。

(1)推動上市櫃公司公布自結年度財務資訊。

(2)推動上市櫃公司縮短年度財務報告公告申報期限。

(3)推動審計品質指標（AQI）。

三.強化利害關係人溝通，營造良好互動管道

1.強化上市櫃股東會運作

(1)研議強化自辦股務公司股務作業之中立性及提升電子投票結果之資訊透明度。

(2)逐步調降上市櫃公司每日召開股東常會之公司家數上限。

(3)提前上傳股東會議事手冊及股東會年報資訊。

(4)即時公告申報股東會議案表決情形。

(5)推動興櫃公司採行電子投票。

2.法人說明會召開方式多元化，擴大投資人參與。

3.強化公開資訊觀測站及公司網站公司治理資訊之揭露。

四.接軌國際規範，引導盡職治理

1.擴大盡職治理產業鏈。

(1)建立國際投票顧問機構與上市櫃公司議合機制。

(2)參考國際規範研議訂定投票顧問機構（Proxy Advisor）之盡職治理守則。

2.引導機構投資人落實盡職治理。

(1)鼓勵機構投資人揭露盡職治理資訊。

(2)設立機構投資人盡職治理公司評比機制。

(3)強化政府基金影響力，提升盡職治理。

五.深化公司永續治理文化，提供多元化商品

1.規劃建置永續板，推動永續發展相關債券。

2.持續視市場使用者需求，研議推動永續相關指數商品。

3.持續檢討公司治理評鑑指標，強化評鑑效度。

4.持續宣導公司治理及企業社會責任

「公司治理3.0──永續發展藍圖」五大主軸

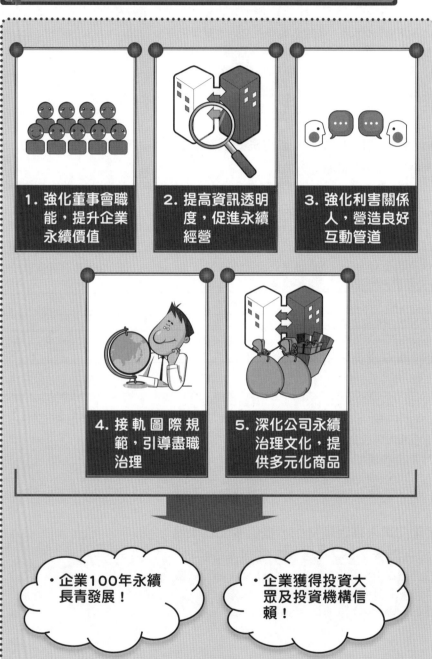

1. 強化董事會職能，提升企業永續價值

2. 提高資訊透明度，促進永續經營

3. 強化利害關係人，營造良好互動管道

4. 接軌國際規範，引導盡職治理

5. 深化公司永續治理文化，提供多元化商品

・企業100年永續長青發展！

・企業獲得投資大眾及投資機構信賴！

第12章

投資報酬率計算方法

 章節體系架構 ▼

Unit **12-1**
評估投資計畫報酬率的方法 Part I

　　投資的定義在於用最保險的方式，做最有利的長期資金布局，並以複利的方式以錢滾錢來賺取更多錢的行為。這也就是巴菲特所說的價值投資法「複利的威力大如原子彈」的原意。因為複利的前提需建立在倍數的增加，但公司能這樣發展的少之又少，因此需要制定投資計畫與退場機制才能有效率的執行投資，才能得到鉅額的財富與利潤，所以得經由細心尋找、評估、分析、判斷、執行紀律、耐性、資金分配與定期關注競爭力與營收能力，才能真正達到投資複利獲利目的。

　　目前企業最常用的投資計畫報酬率的評估方法有五種，由於內容豐富，特分兩單元介紹其計算公式與優缺點，以期讀者能靈活運用於實務上。

一.平均報酬率

　　平均報酬率（Average Rate of Return, ARR），有時亦稱為會計報酬率，係測度投資計畫之稅後平均純益與其現金流出間之關係，其公式請參右圖。

　　平均報酬率法的優點在於容易計算，利用會計報表上之純益而非現金流量，故此法經常為一般企業當作評估的方法；其缺點在於計算時忽略了現金流量、資金成本及貨幣的時間價值。

二.投資回收期

　　投資回收期（Payback Period），係指企業從其所獲報酬（現金流量）中收回投資支出所需之期數，此種方法是簡單而常用的一種。假設現有兩項投資計畫A及B，其投資支出各為1萬元，資金成本為10%，計畫A及B將來各年之收入如右表，我們發現計畫A的投資回收期為$2\frac{1}{3}$年，而計畫B的投資回收期為四年。如果企業採用三年為投資回收期，則應採納計畫A，否決計畫B。一般商業常採用三年、四年或五年為投資回收期。

　　投資回收期法的計算雖然相當容易，但會導致錯誤的決定，即忽略成本收回以後之收入，及未考慮資金成本及收入的時間價值。

三.淨現值法

　　淨現值法（Net Present Value, NPV），就是把投資計畫未來各期的淨現金流量，以資金成本為貼現率折成現值加總後減期初成本，其公式請參右圖。

　　此法消除平均報酬率、投資回收期兩法缺點，考慮到投資計畫全部使用年限間之支出及現金流量的時間。利用此法評估各項投資計畫，只要其淨現值（NPV）為正則可採納；若其淨現值為負則應拒絕採納。假若兩項投資計畫為互斥，則應選擇淨現值較高之計畫。

評估投資計畫報酬率5方法

1.平均報酬率法

→選擇較高報酬比率　$ARR = \dfrac{ANI}{C}$

ANI＝投資計畫之平均稅後純益　C＝投資計畫之資本支出

> 舉例　有一項投資計畫之投資為30,000元，其稅後純益為2,850元，則其平均報酬率為：　$ARR = \dfrac{2,850}{30,000} = 9.5\%$

2.投資回收年限法

→選擇較快年限回收的案子

> 舉例　現有兩項投資計畫A及B，其投資支出各為10,000元，資金成本為10%，計畫A及B的將來各年之收入如下：

年 期	計畫 A	計畫 B
1	$5,000	$1,000
2	$4,000	$2,000
3	$3,000	$3,000
4	$2,000	$4,000
5	$1,000	$5,000
6		$6,000

由上表可知，計畫A的投資回收期為$2\frac{1}{3}$年，而計畫B的投資回收期為4年。如果企業採用3年為投資回收期，則應採納計畫A，否決計畫B。

3.淨現值法

→淨現值扣除成本，愈高愈好

$$NPV = \frac{R_1}{(1+K)^1} + \frac{R_2}{(1+K)^2} + \cdots + \frac{R_n}{(1+K)^n} - C = \sum_{t-1}^{n} \frac{R_t}{(1+K)^t} - C$$

R_t＝在t年之收益或淨現金流量　　C＝投資計畫期初成本
K＝投資計畫之資金成本　　　　　n＝投資計畫預期存續年限

4.內在報酬率法

5.投資報酬率

Unit **12-2**
評估投資計畫報酬率的方法 Part II

　　前文介紹三種評估投資計畫報酬率的方法，即平均報酬率法乃是用來選擇較高報酬比率；投資回收年限法則是用來選擇較快年限回收的案子，以及淨現值扣除成本後，愈高代表愈好。再來我們要繼續介紹其他兩種評估方法，以期讀者能有一全面性了解。

四.內在報酬率法

　　內在報酬率（Internal Rate of Return, IRR）是指使未來預期現金流量或收益的現值等於計畫投資支出的一種貼現率。推估此貼現率的方程式請參右圖。

　　方程式中，有一個 r 值能使收益現值總和等於計畫的投資支出，因而使此方程式等於零，所以 r 定義為內在報酬率，r 解即為IRR。內在報酬率只是使NPV＝0的一種貼現率。在淨現值（NPV）法中，貼現率為一特定值而求解其NPV；在內在報酬率（IRR）法中，先設定NPV等於零，而求解 r 值，使NPV＝0。

　　計算內在報酬率可用試誤法（Trial and Error），首先任選一利率計算投資所獲現金流量現值。接著比較所求得現值與投資成本，若現值大於成本，再試用較高貼現率以同樣之程序求其現值；若現值低於成本，則用較低利率貼現，這種程序一直進行到投資所獲得現金流量之現值等於成本時為止。這種使兩種相等之貼現率稱為內在報酬率。

五.投資報酬率

　　所謂「投資報酬率」（Return on Investment, ROI）係指公司對某件投資案或新業務開發案，所投入的總投資額，然後再看其每年可以獲利多少，而換算得出的投資報酬率。當然在核算投資報酬率時，最正規的是用IRR方法（內在投資報酬率試算法）。只要一個投資報酬率高於利率水準，就算是一個值得投資的案子。這是指公司用自己的資金投資，或是向銀行融資借貸的資金投資，都還能賺到超過銀行的利息支付，那當然就值得投資了。

　　此外還有計算「投資回收年限」，亦即這個投資總額，要花多少年的獲利累積，才能賺回當初的總投資額。例如：某項大投資耗資1,000億元，若自第三年，每年平均可賺100億元，則估計至少十年才能賺回1,000億。此外，還要彌補前二年的虧損才行。

　　當然，當初試算的投資報酬率是一個參考指標，另外必須考慮到其他戰略上的必要性。有時投資報酬率不算很好的案子，但公司也決定做，即可能有其他非常重要性、策略性考量，才迫使公司不得不去投資，例如：投資上游的原物料或關鍵零組件工廠，以保障上游採購來源。

　　另外，投資報酬率只是假設試算，事實上隨著國內外經濟、產業、技術、競爭等變化，當初試算的投資報酬率可能無法達成或變得更高而提前回收，這都是有可能的。

評估投資計畫報酬率5方法

1.平均報酬率法
→選擇較高報酬比率

2.投資回收年限法
→選擇較快年限回收的案子

3.淨現值法
→淨現值扣除成本，愈高愈好

4.內在報酬率法
→選擇較高IRR案子或IRR應達多少比率以上

$$\frac{R_1}{(1+r)^1}+\frac{R_2}{(1+r)^2}+\cdots+\frac{R_n}{(1+r)^n}-C=0 \text{ 或 } \sum_{t-1}^{n}\frac{R_t}{(1+r)^t}-C=0$$

5.投資報酬率
→核算投資報酬率時，最正規的是用IRR方法

227

(1)投資報酬率＝（期末淨值－期初投資）／期初投資

★簡單說就是投資標的賺或賠相當於投資金額的百分比。10%的投資報酬率代表賺了投資額的一成。所以如果投資100萬就相當於賺了10萬。那麼100%的投資報酬率也可以說等於賺了一個資本。

(2)投資回收年限的計算

★這個投資總額，要花多少年的獲利累積，才能賺回當初的總投資額。

舉例　某項大投資耗資1,000億元，若自第三年，每年平均可賺100億元，則估計至少十年才能賺回1,000億。此外，還要彌補前二年的虧損才行。

Unit **12-3**
投資報酬率方法的優缺點彙整

實務上，一般的投資報酬率（Return on Investment, ROI）的計算方法有四種，茲分述之。

一.收回期間法

收回期間法（Payback Method）係指所投入資金額，在多少年內即可收回。茲將其優缺點分析如下：

(一)優點：即具有計算簡單容易與可確定收回原投資所需時間等兩種優點，對於小企業及流動狀況不佳的企業特別重要。

(二)缺點：即具有忽略貨幣的時間價值、忽略回收時間以後可產生的收入，及忽略投資殘值等三種缺點。

二.平均期望報酬率法

平均期望報酬率法（ROI Method）乃是將各種資金運用方案按報酬率大小依次排列，加以比較，其計算公式為ROI＝淨利額／投資額。茲將其優缺點分析如下：

(一)優點：即具有容易自會計資料中取得所需資料與考慮到整個投資使用期間的收入等兩種優點。

(二)缺點：即具有忽略貨幣的時間價值之唯一缺點。

三.現值法

現值法（Present Value Method）係指將歷年收入，按某一利率計算其現值，然後比較選擇其方案收入之現值較大者，以期獲致最大利潤。茲將其優缺點分析如下：

(一)優點：即具有考慮到貨幣的時間價值與考慮到投資計畫整個使用期間之收益兩種優點。

(二)缺點：即具有計算較為繁複與各種投資計畫之選擇如遇使用年限不等情況，則本法難以適用等兩種缺點。

四.折現收回法

折現收回法（Discounted Payback Method）係指求算某一利率下（報酬率）所可收回之各年現值總合，使其相等於該投資總額之方法。茲將其優缺點分析如下：

(一)優點：即具有考慮到貨幣的時間價值、考慮到整個投資計畫使用期間的收益，以及以百分率表示，較現值法更有意義等三種優點。

(二)缺點：即具有計算較為繁複之唯一缺點。

投資報酬率方法的優點VS.缺點

4種ROI方法的優缺點

優點	VS.	缺點

1.收回期間法

・計算簡單容易。 ・可確定收回原投資所需時間,對於小企業及流動狀況不佳的企業特別重要。	・忽略貨幣的時間價值。 ・忽略回收時間以後可產生的收入。 ・忽略投資殘值。

2.平均期望報酬率法

・容易自會計資料中取得所需資料。 ・考慮到整個投資使用期間的收入。	・忽略貨幣的時間價值。

3.現值法

・考慮到貨幣的時間價值。 ・考慮到投資計畫整個使用期間之收益。	・計算較為繁複。 ・各種投資計畫之選擇如遇使用年限不等情況,則本法難以適用。

4.折現收回法

・考慮到貨幣的時間價值。 ・考慮到整個投資計畫使用期間的收益。 ・以百分率表示,較現值法更有意義。	・計算較為繁複。 

第13章

企業併購

Unit **13-1**
企業追求成長的方式

企業追求成長的方式，大致可以區分為內部成長與外部成長兩大類型。

所謂內部成長（Internal Growth），就是擴張任何事業，均由企業自身力量來進行，例如：海外投資設廠。

而外部成長（External Growth），就是向外部公司進行併購或策略聯盟合作。

這兩種方式，對大型跨國企業而言，經常會融合使用，而達成最快速的企業成長需求。

為使讀者對企業追求成長的兩種方式有更進一步認識，茲再分述如下。

一.內部成長

企業不斷的透過企業自身經營能力提升及經營資源的強化，達到擴充企業規模及增強企業的核心競爭優勢。一般常見的內部成長策略有：知識產權的收買、直接設廠和合資型策略聯盟等。

二.外部成長

企業捨棄「從頭做起」（Greenfield）的內部成長，透過借力使力的方式，兼併或控制其他企業個體，迅速地借助別人的成功經驗且降低企業本身的學習時間與成本，來達到擴充企業規模及增強企業核心競爭能力。一般常見的外部成長策略有：策略聯盟和企業合併與收購。

小博士解說

什麼是併購？

- 我國政府為利企業以併購進行組織調整，發揮企業經營效率，特制定企業併購法，以資適用。該法中提到的「公司」係指依公司法設立之股份有限公司而言。
- 然而什麼是「併購」呢？依企業併購法規定，所謂併購係指公司之合併、收購及分割三種。茲將這三種名詞依企業併購法規定摘述如下：
- 所謂「合併」係指參與之公司全部消滅，由新成立之公司概括承受消滅公司之全部權利義務；或參與之其中一公司存續，由存續公司概括承受消滅公司之全部權利義務，並以存續或新設公司之股份、或其他公司之股份、現金或其他財產作為對價之行為。
- 所謂「收購」係指公司依法取得他公司之股份、營業或財產，並以股份、現金或其他財產作為對價之行為。
- 所謂「分割」係指公司依規定將其得獨立營運之一部或全部之營業讓與既存或新設之他公司，作為既存公司或新設公司發行新股予該公司或該公司股東對價之行為。

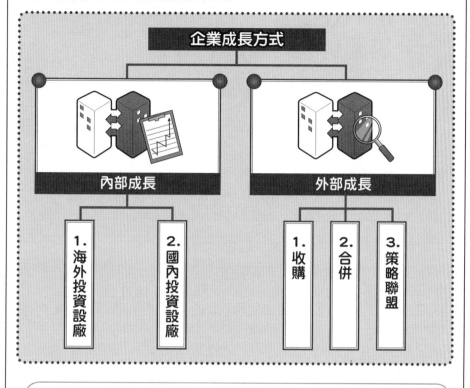

企業追求成長2大方式

企業成長方式

內部成長

1. 海外投資設廠
2. 國內投資設廠

外部成長

1. 收購
2. 合併
3. 策略聯盟

策略聯盟

知識補充站

- 策略聯盟（Strategic Alliances）又稱為夥伴關係（Partnership），乃指組織之間為了突破困境、維持或提升競爭優勢，而建立的短期或長期的合作關係。原是企業界提升競爭力的重要策略，目的在透過合作關係，共同化解企業本身的弱點、強化本身的優點，以整體提升企業的競爭力。美國企業界在1970年代之後面臨日本企業的強大挑戰，不僅部分企業相繼關閉，部分知名企業也面臨空前的壓力。企業專家為協助各企業維持其既有的競爭優勢，發展出策略管理理論，研擬有效的策略，而策略聯盟就是其中比較常被採用的策略。

- 企業界策略聯盟的最終目的在於尋求企業間的互補關係，亦即企業本身比較缺乏的部分，可以透過合作的方式加以強化。例如：規模較小的個別商店在面臨同業競爭之後，容易造成經營的困難，如加以結盟就可以達到擴大規模的效果；再如，研發力強的企業，資源可能不見得充足，如果與製造業合作，不僅可以獲得資金，研發過程的實驗、結果的推廣等方面的需求，也都可以獲得滿足，而製造業本身也可以減少研發成本，並投注較多心力在產品品質管制上，可謂互蒙其利。

Unit **13-2**
跨國併購的動機 Part I

　　企業的國際化可透過跨國併購迅速完成，因此企業國際化可說是跨國併購的主要動機。跨國併購的動機相較於國內併購，除了企業內部資源整合及併購綜效利益外，主要在於拓展國外市場或突破貿易及投資障礙，其原因可歸納為十二點，由於內容豐富，特分兩單元介紹。

一.保障原料的供給

　　在原料缺乏的國家，為了確保原料的供給來源，必須從事對外投資，或為了防止原料被人控制，以致無法經營，必須直接投入上游的生產作業，以確保其來源。

二.突破貿易或非貿易障礙並減少對出口的依賴

　　例如：關稅、外銷配額等貿易障礙。由於各國政府可能採取高關稅的保護政策，保護國內企業，況且近年來地區性的經濟聯盟，對非會員的產品輸入，一律課以高關稅，因此企業唯有到經濟聯盟的國家投資，才能避免高關稅的阻礙，享受會員國的優惠待遇，並減少對出口的依賴。

三.尋求市場的擴張

　　由於國內市場有限，或國內市場成長緩慢，採取直接對外投資或在國外設立銷售子公司，或利用本身的技術、管理及商譽在國外設廠製造，以求取較高利潤。

四.保障本身原有市場地位

　　透過多國籍企業的優越性，一方面可擴展國外市場，另一方面可利用國外低廉的勞力、原料所製造的產品，以較低的價格回銷國內，保衛國內的市場地位。

五.分散風險

　　一家公司在國內的銷售或供應來源，可能因國內經濟的波動、罷工或供應來源受到威脅而出現困境，如果在國外各地進行多角化的投資，當可分散風險，穩定經營。多角化又可分為產品線的多角化及地理上的多角化。

小博士解說

多角化經營

簡單來說，多角化經營是指企業儘量增加產品大類和品種，跨行業生產經營多種多樣的產品或業務，擴大企業的生產經營範圍和市場範圍，充分發揮企業特長，充分利用企業的各種資源，提高經營效益，保證企業的長期生存與發展。

企業跨國併購的動機

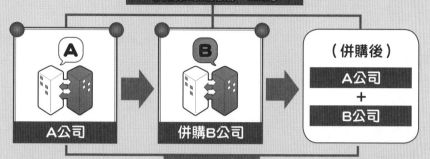

併購的動機／目的

A公司 → 併購B公司 → （併購後）A公司 ＋ B公司

動機？目的？

1.保障原料供給

→(1) 在原料缺乏的國家，為了確保原料的供給來源。
(2) 為了防止原料被人控制，必須直接投入上游的生產作業，以確保其來源。

2.突破外國貿易障礙

→(1) 例如：關稅、外銷配額等貿易障礙。
(2) 企業唯有到經濟聯盟的國家投資，才能避免高關稅的阻礙，並減少對出口的依賴。

3.尋求國內外市場擴張

→(1) 採取直接對外投資或在國外設立銷售子公司，以擴張成長。
(2) 利用本身的技術、管理及商譽在國外設廠製造，以求取較高利潤。

4.保護既有市場地位

→(1) 可擴展國外市場。
(2) 可利用國外低廉的勞力、原料所製造的產品，以較低的價格回銷國內，保衛國內市場地位。

5.分散風險

→(1) 一家公司在國內的銷售或供應來源，可能因國內經濟的波動、罷工或供應來源受到威脅而出現困境。
(2) 透過國外各地進行多角化的投資，當可分散風險，穩定經營。

6.財務面潛在利得	7.獲取新技術、新產品
8.獲得下游通路權	9.取得低成本勞力資源
10.商譽的取得	11.政治及經濟的穩定性
12.促進企業不斷成長需求	

235

Unit **13-3**
跨國併購的動機 Part II

跨國併購投資活動，就是利用傳統經濟理論中的比較利益原理。由於併購投資乃屬於企業行為，故在基本併購實務方面，需要有周詳的規劃外，並且於行動前針對企業本身投資動機有一番充分的認識與了解。

因此除了前文提到的五點動機外，本單元要再介紹其他七點動機，以供參考。

六.財務方面的利益

多國籍企業可以設立財務中心，以調度個別子公司的借貸款、外匯買賣、訂定內部移轉價格及租稅規劃，以使資金能夠靈活運用或減少稅賦等財務支出。

七.引進新技術或新產品

企業可從整體利益的考量，直接引進母公司的產品或技術，不必由公司內部從頭做起，也不必像一般當地企業必須向外尋找技術合作對象，不論在成本或時間上，都可以獲致相當大的節省利益。

八.配合原料及最終產品的性質

例如：食品公司生產所需的原料不耐久儲存及長途運輸，公司可到國外適當地點設置生產及分配單位，藉以就近使用原料或提供新鮮食品。

九.取得低廉且具生產力的勞力資源

若本國工資過於昂貴，可透過跨國併購，取得較低廉但仍具生產力的勞力資源。

十.商譽的取得

例如：高科技產業的併購，往往著重於其無形的智慧財產權或商譽的取得。

十一.政治及經濟的穩定性

若一國發生政權不穩定、社會暴動、工會罷工等重大事項，會嚴重衝擊到當地投資行為、經濟發展及金融穩定。可見政治影響經濟，風險巨大，因此企業如擬到高政治風險之國家進行投資前，必須謹慎評估為宜。反過來說，若投資當地國之政治及經濟相當穩定，則有助於企業長期投資之規劃。

十二.達成企業成長的目標

所謂達成企業成長的目標乃包括達成企業長期之策略目標、在國內市場飽和後向外擴展並維持國內之市場占有率，以及規模經濟。

企業跨國併購12動機

1.保障原料供給

2.突破外國貿易障礙

3.尋求國內外市場擴張

4.保護既有市場地位

5.分散風險

6.財務面潛在利得

→(1) 可設立財務中心，調度個別子公司的貸借款、外匯買賣、訂定內部移轉價格及租稅規劃等。
　(2) 上述方法可使公司資金靈活運用或減少稅賦等財務支出。

7.獲取新技術、新產品

→(1) 企業可從整體利益的考量，直接引進母公司的產品或技術。
　(2) 不論在成本或時間上，都可以獲致相當大的節省利益。

8.獲得下游通路權

→例如：食品公司生產所需的原料不耐久儲存及長途運輸，公司可到國外設置生產及分配單位，就近使用原料。

9.取得低成本勞力資源

→若本國工資過於昂貴，透過跨國購併，即可取得較低廉但仍具生產力的勞力資源。

10.商譽的取得

→例如：高科技產業的併購，往往著重於其無形的智慧財產權或商譽的取得。

11.政治及經濟的穩定性

→若一國發生政權不穩定、社會暴動、工會罷工等重大事項，會嚴重衝擊到當地投資行為、經濟發展及金融穩定。

12.促進企業不斷成長需求

→(1) 達成企業長期之策略目標。
　(2) 在國內市場飽和後向外擴展，並維持國內之市場占有率。
　(3) 規模經濟。

Unit **13-4**
併購的類型與實地審查

當今經濟全球化下，企業為追求快速成長，併購已成企業實現發展的一條捷徑。本文即針對併購類型及如何確保併購案的價值性、合宜性及法律性說明之。

一.併購的類型

併購類型（Merger and Acquisition, M&A）包括了收購與合併兩種不同法律特性的行為，其分類如下：

(一)資產收購（Purchase of Assets）：買方公司向賣方公司收購全部或部分資產，例如：收購工廠、土地、商標、機器設備等。

(二)股權收購（Purchase of Stock）：即指收購股票，包括在證券市場或向個別大股東收購股票或互換股票（Swap）。

(三)吸收合併（Merger by Absorption）：係指企業經合併以後，其中一公司存續，其他公司消滅的情形，而存續公司則全面承擔被合併公司之權利義務。例如：A公司與B公司合併後，A公司繼續存在。

(四)新設合併（Merger by Creation）：係指參與合併的所有公司均消滅，而另成立一家新公司，並由新公司承擔所有消滅公司的權利義務。例如：A公司與B公司合併後，成立新的C公司。

二.併購的「實地審查」

併購案的買方，為確保併購案的價值性、合宜性及法律性，必須進行併購的「實地審查」（Due Diligence, DD），其範圍大致有三類：

(一)經營審查（Commerce Diligence）：包含有1.市場分析、競爭分析、產業前景分析；2.公司組織、經營範圍（產品、市場地區、客戶）；3.公司目標、策略、核心能力；4.管理階層的品質（經營團隊）；5.生產廠房、機器設備、產能規模、產能利用率；6.研發、技術、品管、專利權、商標權；7.資訊管理、網際網路；8.採購管理；9.行銷、業務；10員工素質；11.董事會，以及12.組織文化、企業文化等。

(二)財務會計審查（Financial & Accounting Diligence）：包含有1.內部會計控制及財務報表設備與使用情形；2.短、中、長期財務規劃情況；3.資金管理的功能、程序；4.投資決策及效益；5.營運資金水準及現金流量；6.財會部門人數與素質；7.財會資訊化程度；8.稽核循環情況；9.短、中、長期債務情況，以及10.諮詢賣方公司往來的會計師、律師、銀行，了解有無影響賣方公司的重大財務及法律案件等。

(三)法律事項實地審查（Law Diligence）：包含有1.證券交易法；2.反托拉斯法（公平交易法）；3.勞工法（勞基法）；4.投資法；5.公司法；6.各種稅賦法；7.票據法；8.公司債法；9.商標法；10.專利權法；11.促進產業升級條例法；12.公司併購法；13.金融控股公司法；14.金融資產證券化法，以及15.電信法等。

併購的類型與實地審查

併購2大類型

- **1.收購**
  - (1) 資金收購
  - (2) 股權收購
  - (3) 股權互換
- **2.合併**
  - (1) 吸收合併
  - (2) 新設合併

239

實地審查（DD）3大類型

併購案的買方，為確保併購案的價值性、合宜性及法律性，必須進行併購的實地審查。

1.經營面審查

- ・市場分析、競爭分析、產業前景分析
- ・公司組織、經營範圍
- ・公司目標、策略、核心能力
- ・管理階層的品質
- ・生產廠房、機器設備、產能規模、產能利用率
- ・研發、技術、品管、專利權、商標權
- ・資訊管理、網際網路
- ・採購管理
- ・行銷、業務
- ・員工素質
- ・董事會
- ・組織文化、企業文化

2.財務會計面審查

- ・內部會計控制及財務報表設備與使用情形
- ・短、中、長期財務規劃情況
- ・資金管理的功能、程序
- ・投資決策及效益
- ・營運資金水準及現金流量
- ・財會部門人數、素質
- ・財會資訊化程度
- ・稽核循環情況
- ・短、中、長期債務情況
- ・諮詢賣方公司往來的會計師、律師、銀行，了解有無影響賣方公司的重大財務及法律案件

3.法律面審查

→實地進行是否符合各種經營管理相關法律規定之審查。

Unit **13-5**
企業價值的評估方法

有關企業價值的評估方法很多，實務上併購常用的價值評估方法，大致有以下四種，茲分別說明之。

一.市場比較法

市場比較法（或稱市場價值法、市價法）適合用來評估以下三種情形，即1.相似公司最近購併的價格；2.初次公開發行價格（Initial Public Offerings, IPO），以及3.公開交易的公司股價（上市、上櫃或興櫃公司股價）等。

二.淨值法

淨值法（又稱會計評價法或資產法）的評價基準如下：

(一)清算價值（Liquidation Value）：是指公司撤銷或解散時，資產經過清算後，每一股份所代表的實際價值。在理論上，清算價值等於清算時的帳面價值，但由於公司的大多數資產只以低價售出，再扣除清算費用後，清算價值往往小於帳面價值。

(二)淨資產價值（Net Asset Value）：是指總資產減去負債後之淨資產價值，亦稱為淨值（即Assets－Debts＝Equity）。

(三)重估後帳面價值：重估有形資產及無形資產的合理（Fair）市價。

三.現金流量折現法

現金流量折現法（Discounted Cash Flow, DCF）之進行步驟如下：1.預測賣方公司未來十年或十五年時間的財務損益績效；2.在每一個財測年度，算出淨現金流量，無論是正的或負的；3.估計賣方公司風險調整後的權益資金成本；4.以資金成本必要報酬率（或稱加權資金成本）作為折現率，來折算各期現金流量，並予以加總；5.前項總值減掉賣方公司負債現值，以及6.上述折現現金流量加上非營運資產現值，扣除非營運負債現值，即可得到賣方公司的權益價值現值。

四.獲利倍數法

獲利倍數法其實較為簡易，即買方願意出「多少倍」購買賣方公司目前的獲利，用以衡量未來該公司的總獲利，例如：某家電子廠每年能賺5億元，若用十倍來買，即買價就是50億元。

至於倍數多少，要看不同產業及不同公司而定，有八倍、十倍，也有十五倍。另外，有些產業適用的獲利定義，係使用EBITDA（Earnings Before Interest, Taxes, Depreciation and Amortization, EBITDA：稅息折舊及攤銷前利潤）獲利額，即扣除折舊、攤提及利息之前的獲利額，包括電信、有線電視及網路產業等業別均適用。

企業價值評估4方法

併購下的企業價值？

1.市場價值法

(1) 相似公司最近併購的價格
(2) 初次公開發行價格
(3) 公開交易的公司股價（上市、上櫃或興櫃公司股價）

2.淨值法（會計評價法或資產法）

(1) 清算價值
　　→公司撤銷或解散時，資產經過清算後，每一股份所代表的實際
　　　價值。
(2) 淨資產價值（淨值）
　　→總資產減去負債後之淨資產價值，即Assets－Debts＝
　　　Equity。
(3) 重估後帳面價值
　　→重估有形資產及無形資產的合理（Fair）市價。

3.現金流量折現法

START

(1) 預測賣方公司未來10年或15年時間的財務損益績效。
↓
(2) 在每一個財測年度，算出淨現金流量，無論正或負。
↓
(3) 估計賣方公司風險調整後的權益資金成本。
↓
(4) 以資金成本必要報酬率作為折現率，折算各期現金流量，並予
　　以加總。
↓
(5) 前項總值減掉賣方公司負債現值。
↓
(6) 上述折現現金流量加上非營運資產現值，扣除非營運負債現
　　值。
↓
賣方公司的權益價值現值

4.獲利倍數法

(1) 買方願意出「多少倍」購買賣方公司目前的獲利，用以衡量未
　　來該公司的總獲利。
(2) 倍數多少，要看不同產業及不同公司而定；一般為10倍～15
　　倍之間。
(3) 有些產業適用的獲利定義，係使用稅息折舊及攤銷前利潤。

Unit **13-6**
併購的成功因素及其流程

　　企業併購是一個進入市場最迅速的手段，但在進行跨國併購，除須有整體的策略及目標規劃外，還要注意什麼呢？

一.美國財經雜誌的調查

　　企業展開收購行動時，可參考美國《商業周刊》歸納成功的企業收購的關鍵因素，以增加企業收購行動的成功性。

　　美國《商業周刊》調查顯示企業若要成功完成併購行動，以下是不能忽視的關鍵點，即1.收購行動必須符合收購方的經營策略目標；2.徹底了解被收購方的產業特性；3.徹底調查收購方的底細；4.收購決策假設要切合實際；5.收購價格要合理，不可買貴；6.收購資金的籌措，要注意不要貸款太多，且避免借錢購買，以及7.收購後的整合與改善行動要妥善且迅速進行。

二.其他學者的研究

　　另外，也有其他學者的研究顯示，成功的跨國併購，必須基於下列幾項原因，即1.能夠尋求到優越的適當對象或夥伴；2.必須評估併購對象的競爭優勢地位究竟為何；3.考量文化相容性（Cultural Compatibility）；4.考量到兩家公司的結構；5.必須有值得利用的資源，例如：品牌、通路、技術、專利、財務或公司信譽或人才資源等；6.考量該公司現在及未來股價的高低預測，以及7.應仔細規劃併購之後的相關程序及事宜。

三.跨國併購失敗的原因

　　企業成功跨國併購的案例雖已不勝枚舉，但實務上仍有失敗的案例。根據多項研究顯示，跨國併購失敗的原因，主要有下列幾點，即1.缺乏對內部及外部環境的深入研究；2.雙方文化的不相容性，互斥性太高；3.雙方缺乏良性溝通，以及4.被併購公司有很大的財務問題及市場問題的雙重存在。

四.併購執行程序

　　上述分別提到企業跨國併購成功與失敗的關鍵因素，如果失敗原因已被完全克服及排除後，接下來企業要如何進行呢？有以下幾個步驟與大家分享。

　　首先，就是與想要併購的公司進行初步接觸，再來對該公司的價值初步評估後，即開始策略擬定及協商——這步驟的主要工作內容是確定新經營團隊、跟銀行協商貸款、裁撤計畫及承受契約的擬定。

　　再來是買賣雙方要簽定保密協定同意書，然後買方進行實地審查無誤後，即進行雙方的交易，主要架構在融資的安排、租稅的計畫、換股的計畫等，緊接著擬定併購契約並敲定基準日，最後進行結案及交割文件等手續。

併購的成功因素及其流程

美國《商業周刊》的調查

1. 收購行動必須符合收購方的經營策略目標。

2. 徹底了解被收購方的產業特性。

3. 徹底調查收購方的底細。

4. 收購決策假設要切合實際。

5. 收購價格要合理，不可買貴。

6. 收購資金的籌措，要注意不要貸款太多，且避免借錢購買。

7. 收購後的整合與改善行動要妥善且迅速進行。

併購執行8程序

1.初步接觸

2.價值初步評估

3.策略擬定及協商

★主要工作內容：
・確定新經營團隊
・跟銀行協商貸款
・裁撤計畫
・承受契約

4.簽定保密協定同意書

5.實地審查
(Due Diligence)

6.交易架構

★主要工作內容：
・融資安排
・租稅計畫
・換股計畫

7.併購契約及基準日

8.結案及交割文件

跨國併購失敗的原因

1. 缺乏對內部及外部環境的深入研究。

2. 雙方文化的不相容性，互斥性太高。

3. 雙方缺乏良性溝通。

4. 被併購公司有很大的財務問題及市場問題的雙重存在。

Unit 13-7
股權收購的三種方式

前文提到併購類型（Merger and Acquisition, M&A）包括了收購與合併兩種不同法律特性的行為，而有三種分類，其中一分類即為股權收購（Purchase of Stock），而股權收購又分成三種方式，以下我們分別說明之。

一.購買對方老股

如果是上市櫃公司，由於策略聯盟基本上不會屬於非善意收購，因此公開收購基本上比較不適於採用，除非策略聯盟的股權比率必須在短時間內超過20%以上。不過，即使策略聯盟的股數超過20%，也建議上市公司以採取盤後拍賣的方式比較簡便（上櫃公司目前則無法適用）。如果策略聯盟的股權比率小於20%，上市櫃公司進行策略聯盟最好的交易方式，應為盤後鉅額交易，因為程序最為簡便，且又不會影響盤中交易價格。

至於一般盤中交易，則可能因為成交量過小，及內部人持股轉讓限制等問題，而使得策略聯盟進行過程時間加長，同時消息曝光後，可能還會影響到股價，且其優點又不及盤後鉅額交易，因此總括來說，上市櫃公司較佳的策略聯盟股權交易方式，應為盤後鉅額交易。

若是一般公開發行公司的股權交易，原則上就只有採取私下交易，因此也沒有其他方式可供選擇，惟必須注意的就是20%的比率限制。

二.認購發行公司新股

詢價圈購及私募因為由原股東放棄認購，因此公司可以直接找尋策略聯盟夥伴合作，其效果大於採行一般依原股東持股比率繳款認購，而原股東繳款不足時所洽的特定人更為顯著。

而再比較詢價圈購及私募這兩種制度，一般來說，如果公司的營運正常，且募集資金的價格和市場行情相差不大時，採取詢價圈購可能比較適合；如果公司的營運不佳，或所欲募集資金的價格和市場行情相差甚大時，採用私募可能比較適合，而且私募對於應募人的持股轉讓原則有三年限制，所以策略聯盟的效果會更佳。實務上，目前採取私募方式尋求策略聯盟者，多數均為公司營運不理想者。

三.股權交換

股權交換是企業間股份互換的一種契約行為，乃股份轉換制度，其不單是一種股權交換，而且也是企業開創組織再造的重要管道之一。然而股份轉換的本質係一種強制股東轉讓持股之立法設計。

因此在購併上，買方以股權交換方式收購賣方，其實並不需要現金流出，不過策略聯盟買方的資本額會因此而膨脹。

股權收購3方式

股權收購即指收購股票，包括在證券市場或向個別大股東收購股票或互換股票。

企業如何收購股權？

1.購買對方老股

(1) 如果是上市櫃公司，公開收購不適於採用，除非策略聯盟的股權比率短時間內超過20%以上。

(2) 策略聯盟的股數超過20%，也建議上市公司採取盤後拍賣方式比較簡便（上櫃公司目前無法適用）。

(3) 策略聯盟的股權比率小於20%，上市櫃公司應為盤後鉅額交易，因為程序簡便，又不會影響盤中交易價格。

總括來說，上市櫃公司較佳的策略聯盟股權交易方式，應為盤後鉅額交易。

2.認購發行公司新股

(1) 公司營運正常，且募集資金的價格和市場行情相差不大時，採取詢價圈購比較適合。

(2) 公司營運不佳，或所欲募集資金的價格和市場行情相差甚大時，採用私募比較適合。

3.股權交換（互換）

(1) 股權交換不需要現金流出。

(2) 策略聯盟買方的資本額會膨脹。

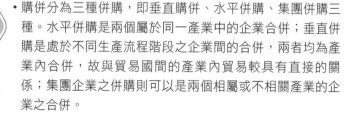

245

知識補充站

三種併購方式

• 購併分為三種併購，即垂直購併、水平購併、集團併購三種。水平併購是兩個屬於同一產業中的企業合併；垂直併購是處於不同生產流程階段之企業間的合併，兩者均為產業內合併，故與貿易國間的產業內貿易較具有直接的關係；集團企業之併購則可以是兩個相屬或不相關產業的企業之合併。

• 雖然理論上併購可以產生不同的效益，但在併購後企業的利潤、市場占有率、成長及生產力等之變動，是否因而受到影響，則有賴實際資料佐證。

Unit 13-8
併購方式的種類及收購對象分類

一.合併的方式

(一)存續合併（statutory）：係指兩家以上公司結合成一家，並於合併之後由其中一家公司作為存續公司，其他則為消滅公司。

(二)創設合併（consolidation）：指合併之後由參與合併者創設出一家新公司，而原公司皆為消滅公司。

此二種方式，依公司法第75條規定，因合併而消滅之公司，其權力、義務、債務及債權應由合併後存續或另立之公司承受之。

二.各類合併概述

(一)水平合併（Horizontal Mergers）：由同產業中從事類似業務之公司進行合併，提高市場占有率，以達到規模經濟及降低平均生產成本之效能。

(二)垂直合併（Vertical Mergers）：同一產業之上下游公司進行合併，向前整合（Forward Integration，下游併購上游）可掌握穩定之原物料或供貨來源；向後整合（Backward Integration，上游併購下游）可獲取更廣闊之銷售通路。

(三)同源合併（Congeneric Mergers）：由同產業中從事不同業務且無直接往來之公司進行合併，以強化各方不足而提升市場競爭力。

(四)複合合併（Conglomerate Mergers）：由不同產業公司進行合併，達到跨領域之發展。

三.收購的對象

(一)股權收購（Stock Purchase）收購股權是一種「購買一家公司股份」的投資方式，透過被收購企業股東股份之出售，或認購被收購企業所發行的新股兩種方式進行。前者金錢流入股東，後者金錢流入公司。收購對方相當比例之股權而取得經營控制權，即可稱之為takeover（接收）該企業，對於並未取得控制權之收購，則可直接稱之為「投資」，投資目的可能出於投資報酬率之考慮，但也常是為加強雙方合作關係而進行。

(二)資產收購（Asset Purchase）：收購其他公司資產時，由於並非購買被公司收購的股份，故不需承受被收購公司之債務，而僅是一般的資產買賣行為。在另一方面，被收購者若將全部資產出售，即可能無法繼續經營原來事業，因而公司被解散。收購股權與收購資產的主要差異，在於前者中，收購者將成為被收購公司之股東，自然承受該公司之一切債務，因此在此種股份買賣契約簽訂前，對於公司債務需調查清楚，收購後若又有未曾列舉之負債，可要求補償（在實務上，買方可要求部分支付價金以定期存單放置律師處等方式，用作收購後新增負債之補償）。

不過在負債之確定上，有些確定結果有賴未來不確定事項之發生，或發生後方能證實者，即所謂「或有負債」。在或有負債中，主要係因租稅爭訟、侵權行為（如侵害專利權、商標權）等可能造成之損失，以及對他人的債務提供保證所可能造成之賠償等。這些或有負債發生的可能性有多大，在整個收購價格決定上，確實很難估算。在資產得收購中，不會發生或有負債，而注重於每個資產的清點符合契約所載。在股份買賣契約之對方當事人為股東，而資產買賣之對方當事人為公司，在契約的對象上是不同的。一般，資產若有抵押貸款者，購買該資產時，常需連帶地負起償還借款的責任。

合併2種方式

1.存續合併　　或　　2.創設合併

合併4種細分

1.水平合併

2.垂直合併

3.同源合併

4.複合合併

收購2大方式

或

1.股權收購

2.資產收購

Unit **13-9**
併購策略思考點、選擇併購對象及併購價值評價方法之優缺點

一.擬定併購策略思考點

(一)併購所產生之綜效（synergy）：

1.財務(Finance)：可降低資本募集成本、增加現金流量及穩定性、分散風險。

2.策略(Management)：提升管理效能。

3.營運(Operation)：共享資源、技術移轉、整合產品線及分擔固定成本。

(二)規模經濟與市占率： 在水平併購之下，通常會提高市場佔有率，並有規模經濟之效益；但必須注意與反托拉斯法（Anti-Trust Law）牴觸之虞。

(三)標的公司價值的評估： 若低估則存在潛在利益，可考慮進行併購。

(四)稅負考量： 多半發生在併購初期，較少有長期利益。

併購處於虧損的標的公司，盈虧互抵可減少稅額。

併購後辦理資產重整，提高折舊費用，減少稅額。

併購後通常增加舉債能力，高額債利息而形成稅盾效果。

二.選擇併購對象的三種層面思考評估

(一)財務面： 考慮對方的資產規模、品質、獲利狀況。

(二)策略面： 選擇與本身具有相同文化、行銷、客戶群，業務具有互補性。

(三)營運面： 選擇組織管理相似、潛在營運綜效高。

三.價值、市場及風險評估

評價法	優　點	缺　點
(一) 現金流量折現法	1.以未來現金流量為基礎，考慮目標公司未來之營運績效與貨幣時間價值。 2.以目標公司的財務預估資料為基礎，避免流於主觀性的差異。	1.未來現金流量與殘值之估算不易，如併購雙方互信不足，則其評價參考性不大。 2.評價考慮之年限缺少客觀標準，且影響評價結果甚鉅。 3.折現所使用之資金成本估算不易，尤其對權益資金成本之計算爭議頗大。
(二) 帳面價值修正法	1.資產帳面價值已作適當調整，較易反應其市場公平價值。 2.就重置成本而言，一般均高於帳面價值，如能針對折舊與資產稀有性問題調整，更能精確反應資產價值。	若企業正處於萌芽階段或正處於成長期，其資產價值不高，則無法反應真實價值。
(三) 市場價值參考法	1.藉由市場資訊獲得對併購公司客觀性的評價。 2.可獲取其他有意併購該公司者，所願支付之價格。	1.忽略公司個別的異質性及相關隱藏資訊。 2.併購計畫通常為商業機密，較不易取得其他有意執行併購的公司資料。

併購價值3種評價方法

1. 現金流量折現法

2. 帳面價值修正法

3. 市場價值參考法

選擇併購對象的3種層面評估思考點

2.財務面評估

1.策略面評估

3.營運面評估

併購策略思考點

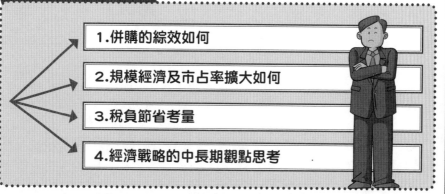

1.併購的綜效如何

2.規模經濟及市占率擴大如何

3.稅負節省考量

4.經濟戰略的中長期觀點思考

第 14 章

降低財務風險與建立內部控制

● 章節體系架構 ▼

Unit **14-1**
降低財務風險之方法 Part I

新竹科學工業園區管理局對於轄區內之企業，規定每月十五日以前，必須將上個月財務報表送交該局審閱。該局依各類業別，訂出合理範圍內之流動比例、負債比例、經營能力、獲利能力等經營指標，如有廠商超越警戒線者，立即告知改善。此種平時即建立經營預警制度的方法，值得業者參考。

實務上，降低財務風險之方法有九種，由於內容豐富，特分三單元說明之。

一.廠房及設備投保足額的保險

任何意外災害的發生都會使員工的生命、身體，以及公司的財產、資料受到傷害或損害。如果平時就投保足額的勞保、健保、團體平安險（人保）與火災保險（物保），則災害來臨時，即可獲得足額的理賠，但最根本的方法還是平時做好風險分散，架設安全設施，強化公安訓練，全員參與救災，才可有效減少或免除公司的損失。目前保險公司提出了廠房火險外，還有營業中斷險，例如：天災。

二.有效做好內部控制工作

內部控制主要有兩大功能，其一為防止舞弊，其二為開源節流，降低成本。我們常常看到企業雖有傲人的業績，但卻有財務周轉不靈、產銷失控、人力補給不足或貨款無法收回的現象，而發生經營危機。

內部控制範圍涵蓋銷售及收款、採購付款、生產、薪工、融資、固定資產、投資，以及研發等八大交易循環，其中最常發生的問題，有應收帳款收不回來與存貨積壓嚴重等兩項，茲分別提出因應之道如下：

(一)應收帳款控制的方法：首先將現有的產品、市場、客戶予以分散，避免過度集中；其次，定期做好帳齡分析與定期追蹤，並將所有客戶逐一評估，建立信用額度，然後再導入電腦控制出貨。

即：應收帳款＋應收票據＜信用額度───→可出貨

應收帳款＋應收票據＞信用額度───→不可出貨

由於上述措施，乃將應收帳款控制於出貨之前，故可有效降低此風險。

(二)降低存貨積壓之作法：最根本的作法，是建立存貨安全量，並且依據生產計畫採購。某家外商公司，結合安全量、製造命令及生產排程，製作一電腦程式，根據程式操作結果，使得每銷售出一筆貨物，就同時產生原料之請購點，將存貨維持最低水準，這個例子值得大家參考。

就企業實務而言，內稽內控最重要的兩個因素，第一是老闆必須重視及支持，第二是稽核單位必須扮演黑臉角色，不怕做壞人。否則內稽內控只是做表面文章，成果不會太大。

企業降低財務風險9方法

1.廠房設備投保足額的保險

(1) 任何意外災害的發生都會產生傷害
→★員工的生命、身體
　★公司的財產、資料
(2) 平時投保足額保險
→★勞保★健保★團體平安險（人保）★火災保險（物保）
→災害來臨，即可獲得足額的理賠
(3) 最根本的方法是平時
→★做好風險分散★架設安全設施★強化公安訓練
　★全員參與救災
→即可有效減少或免除公司的損失

2.有效做好內部控制工作

內部控制主要2大功能＝防止舞弊＋開源節流，降低成本

落實內部控制8大交易循環

(1)銷售及收款　(2)採購付款　(3)生產　(4)薪工　(5)融資
(6)固定資產　　(7)投資　　(8)研發

內部控制最常發生的2大問題

①應收帳款收不回來	②存貨積壓嚴重
克服	克服
控制應收帳款	降低存貨積壓

★首先將現有的產品、市場、客戶予以分散，避免過度集中。

★再來定期做好帳齡分析與定期追蹤。

★再將所有客戶逐一評估，建立信用額度。

★然後導入電腦控制出貨。

▶應收帳款＋應收票據＜信用額度
　──→可出貨
▶應收帳款＋應收票據＞信用額度
　──→不可出貨

★建立存貨安全量，依據生產計畫採購。

舉例
某家外商公司，結合安全量、製造命令及生產排程，製作一電腦程式，根據程式操作結果，使得每銷售出一筆貨物，就同時產生原料之請購點，將存貨維持最低水準。

3.事先做好完善的資金籌措規劃
4.定期檢討預算與實際差異
5.設置責任利潤中心制度
6.管制操作高風險衍生性金融商品
7.審慎業外轉投資
8.勿為背書保證或連帶保證人
9.審慎評估建廠或擴廠可行性

如何降低企業財務風險？

Unit **14-2**
降低財務風險之方法 Part II

　　財務風險是企業在財務管理過程中必須面對的一個現實問題，財務風險是客觀存在的，企業管理者對財務風險只有採取有效措施來降低風險，而不可能完全消除風險。

　　前文已介紹企業運用廠房設備投保足額的保險，以及有效做好內部控制工作兩種降低財務風險的方法，本單元要繼續介紹另外四種。

三.事先做好完善的資金籌措規劃

　　中小企業普遍自有資金不足，且因擔保品缺乏，不易獲得銀行融資，以致往往要向地下錢莊借高利貸款。

　　這種高利貸款，利上加利，不僅會將獲利全數侵蝕殆盡，而且還會造成嚴重後果，實在得不償失，因此完善的資金籌措計畫是有必要的。

　　基本上，企業應定期編製準備的現金預算，以掌握何時需要資金、外匯，以及需要的多寡，並於資金不足時，可以事先設法籌措。例如：要海外投資、國內擴廠或是擴大生產源等，均必須事先安排好錢的來源為宜。

四.定期檢討預算與實際差異

　　企業要定期對財務管理目標之預算與實際差異進行檢討，一般稱為差異分析或經營分析會議，除營收及獲利檢討外，在財務方面，企業每月應檢討差異之項目有資金調度成本、資金成本降低計畫達成率、支付利息達成率，以及資金運用產生之財務利潤等四種。

五.設置事業總部制度的責任利潤中心

　　企業應確實查驗組織內部的個別績效（如哪一項產品賺錢）與事業部門單位貢獻的歸屬（如哪一部門賺錢）。

六.管制操作高風險衍生性金融商品

　　最近新興的衍生性金融商品，乃是一種特殊類別買賣的金融工具統稱。這種買賣的回報率是根據一些其他金融要素的表現情況衍生出來的，比如資產、利率、匯率或各種指數（股票指數、消費者物價指數，以及天氣指數）等。這些要素的表現將會決定一個衍生工具的回報率和回報時間。衍生工具的主要類型包括外幣期貨、利率選擇權、匯率換匯、遠期利率協定等，可說是琳瑯滿目。

　　由於上述商品風險高，企業若要拿有限資金，操作衍生性金融商品，必須制定完善的風險管理程序，加強內部控制，明確規範財務人員的操作額度，但最根本的方法還是少碰為妙，因為風險畢竟太高。

1.廠房設備投保足額的保險

2.有效做好內部控制工作

3.事先做好資金籌措規劃

Why—為何要計畫資金籌措？
中小企業普遍自有資金不足，且因擔保品缺乏，不易獲得銀行融資，以致往往要向地下錢莊借高利貸款，不僅會將獲利全數侵蝕殆盡，而且還會造成嚴重後果。

(1) 企業應定期編製準備的現金預算，以掌握何時需要資金、外匯，以及需要的多寡，並於資金不足時，可以事先設法籌措。

(2) 例如：要海外投資、國內擴廠或是擴大生產源等，均必須事先安排好錢的來源為宜。

4.定期檢討預算與實際差異

(1) 一般稱為差異分析或經營分析會議。

(2) 除營收及獲利檢討外，在財務方面，企業每月應檢討差異之項目
→★資金調度成本　　　　★資金成本降低計畫達成率
　★支付利息達成率　　　★資金運用產生之財務利潤

5.設置責任利潤中心制度

(1) 查驗企業內部的個別績效→哪一項產品賺錢。

(2) 查驗事業部門單位貢獻的歸屬→哪一部門賺錢。

6.管制操作高風險衍生性金融商品

(1) 衍生性金融商品，乃是一種特殊類別買賣的金融工具統稱。

(2) 外幣期貨、利率選擇權、匯率換匯、遠期利率協定等均屬之。

(3) 這種買賣的回報率是根據一些其他金融要素的表現情況衍生出來，而這些要素的表現，將會決定一個衍生工具的回報率和回報時間。

(4) 對此類金融工具進行買賣需要十分謹慎，因為由其引起的損失有可能大於投資者最初投放於其中的資金。

(5) 企業若要拿有限資金，操作衍生性金融商品，必須制定完善的風險管理程序，明確規範操作額度。

(6) 最根本方法乃少碰為妙，因為風險太高。

7.審慎業外轉投資

8.勿為背書保證或連帶保證人

9.審慎評估建廠或擴廠可行性

如何降低企業財務風險？

Unit **14-3**
降低財務風險之方法 Part III

當今世界因財務風險而倒閉破產的特大公司，已不足為奇，例如：2002年世界排名五百強的安隆即是一例。因此，忽視財務風險給企業帶來的後果是相當嚴重的。

本文乃試圖找出九種降低企業財務風險的具體方法，以避免不必要的危機產生。

七.審慎從事本業以外的轉投資

本業以外的事業，畢竟缺乏專業人才及核心競爭力，通常賺錢獲利的機會不大，反倒經常會有虧損的出現。因此，企業必須審慎為之，以避免傷及本業與母公司的營運表現。尤其是一些龐大金額的轉投資，一旦長期虧損，對母公司的傷害會很大。

八.勿為背書保證或連帶保證人

任意為他人背書保證，只有壞處，沒有好處，如有必要為同業相互保證，也要審慎評估，且保證最高額度不應超過資本的1/2，以免拖垮本業。

九.審慎評估建廠或擴廠可行性

256

一般而言，重大的資本支出，需花費大筆的金錢，完工時，如未能產生預期效益，則損益兩平點之營收，隨之提高，終會使企業蒙受鉅額的損失。

因此，在投資建廠之前，應先擬定嚴謹之建廠計畫與投資回收評估，以免投資過快或試車運轉等變數，造成資金周轉不靈的情形，最好能在未建廠之前，即做好可行性研究並確認已獲得銀行承諾允撥建廠貸款，然後去執行建廠工作。

就實務而言，究竟在何時、何地、何種規模的擴廠或建廠計畫，真的非常重要。只要一項出差錯，都會帶來公司很大的不利影響，必須充分再三評估。

小博士解說

好的轉投資管理流程

- 許多企業在進行轉投資之前，會非常審慎的進行投資前評估與投資效益分析，惟對投資後的管理制度往往顯得不足。為讓轉投資能發揮效益，公司應視對轉投資企業持有之股權、經營控制權與影響力程度，決定其控管方式。對各類型轉投資公司之管控重點也應根據其賦予的任務、業務性質而有所不同。

- 經常使用的轉投資管理作業方式包括：營運支援作業（包含技術資源作業、管理支援作業、諮詢作業等）以及營運監測作業（包含營運稽核作業、風險監測作業、管理報告作業、績效評估作業、計畫與預算控制作業等）。一個好的轉投資管理流程，要能夠及時地將轉投資企業績效資訊以最有效的方式回饋給不同層級的轉投資管理負責人員，滿足其管理與決策之需要。

如何降低企業財務風險？

1. 廠房設備投保足額的保險
2. 有效做好內部控制工作
3. 事先做好資金籌措規劃
4. 定期檢討預算與實際差異
5. 設置責任利潤中心制度
6. 管制操作高風險衍生性金融商品

7.審慎業外轉投資

(1) 本業以外的事業，畢竟缺乏專業人才及核心競爭力，通常賺錢獲利的機會不大，反倒經常會有虧損的出現。
(2) 企業必須審慎為之，避免傷及本業與母公司的營運表現。
(3) 尤其是龐大金額的轉投資，一旦長期虧損，對母公司的傷害會很大。

8.勿為背書保證或連帶保證人

(1) 任意為他人背書保證，只有壞處，沒有好處。
(2) 如有必要為同業相互保證，也要審慎評估，且保證最高額度不應超過資本的1/2，以免拖垮本業。

9.審慎評估建廠或擴廠可行性

(1) 重大的資本支出，需花費大筆的金錢，完工後若未能產生預期效益，則損益兩平點之營收，隨之提高，終會使企業蒙受鉅額的損失。
(2) 在投資建廠之前，應先擬定嚴謹之建廠計畫與投資回收評估，以免造成資金周轉不靈的情形
(3) 最好能在未建廠前，即做好可行性研究並確認已獲得銀行承諾允撥建廠貸款，然後再去執行。
(4) 實務而言，究竟在何時、何地、何種規模的擴廠或建廠計畫，真的非常重要。只要一項出錯，都會對公司帶來很大的不利影響。

Unit **14-4**
企業財務面潛在風險 Part I

圖解財務管理

企業經營會產生許多風險，這些風險種類甚多，例如：產業景氣循環、公司重要技術人員異動、經營者誠信問題、政治風險，以及財務破產危機等。一般外部投資人在分析公司經營風險時，主要是以營運風險及財務風險來作為衡量參考。

(一)營運風險：是指在未使用負債融資的情況下，企業營運本身所具有的風險，主要影響因素包括公司固定成本所占比重高低（固定成本占總成本比重愈高者，損益平衡點就會愈高，資本密集的半導體產業即是明顯案例）、市場對於產品需求的變異性（即產品市場需求的成長性）、產品售價的變異性（即銷售價格的變動情形），以及投入因素價格的變異性（生產所需投入原料的價格變動性）。

(二)財務風險：是指當公司決定使用負債進行融資後，股東所必須負擔的額外風險，亦即負債比率提高後，可能提高破產機率所造成的風險。

但事實上，除了這些外顯的經營風險以外，企業還會有一些隱藏的經營風險，而這些風險的資訊，雖然也可透過一般公開資訊取得，卻是一般投資人容易忽略之處。

本文即針對這些財務面潛在風險予以探討，由於內容豐富，特分三單元說明之。

258

一.企業資金貸予他人的風險

公司法第15條規定，公司資金除了公司間或與行號間有業務往來者，或公司間或與行號間有短期融通資金之必要者以外，不得貸予股東或任何他人，且融資金額不得超過貸予企業淨值的40%。公司負責人違反前項規定時，應與借用人連帶負返還責任；如公司受到損害，亦應由其負損害賠償責任。

由於企業間各關係人交易的往來相當頻繁，因此主管機關會要求與關係人及關係企業間（關係企業必定為關係人，但關係人不一定為關係企業，關係企業的定義，主要是以公司法第369條之1至369條之12為依據）的業務往來，必須明確訂定交易價格條件與支付方式，且交易目的、價格、條件、交易實質與形式及相關處理程序，不應與非關係人的正常交易明顯有不相當或欠合理的情事（上市上櫃公司治理實務守則第9條）。

同時依照上市上櫃公司治理實務守則第18條，上市上櫃公司與其關係企業間有業務往來者，應本於公平合理的原則，就相互間的財務業務相關作業，訂定書面規範。

另財政部證券暨期貨管理委員會為了加強對於公開發行公司資金貸予的管理，在2002年11月對於公開發行公司，頒布了「公開發行公司資金貸予及背書保證處理準則」，其中第3條明文規定，企業資金貸予的金額上限，不得超過貸予企業淨值40%，以及可貸予的對象，必須為與公司間有業務往來者，與公司法的規定相同，同時第8條及第9條也規定，公司必須依照此一處理準則，訂定資金貸予他人作業程序，並經董事會通過後，送監察人並提報股東會同意。另必須在每月十日前公告申報公司及子公司上個月的資金貸予餘額（第21條）。若資金貸予餘額達到某一臨界點，再增加資金貸予時，就必須在事實發生日起二日內公告申報（第22條）。

企業經營會產生許多風險

→★產業景氣循環 ★公司重要技術人員異動 ★經營者誠信問題 ★政治風險
　★財務破產危機 ★其他

一般外部投資人在分析公司經營風險主要以下列兩點作為衡量參考：

1. 營運風險：指在未使用負債融資情況下，企業營運本身所具有的風險，主要影響因素
　→★公司固定成本所占比重高低★市場對於產品需求的變異性
　　★投入因素價格的變異性

2. 財務風險：指當公司決定使用負債進行融資後，股東所必須負擔的額外風險，亦即負債比率提高後，可能提高破產機率所造成的風險。

> 事實上，除了這些外顯的經營風險以外，企業還會有一些隱藏的經營風險，而這些風險的資訊，雖然也可透過一般公開資訊取得，卻是一般投資人容易忽略之處。

1.企業資金貸予他人的風險

(1) 公司法第15條規定，公司資金除了公司間或與行號間有業務往來者，或公司間或與行號間有短期融通資金之必要者以外，不得貸予股東或任何他人，且融資金額不得超過貸予企業淨值的40%。公司負責人違反前項規定時，應與借用人連帶負返還責任；如公司受到損害，亦應由其負損害賠償責任。

(2) 由於企業間各關係人交易的往來相當頻繁，因此主管機關會要求與關係人及關係企業間的業務往來，必須明確訂定交易價格條件與支付方式，且交易目的、價格、條件、交易實質與形式及相關處理程序，不應與非關係人的正常交易明顯有不相當或欠合理的情事。

如何看見企業財務面的風險？

2.企業背書保證的風險

3.衍生性商品交易的風險

4.關係人交易的風險

5.轉投資事業監控的風險

6.長短期投資比率的風險

Unit 14-5
企業財務面潛在風險 Part II

　　企業看不到的一些財務面的潛在風險，在實務上可歸納整理出六點，前文已針對第一點企業資金貸予他人的風險介紹法令相關規定，本文再繼續說明其他注意事項。

二.企業背書保證的風險

　　政府主管機關目前對於企業背書保證的規範，和資金貸予相類似，依照「公開發行公司資金貸予及背書保證處理準則」規定，同樣規範可背書保證的對象，原則上僅能針對業務往來的公司、子公司及母公司（第5條），同時必須依照此一準則訂定背書保證作業程序，並經董事會通過後，送監察人並提報股東會同意（第11條及第12條）。另外，也必須在每月十日前，公告申報公司及子公司上個月背書保證餘額（第24條），若背書保證餘額達到某一臨界時點，再增加時，就必須在事實發生日起二日內公告申報（第25條）。而臺財證(六)第01403號函也有規定，公司背書保證的資訊也必須在財務報告上加以揭露。

　　宏碁集團前董事長施振榮在2003年8月參加公司治理論壇時，即明確表示，宏碁集團公司治理有幾項主要原則，其中就包括資金不貸予他人，以及不為他人進行背書保證。

三.衍生性商品交易的風險

　　依照財政部證券暨期貨管理委員會所制定的「公開發行公司取得或處分資產處理準則」第4條規定，所謂衍生性商品，是指其價值由資產、利率、匯率、指數或其他利益等商品，所衍生的遠期契約、選擇權契約、期貨契約、槓桿保證金契約、交換契約，以及上述商品組合而成的複合式契約等。

　　依照該處理準則第18條、19條及20條規定，公開發行公司從事衍生性商品交易時，必須採取風險管理措施，例如：制定風險管理範圍，及持有的部位應定期加以評估。同時董事會必須指定高階主管人員進行監督與控制，並且定期評估從事衍生性商品交易的績效，是否符合既定經營策略，以及承擔的風險是否在公司可容許的範圍內等。

四.關係人交易的風險

　　目前實務上對於關係人的定義，主要是依照財務會計準則第6號公報，而會計師也會在財務報表上揭露關係人交易的相關資訊。

五.轉投資事業監控的風險

　　依照「公開發行公司建立內部控制制度處理準則」相關規範，母公司對於子公司應採取相關監理措施，例如：督促子公司必須建立書面內部控制制度、母公司應定期取得子公司內部管理報表等。

企業財務面潛在6風險

1.企業資金貸予他人的風險

2.企業背書保證的風險

(1) 政府主管機關目前對於企業背書保證的規範，和資金貸予同樣規範可背書保證的對象，原則上僅能針對業務往來的公司、子公司及母公司，同時必須訂定背書保證作業程序，並經董事會通過後，送監察人並提報股東會同意。

(2) 每月十日前，公告申報公司及子公司上個月背書保證餘額。

(3) 若背書保證餘額達到某一臨界時點，再增加時，就必須在事實發生日起二日內公告申報。

(4) 公司背書保證的資訊，也必須在財務報告上加以揭露。

3.衍生性商品交易的風險

(1) 所謂衍生性商品，是指其價值由資產、利率、匯率、指數或其他利益等商品，所衍生的遠期契約、選擇權契約、期貨契約、槓桿保證金契約、交換契約，以及上述商品組合而成的複合式契約等。

(2) 公開發行公司從事衍生性商品交易時，必須採取風險管理措施
→★制定風險管理範圍　　　★持有的部位應定期加以評估

(3) 董事會必須指定高階主管人員進行監督與控制，定期評估
→★從事衍生性商品交易的績效，是否符合既定經營策略
　★承擔風險是否在公司容許的範圍內

261

4.關係人交易的風險

(1) 關係人的定義，主要是依照財務會計準則第6號公報。

(2) 會計師也會在財務報表上，揭露關係人交易的相關資訊。

5.轉投資事業監控的風險

(1) 母公司對於子公司應採取相關監理措施
→★督促子公司必須建立書面內部控制制度
　★母公司應定期取得子公司內部管理報表
　★其他

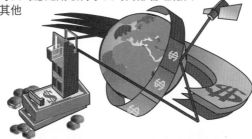

6.長短期投資比率的風險

如何看見企業財務面的風險？

Unit 14-6
企業財務面潛在風險 Part III

企業一些隱藏的經營風險，卻是一般投資人容易忽略之處，值得予以多加留意。

圖解財務管理

五.轉投資事業監控的風險（續）

另依照上市上櫃公司治理實務守則第5條規範，對於關係企業應依照持股比例，取得適當的董事及監察人席次；同時，派任關係企業的董事，應定期參加關係企業的董事會，以監督關係企業營運；派任關係企業的監察人，應監督關係企業業務的執行，調查關係企業財務及業務狀況、查核簿冊文件及稽核報告；公司還應派適任人員就任關係企業重要職位，如總經理、財務主管或內部稽核主管等，以取得經營管理、決定權與監督評估的職責。

目前企業進行轉投資的情形日益普遍，轉投資事業對於企業獲利的影響力，也日益明顯，因此對於轉投資事業的管理，也日益重要。而加強對於這些具有控制力公司的監控管理，事實上就是「防火牆管理」的另一種延伸。

六.長短期投資比率的風險

企業可能基於多角化經營或其他策略考量而進行轉投資，不論採取權益法評價或成本法評價，這些轉投資事業若經營績效良好，則企業可能因此受益；若經營不善，企業則可能產生虧損。因此，企業轉投資事業時，可用下列幾點作為分析重點：

(一)企業長期投資比率是否過高：一般來說，除了以投資為本業的企業外，企業長期投資的金額及比率不應過高（雖然有訂定以投資為本業的投資控股公司上市及上櫃規定，不過截至目前為止，上市上櫃公司中，尚無符合此投資控股公司定義的公司）。由於轉投資事業獲利情形會影響到公司獲利，因此轉投資的比率過高者，一般會被認為會增加公司獲利風險，因此比率愈高者，投資人所要求的風險報酬也愈高。不過目前實證研究上，仍然沒有一個明確的標準作為判斷比率是否過高的依據。

公司法第13條規定，除以投資為專業，或公司章程另有規定取得股東同意或股東會決議者外，投資比率不得超過公司實收股本額40%。目前一般公司均透過股東會修訂章程，排除轉投資比率上限的限制，雖無違法問題，卻會增加公司獲利風險。

(二)長期投資是否與本業有關：長期投資的比率如果過高，但絕大多數都與本業相關的行業或本業的延伸，所增加的風險還不致太高；如果多數都與本業不相關，由於公司可能不熟悉這些產業，自然會增加營運風險。過去國內有些傳統產業，因看好科技產業未來發展，擬進行轉型，或是一些電子業為進行多角化經營，都選擇轉投資一些與本業不同的產業，但由於不同產業間經營模式不同，且產業特性亦不同，造成投資失利。因此，若企業轉投資事業與本業相關性甚低時，也會增加公司獲利風險。

(三)投資於股市的短期投資金額及比率是否過高：當企業有閒置資金時，可能會從事短期投資。短期投資的工具一般包括了共同基金、上市櫃公司股票、商業本票及可轉讓定期存單等，其中又以共同基金及股票最為常見。至於其風險請參右文。

企業財務面潛在6風險

如何看見企業財務面的風險？

1.企業資金貸予他人的風險

2.企業背書保證的風險

3.衍生性商品交易的風險

4.關係人交易的風險

5.轉投資事業監控的風險

(1) 母公司對於子公司應採取相關監理措施。

(2) 關係企業應依照持股比例，取得適當的董事及監察人席次。

(3) 派任關係企業的董事，應定期參加關係企業的董事會，以監督關係企業營運。

(4) 派任關係企業的監察人，應監督關係企業業務的執行，調查關係企業財務及業務狀況、查核簿冊文件及稽核報告。

(5) 公司還應派適任人員就任關係企業重要職位，如總經理、財務主管或內部稽核主管等，以取得經營管理、決定權與監督評估的職責。

6.長短期投資比率的風險

→企業轉投資事業3分析重點

(1) 企業長期投資比率是否過高

★目前法令規定，公司除以投資為專業，或公司章程另有規定取得股東同意或股東會決議者外，投資比率不得超過公司實收股本額40%。

★目前一般公司均透過股東會修訂章程，排除轉投資比率上限的限制，雖無違法問題，卻會增加公司獲利風險。

(2) 長期投資是否與本業經營有關

★長期投資的比率高，但多數都與本業相關或本業延伸，所增加的風險還不致太高。

★長期投資的比率高，但多數都與本業不相關，因公司可能不熟悉這些產業，自然會增加營運風險。

(3) 投資於股市的短期投資金額及比率是否過高

★當企業有閒置資金時，可能會從事短期投資。

★短期投資的工具一般有共同基金、上市上櫃公司股票、商業本票及可轉讓定期存單等，其中又以共同基金及股票最為常見。

263

知識補充站

哪個風險低——共同基金VS.股票

共同基金的特色之一為可分散投資風險，其風險較單獨投資上市櫃股票為低。因此短期投資的主要標的如為共同基金時，並不會額外增加公司太多的投資風險。因為國內資本市場股票價格的波動性相當大，如果公司投資於上市櫃股票的比率過高，當股票市場步入空頭時，就可能會造成重大跌價損失。

Unit 14-7
公開發行公司內部控制之建立 Part I

關於公開發行公司如何建立內部控制制度，我國主管機關明文規定於「公開發行公司建立內部控制制度處理準則」，茲摘述如下，由於內容豐富，特分兩單元介紹。

一.建立內部控制的目的

公開發行公司之內部控制制度係由公司董事會及經理人所設計，其目的在於促進公司之健全經營，並合理確保下列目標之達成：1.營運之效果及效率；2.財務報導之可靠性，3.相關法令之遵循。

上述所稱營運之效果及效率目標，包括獲利、績效及保障資產安全等目的。

公開發行公司應以書面訂定內部控制制度，含內部稽核實施細則，並經董事會通過，如有董事表示異議且有紀錄或書面聲明者，公司應將異議意見連同經董事會通過之內部控制制度送各監察人；修正時，亦同。

公開發行公司已設置獨立董事者，將內部控制制度提報董事會討論時，應充分考量各獨立董事之意見，並將其同意或反對之明確意見及反對之理由列入董事會紀錄。

二.內部控制制度之設計及執行

公開發行公司應考量本公司及子公司整體營運活動，建立有效內部控制制度，並應隨時檢討，以因應公司內外在環境變遷，俾確保該制度之設計及執行持續有效。

上述所稱子公司，應依財團法人中華民國會計研究發展基金會（以下簡稱會計研究發展基金會）發布之財務會計準則公報第5號及第7號之規定認定之。

公開發行公司之內部控制制度應包括下列組成要素：

(一)控制環境：係指塑造組織文化、影響員工控制意識之綜合因素。影響控制環境之因素，包括員工之操守、價值觀及能力；董事會及經理人之管理哲學、經營風格；聘僱、訓練、組織員工與指派權責之方式；董事會及監察人之關注及指導等。控制環境係其他組成要素之基礎。

(二)風險評估：係指公司辨認其目標不能達成之內、外在因素，並評估其影響程度及可能性之過程。其評估結果，可協助公司及時設計、修正及執行必要之控制作業。

(三)控制作業：係指設立完善之控制架構及訂定各層級之控制程序，以幫助董事會及經理人確保其指令已被執行，包括核准、授權、驗證、調節、覆核、定期盤點、記錄核對、職能分工、保障資產實體安全，與計畫、預算或前期績效之比較及對子公司之監理等之政策及程序。

(四)資訊及溝通：所稱資訊，係指資訊系統所辨認、衡量、處理及報導之標的，包括與營運、財務報導或遵循法令等目標有關之財務或非財務資訊。所稱溝通，係指把資訊告知相關人員，包括子公司內、外部溝通。內部控制制度須具備產生規劃、監督等所需資訊及提供資訊需求者適時取得資訊之機制。

圖解財務管理

關於公開發行公司如何建立內部控制制度，我國主管機關明文規定於「公開發行公司建立內部控制制度處理準則」。

目的

1. 公開發行公司之內部控制制度係由公司董事會及經理人所設計，其目的在於促進公司之健全經營，並合理確保下列目標之達成：
   (1)營運效果及效率→包括獲利、績效及保障資產安全等目的。
   (2)財務報導之可靠性。
   (3)相關法令遵循。
2. 訂定書面內部控制制度，並經董事會通過，如有董事表示異議且有紀錄或書面聲明者，公司應將異議意見連同經董事會通過之內部控制制度送各監察人；修正時，亦同。
3. 設有獨立董事者，公司應將內部控制制度提報董事會討論時，充分考量各獨立董事之意見，並將其同意或反對之明確意見及理由列入董事會紀錄。

內控制度5要素

1. 控制環境→指塑造組織文化、影響員工控制意識之綜合因素。
2. 風險評估→指公司辨認其目標不能達成之內、外在因素，並評估其影響程度及可能性之過程。
3. 控制作業→指設立完善之控制架構及訂定各層級之控制程序，以幫助董事會及經理人確保其指令已被執行。
4. 資訊及溝通→指具備產生規劃、監督等所需資訊及提供資訊需求者適時取得資訊之機制。
5. **監督**

內控制度8大循環

1. **銷貨及收款循環**
2. **採購及付款循環**
3. **生產循環**
4. **薪工循環**
5. **融資循環**
6. **固定資產循環**
7. **投資循環**
8. **研發循環**

$$$ Unit **14-8**
公開發行公司內部控制之建立 Part II

公開發行公司內部控制中的經營環境，乃控制是否能成功的基礎，這與企業願景、市場定位、企業倫理、經營信守、行為準則，公司的政策、方針、原則以及文化等都息息相關。前文已對內部控制的目的及其設計與執行予以介紹，茲再說明其他。

二.內部控制制度之設計及執行（續）

(五)監督：係指自行檢查內部控制制度品質之過程，包括評估控制環境是否良好，風險評估是否及時、確實，控制作業是否適當、確實，資訊及溝通系統是否良好等。監督可分持續性監督及個別評估，前者為營業過程中之例行監督，後者係由內部稽核人員、監察人或董事會等其他人員進行評估。

公開發行公司於設計及執行，或自行檢查，或會計師受託專案審查公司內部控制制度時，應綜合考量前文及上述所列各組成要素，其判斷項目除金管會證期局所定者外，應依實際需要自行增列必要之項目。

三.內部控制制度之交易循環

266

公開發行公司內部控制應涵蓋所有營運活動，並以交易循環區分如下控制作業：

(一)銷貨及收款循環：包括訂單處理、授信管理、運送貨品、開立銷貨發票、開出帳單、記錄收入及應收帳款、執行與記錄現金收入等之政策及程序。

(二)採購及付款循環：包括請購、進貨或採購原料、物料、資產和勞務、處理採購單、經收貨品、檢驗品質、填寫驗收報告書或處理退貨、記錄供應商負債、核准付款、執行與記錄現金等之政策及程序。

(三)生產循環：包括擬定生產計畫、開立用料清單、儲存材料、投入生產、計算存貨生產成本、計算銷貨成本等之政策及程序。

(四)薪工循環：包括僱用、請假、加班、辭退、訓練、退休、決定薪資率、計時、計算薪津總額、計算薪資稅及各項代扣款、設置薪資紀錄、支付薪資、考勤及考核等之政策及程序。

(五)融資循環：包括借款、保證、承兌、租賃、發行公司債及其他有價證券等資金融通事項之授權、執行與記錄等之政策及程序。

(六)固定資產循環：包括固定資產之增添、處分、維護、保管與記錄等之政策及程序。

(七)投資循環：包括有價證券、不動產、衍生性商品及其他長、短期投資之決策、買賣、保管與記錄等之政策及程序。

(八)研發循環：包括對基礎研究、產品設計、技術研發、產品試作與測試、研發記錄及文件保管等之政策及程序。

公開發行公司得視產業之性質，依實際營業活動自行調整必要之控制作業。

公開發行公司內部控制之建立

確保公開發行公司達到3目的

1. 營運效果及效率
2. 財務報導之可靠性
3. 法令遵循

內控制度5要素

1. 控制環境
2. 風險評估
3. 控制作業
4. 資訊及溝通
5. 監督
指自行檢查內部控制制度品質之過程，包括評估控制環境是否良好，風險評估是否及時、確實，控制作業是否適當、確實，資訊及溝通系統是否良好等。

內控制度8大循環

1. 銷貨及收款循環
→訂單處理→授信管理→運送貨品→開立銷貨發票→開出帳單→記錄收入及應收帳款→執行與記錄現金收入等之政策及程序。

2. 採購及付款循環
→請購→進貨或採購原料、物料、資產和勞務→處理採購單→經收貨品→檢驗品質→填寫驗收報告書或處理退貨→記錄供應商負債→核准付款→執行與記錄現金等之政策及程序。

3. 生產循環
→擬定生產計畫→開立用料清單→儲存材料→投入生產→計算存貨生產成本 →計算銷貨成本等之政策及程序。

4. 薪工循環
→僱用→請假、加班、辭退→訓練→退休→決定薪資率→計時、計算薪津總額、計算薪資稅及各項代扣款→設置薪資紀錄→支付薪資→考勤及考核等之政策及程序。

5. 融資循環
→借款、保證、承兌、租賃、發行公司債及其他有價證券等資金融通事項之授權、執行與記錄等之政策及程序。

6. 固定資產循環
→固定資產之增添、處分、維護、保管與記錄等之政策及程序。

7. 投資循環
→有價證券、不動產、衍生性商品及其他長、短期投資之決策、買賣、保管與記錄等之政策及程序。

8. 研發循環
→對基礎研究、產品設計、技術研發、產品試作與測試、研發紀錄及文件保管等之政策及程序。

知識補充站

控制循環外之管理

公開發行公司之內部控制制度，除包括對各種交易循環類型之控制作業外，尚應包括對印鑑使用管理、票據領用管理、預算管理、財產管理、背書保證、負債承諾及或有事項管理、職務授權及代理人制度、資金貸予他人、財務及非財務資訊管理及對子公司等之控制作業。

第 **15** 章

經營分析

Unit **15-1**
經營分析的比較原則

近幾年，報章媒體常頻傳某些知名上櫃、上市企業無預警的關廠、倒閉，雖可歸咎於全球景氣不佳或因應競爭壓力而移轉境外投資等因素。但俗話說：「無夕陽產業，只有夕陽企業」，如何在惡劣環境中生存，則必須透過財務指標的分析與控管而提升經營效能來作開源與節流。

因此每年對於任何今年實際經營分析的數據，我們都必須注意到五種可靠正確的比較分析原則，才能達到有效的分析效果。

一.與去年同期比較

例如：本公司今年營收額、獲利額、EPS（每股盈餘）或財務結構比例，比去年第一季、上半年或全年度之同期比較增減消漲幅度如何。

與去年同期比較分析的意義，即在彰顯今年同期，本公司各項營運績效指標，是否進步或退步，還是維持不變。

二.與同業比較

與同業比較是一個重要的指標分析，因為這樣才能看出各競爭同業彼此間的市場地位與營運狀況。

例如：本公司去年業績成長20%，而同業如果也都成長20%，甚或更高比例，則表示這是整個產業環境景氣大好所帶動。

三.與公司年度預算目標比較

企業實務上最常見的經營分析指標，就是將目前達成的實際數字表現，與年度預算數字互做比較分析，看看達成率是多少，究竟是超出預算目標，或是低於預算目標。

四.與國外同業比較

在某些產業或計畫在海外上市的公司、計畫發行ADR（美國存託憑證）或發行ECB（歐洲可轉換公司債）的公司，有時也需要拿國外知名同業的數據，作為比較分析參考，以了解本公司是否也符合國際間的水準。

五.做綜合性／全面性分析

有時在經營分析的同時，我們不能僅看一個數據或比例而感到滿意，更應注意各種不同層面、角度與功能意義的各種數據或比例。

換言之，我們要的是一種綜合性與全面性的數據比例分析，必須同時納入考量才會周全，以避免偏頗或見樹不見林的缺失。

經營分析比較5大原則

1.與去年同期比較
→Ex：今年上半年與去年上半年比較

2.與同業比較
→Ex：本公司數據與A、B、C三公司比較

3.與今年預算目標比較
→Ex：今年第一季實績與預算相比較

4.與國外同業相比較
→Ex：本公司數據與國外知名同業數據比較

5.與今年整體成長比較
→Ex：今年全年本公司成長率與全市場成長相比較

讓企業更好的分析方法

知識補充站

財務資訊VS.財務分析

• 經營分析、財務分析與財務報表分析在應用上有所差異。財務報表分析是針對企業財務資料進行分析，用以評估企業經營績效與財務狀況。過去營運績效良好的企業，未來不一定保持良好的績效，而過去營運績效不良的企業，未來也不一定繼續惡化。

• 因此財務分析是指了解財務資訊的程序，透過可取得的資訊，針對企業的過去及未來價值分析，進行企業改革與決策擬定之用。因此企業需詳加應用財務分析之技巧，隨時檢視企業經營體質，以掌控企業營運效率與擬定因應對策。

Unit **15-2**
經營分析的五大指標 Part I

經營分析的指標，大致可以區分為營業行銷類、財會類、生產（製造）類、客戶服務類，以及一般管理類等五大類。由於內容豐富，特分三單元說明之。

一.營業行銷分析指標

有關營業行銷常用的經營分析指標，主要可區分十五種分析指標如下：

(一)營收額分析：包含有綜合成長、地區別營收、產品別營收、期間別營收、全球別營收、廠別／分公司別營收，以及客戶別營收等七種。

(二)毛利額分析：包含有綜合成長、地區別毛利、產品別毛利、期間別毛利、全球別毛利、廠別／分公司別毛利，以及客戶別毛利等七種。

(三)市場占有率分析：包含有全部市占率、地區別市占率、產品別市占率、品牌別市占率、全球別市占率，以及時間別市占率等六種。

(四)品牌分析：包含有品牌知名度、品牌喜好度、品牌再購忠誠度，以及品牌資產度價值等四種。

(五)廣告量分析：包含有產品別廣告、廣告量分析、期間別廣告量，以及特別廣告量等四種。

(六)競爭對手分析：包含有綜合成長、地區別營收、產品別營收、期間別營收、全球別營收、廠別／分公司別營收、客戶別營收、獲利狀況、定價機動，以及媒體關係等十種。

(七)個人與團體業績分析：包含有個人／團體業績排行榜、地區別業績排行榜，以及業績排行榜等三種。

(八)通路分析：包含有總量、結構別、利潤別，以及地區別等四種。

(九)價格分析：包含有產品別價格、品牌別價格、降價別價格、地區別價格、時段別價格、期間別價格，以及包裝別價格等七種。

(十)促銷分析：包含有促銷期間別、促銷投入成本與規模、促銷地區別，以及促銷產品別營業等四種。

(十一)公關分析：包含有媒體刊載公司新聞稿次數、媒體報導公司次數、公關行銷活動舉辦次數，以及促銷產品別分析等四種。

(十二)廠商型顧客分析：包含有顧客採購量變化、顧客重要性排名、顧客自身營業及財務狀況、顧客最新需求是什麼，以及顧客所在市場的變化狀況等五種。

(十三)消費型顧客分析：包含有顧客對價格敏感度、顧客對品牌忠誠度、顧客對通路採購的習慣、顧客對促銷活動反應、顧客對產品創新的分析、顧客滿意，以及顧客意見蒐集（網路、客服中心、店頭）等七種。

(十四)活動行銷：包含有活動行銷的次數與活動行銷的成本效益兩種。

(十五)目標市場區隔：包含有區隔變數、區隔市場規模，以及區隔市場達成效益如何等三種。

經營分析5大指標

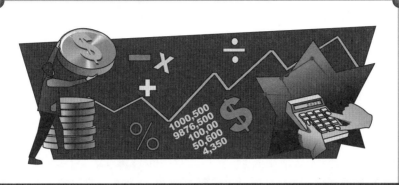

企業實務運用最廣、效果最佳的一種整體性經營分析技術

1.營業行銷類

(1)營收額分析

(2)毛利額分析

(3)市場占有率分析

(4)品牌分析

(5)廣告量分析

(6)競爭對手分析

(7)個人與團體業績分析

(8)通路分析

(9)價格分析

(10)促銷分析

(11)公關分析

(12)廠商型顧客分析

(13)消費型顧客分析

(14)活動行銷

(15)目標市場區隔

2.財會經營類

3.生產與研發類

4.客戶服務類

5.一般管理類

Unit **15-3**
經營分析的五大指標 Part II

　　經營五大類分析是企業實務運用最廣、效果最佳的一種整體性經營分析技術。消極面，可及早發現企業問題以擬定對策；積極面，可開創先機創造公司經營利潤。

二.財會分析指標

　　財會類是企業實務上經常用到，也是重要的經營分析指標及工具。因為企業營運最終結果，必然是以財會報表及其比例方式呈現，包括損益表、資產負債表、現金流量表及股東權益變動表等四種必要報表，茲將常用財會類經營分析指標整理如下：

　　(一)損益表分析：包含有營收（總體、產品別、地區別、事業別）、成本（總體、產品別、地區別、事業別）、毛利（總體、產品別、地區別、事業別）、稅前／稅後淨利（總體、產品別、地區別、事業別）、EPS（每股盈餘）、ROE（股東權益投資報酬率）、ROA（資產投資報酬），以及利息保障倍數等八種。

　　(二)資產負債表分析：包含有自有資金比率、負債比率、流動比率、速動比率、應收帳款天數、存貨天數，以及長期債務與短期債務比率等七種。

　　(三)現金流量表分析：包含有現金流出流入與淨額，以及營運、投資及融資活動之現金流量兩種。

　　(四)轉投資分析：包含有轉投資總體概況、轉投資個別公司，以及轉投資未來處理計畫等三種。

　　(五)專案分析：包含有上市櫃專案分析、外匯操作專案分析、國內外上市櫃優缺點、增資或公司債發行後優缺點、國內外融資優缺點，以及海外擴廠建廠資金需求等六種。

三.生產與研發分析指標

　　有關生產和研發類的分析指標，大致可以採購面（原物料、零組件）、生產製造面、品質管制面及研究發展面等四個面向作深入經營分析指標，以力求全面提升生產與研發效能，加強公司整體競爭力。有關生產與研發之經營分析指標，茲整理如下：

　　(一)採購分析：包含有採購成本總分析、採購項目分析、採購單價分析、採購地區分析、採購品質分析、採購時效分析，以及採購數量分析等七種。

　　(二)生產分析：包含有生產總分析、生產項目分析、生產成本分析、生產效率分析、生產廠別分析、生產良率分析，以及產能利用分析等七種。

　　(三)品管分析：包含有生產品質總分析、廠別品質分析、產品別品質分析，以及新開發品品質分析等四種。

　　(四)研發分析：包含有專利權申請數量分析、研發經費分析、研發成果分析、研發人力分析，以及研發競爭力分析等五種。

經營分析5大指標

企業實務運用最廣、效果最佳的一種整體性經營分析技術

1.營業行銷類

→計有15種不同面向的分析指標

2.財會經營類

(1)損益表分析
(2)資產負債表分析
(3)現金流量表分析
(4)轉投資分析
(5)專案分析

3.生產與研發類

| (1)採購分析 | (2)生產分析 | (3)品管分析 | (4)研發分析 |

4.客戶服務類

5.一般管理類

財會類經營分析指標

指　　標	項　　目
1.財務結構	(1)負債占資產比率（％）＋股東權益比率（％） (2)長期資金占固定資產比率（％）
2.償還能力	(1)流動比率（％） (2)速動比率 (3)利息保障倍數（倍）
3.經營能力	(1)應收款項周轉率（次） (2)應收款項收現日數 (3)存貨周轉率（次） (4)平均售貨日數 (5)固定資產周轉率（次） (6)總資產周轉率（次）
4.獲利能力	(1)資產投資報酬率（％）（ROA） (2)股東權益投資報酬（％）（ROE） (3)占實收資本比率(%) $\begin{cases} 營業純益 \\ 稅前純益 \end{cases}$ (4)純益率（％）／毛利率% (5)每股盈餘（EPS）
5.現金流量	(1)現金流量比率（％） (2)現金流量允當比率（％） (3)現金再投資比率（％）
6.槓桿度	(1)營運槓桿度 (2)財務槓桿度
7.其他	本益比（每股市價÷每股盈餘）

Unit **15-4**
經營分析的五大指標 Part III

　　本主題介紹的經營分析與數字管理指標項目，在企業實務上非常重要。因為唯有透過指標項目的比例及增減分析，才能知道整體及細節的營運狀況與績效如何，才可能進一步剖析其中的原因、追根究柢、力求公司整體營運績效的不斷改善與提升。這就有賴這些經營分析與數字管理的靈活運用與有效掌握。

　　前面兩單元已介紹較傾向於內部經營的三種分析指標，本單元則要介紹經營外圍及一般通則的分析指標。

四.客戶服務分析指標

　　客戶服務已成為服務產業愈來愈重要的營運重點。特別是像行動電信業、銀行信用卡業、百貨公司業、有線電視業、固網電信業，電視購物業、大賣場業及壽險業等，大都成立Call-Center（電話客服中心），客服人員分班制、編制數十人到上千人的客服人員也都是經常見到的。

　　有關客戶服務類的經營分析，可由三個層面來分析，一是Call-Center客服中心，二是客戶滿意度，三是客戶服務標準改善。茲將這三層面的分析指標整理如下：

　　(一)客服中心分析：包含有客服中心（Call-Center）接話數量分析與接話時間分析、客服中心解決問題數量分析，以及客服中心人員數與工作量績效分析等三種。

　　(二)客戶滿意度分析：包含有月別／季別／半年別／一年別客戶滿意度調查分析、與競爭品牌滿意度比較分析，以及累積歷史客戶滿意度比較分析等三種。

　　(三)客戶服務標準改善分析：包含有客戶服務時間縮短分析、客戶服務流程改善分析，以及客戶服務品質改善分析等三種。

五.一般管理分析指標

　　在一般管理類經營分析中，大致有人力資源、資訊系統、總務行政、法務及組織等五個不同領域經營分析指標，茲將其整理分述如下：

　　(一)人力資源分析：包含有員工離職率分析、員工學歷素質分析、員工專長分析、員工教育訓練分析、員工出勤分析、員工提案分析、員工學位進修分析、員工考績評等分析、員工年齡分析、員工資歷分析，以及員工潛力幹部分析等十一種。

　　(二)資訊系統分析：包含有B2B外部企業網路系統建置、B2C外部消費者網路、B2E內部員工網路系統建置，以及ERP、SCM、CRM資訊系統建置等四種。

　　(三)總務行政分析：包含有總務採購總體分析與行政庶務總體分析兩種。

　　(四)法務分析：包含有智慧財產權／專利／商標申請、訴訟案件分析，以及委外法務支出分析等三種。

　　(五)組織分析：包含有組織架構與精簡分析、組織文化分析、組織功能分析，以及專案組織分析等四種。

經營分析5大指標

企業實務運用最廣、效果最佳的一種整體性經營分析技術

1.營業行銷類
→計有15種不同面向的分析指標

2.財會經營類
→計有5種不同面向的分析指標

3.生產與研發類
→計有4種不同面向的分析指標

4.客戶服務類
(1)客服中心分析　　(2)客戶滿意度分析　　(3)客戶服務標準改善分析

5.一般管理類
(1)人力資源分析
(2)資訊系統分析
(3)總務行政分析
(4)法務分析
(5)組織分析

經營分析與數字管理指標項目,在企業實務上非常重要。因為唯有透過指標項目的比例及增減分析,才能知道整體及細節的營運狀況與績效如何,才可能進一步剖析其中的原因、追根究柢、力求公司整體營運績效的不斷改善與提升。

Unit 15-5
利用邏輯樹思考對策及探究 Part I

　　邏輯樹（Logic Tree）又稱問題樹、演繹樹或分解樹等。就是從單一要素開始進行邏輯式展開，一邊不斷分支，一邊為了進行說明，而將構成要素層層堆疊或展開的一種思考架構。

　　邏輯樹若從由右自左的圖形轉換成由下而上，變成像是金字塔型，故又稱金字塔結構（Pyramid Structure）。

　　邏輯樹是以邏輯的因果關係的解決方向，經過層層的邏輯推演，最後導出問題的解決之道。

　　以下各種案例將顯示使用邏輯樹來做「思考對策」及「探究原因」，是非常有效的工具技能，值得好好運用。由於內容豐富，特分兩單元說明之。

一.利用邏輯樹思考對策

　　我們要如何利用邏輯樹思考企業對外在環境的因應對策呢？以下列舉兩個案例，與讀者分享。

　　《案例一》當公司老闆（董事長）下令希望提升企業集團形象時，企劃人員可以利用邏輯樹各種可能方法與作法：

　　(一)成立文教慈善基金會：包含有1.定期舉辦各種文教與慈善活動，回饋社會大眾，以及2.與外部各種社團保持良好互動關係及活動關係。

　　(二)加強與各媒體關係：包含有1.定期與各平面、電子、廣播媒體負責人或主編餐敘聯誼；2.給予媒體刊登廣告的回饋，以及3.邀請專訪本公司負責人。

　　(三)經營資訊完全透明公開：定期舉行法人說明會與定期發布各種新聞稿兩種。

　　(四)提升經營績效獲得外界肯定：包含有1.自我努力提升經營績效，名列前茅，以及2.參加國內外各種競賽或評比。

　　《案例二》當公司老闆（董事長）下令希望今年度能夠增加「稅前淨利」（獲利）時，企劃人員可以利用邏輯樹各種可能方法與作法：

　　(一)提升業績作法：包含有1.增加銷售量：加強促銷活動、提升客戶忠誠度、提升單一客戶業績、增加業務人力、增加新銷售通路，以及提高業務人員獎勵；2.提高單價：折扣減少、提升品質、提升功能、改變包裝和強化品牌，以及3.推出新品牌新產品：推出副品牌或推出新產品與新品牌。

　　(二)降低成本作法：可從下列幾點進行成本費用的降低，即降低零組件原物料成本、利用外包降低人力成本、利用自動化設備降低人力成本、減少機器設備、減少閒置資產且進行處分、減少幕僚人力成本、遷廠或搬移辦公室降低租金，以及減少交際費用支出等八種。

　　(三)增加營業外收益作法：包含有減少銀行借款利息成本、閒置資金最有效運用，以及減少轉投資認列虧損等三種。

《案例一》如何提升企業集團形象？

1.成立文教慈善基金會
(1)定期舉辦各種文教與慈善活動，回饋社會大眾
(2)與外部各種社團保持良好互動關係及活動關係

2.加強與各媒體關係
(1)定期與各平面、電子、廣播媒體負責人或主編餐敘聯誼
(2)給予媒體刊登廣告的回饋　　(3)邀請專訪本公司負責人

3.經營資訊完全透明公開
(1)定期舉行法人說明會　　(2)定期發布各種新聞稿

4.提升經營績效獲得外界肯定
(1)自我努力提升經營績效，名列前茅
(2)參加國內外各種競賽或評比

《案例二》如何增加公司稅前淨利？

1.提升業績作法
(1)增加銷售量
　　・加強促銷活動　・提升客戶忠誠度　・提升單一客戶業績
　　・增加業務人力　・增加新銷售通路　・提高業務人員獎勵
(2)提高單價
　　・折扣減少　・提升品質　・提升功能　・改變包裝　・強化品牌
(3)提出新品牌新產品
　　・推出副品牌　・推出新產品與新品牌

2.降低成本作法→降低成本與費用
(1)降低零組件原物料成本
(2)利用外包降低人力成本
(3)利用自動化設備，降低人力成本
(4)減少機器設備
(5)減少閒置資產，進行處分
(6)減少幕僚人力成本
(7)遷廠、搬移辦公室、降低租金
(8)減少交際費用支出

3.增加營業外收益作法
(1)減少銀行借款利息成本
(2)閒置資金最有效運用
(3)減少轉投資認列虧損

Unit 15-6
利用邏輯樹思考對策及探究 Part II

　　企劃人員經常面對思考與分析。思考什麼呢？思考該如何做決策。分析什麼呢？分析探究原因為何。

　　在實務上，可以利用邏輯樹作為思考對策與探究原因的技能工具，而且簡易可行。

　　前文已列示企業如何利用邏輯樹思考對策的案例，本文則要舉例說明企業如何利用邏輯樹來探究原因了。

二.利用邏輯樹探究原因

　　我們要如何利用邏輯樹探究企業內外在改變的原因呢？以下列舉兩個案例，與讀者分享。

　　《案例一》當公司老闆（董事長）下令希望了解本公司某品牌產品銷售量為何突然下降時，企劃人員可以利用邏輯樹各種可能方法與作法：

　　(一)強力競爭者介入：包含有1.低價品上市：低價新品上市或同類產品價格下滑；2.品牌運作：強力大打產品宣傳或競爭者的品牌風潮，以及3.通路商全力配合：通路商配合吃貨或通路商享受各種優惠及獎勵。

　　(二)本身問題：包含有1.品質下降：抱怨增加或設計變更；2.廣告太少：即節省廣告支出，以及3.新品上市太少：多半是顧客喜新厭舊。

　　(三)顧客本身的變化：即消費者的消費習慣改變。

　　《案例二》當公司老闆（董事長）下令希望了解本公司競爭對手某品牌洗髮精為何突然成為第一品牌時，企劃人員可以利用邏輯樹各種可能方法與作法：

　　(一)強力廣告宣傳成功：包含有1.大額度廣告預算，一炮而紅；2.找對電視CF明星代言人，以及3.媒體報導配合良好，記者公關成功。

　　(二)定位與區隔市場成功：包含有1.產品定位清晰有利基點，訴求成功，以及2.區隔市場，明確擊中目標市場。

　　(三)價位合宜：包含有價位感覺物超所值與宣傳促銷期有特別優惠價兩種。

　　(四)通路商全力配合：包含有1.通路商配合廣告宣傳，大量吃貨，以及2.賣場展售位置配合理想。

　　(五)產品很好：包含有1.包裝設計突出；2.品牌容易記住，以及3.品質功能性。

三.非常有效的工具

　　綜上所列舉的各種案例顯示，讓我們了解到使用邏輯樹作為企業「思考對策」及「探究原因」是非常有效的工具。

　　因此，企劃人員撰寫各種經營分析案或企劃案時，應善加運用各種工具，對企劃實務將會有很好的效果。

《案例一》為何本公司某品牌產品銷售量突然下降?

1.強力競爭者介入

(1)低價品上市
- ・低價新品上市　　　　　・同類產品價格下滑

(2)品牌運作
- ・強力大打產品宣傳　　　・競爭者的品牌風潮

(3)通路商全力配合
- ・通路商配合吃貨　　　　・通路商享受各種優惠及獎勵

2.本身問題

(1)品質下降
- ・抱怨增加　　　　　　　・設計變更

(2)廣告太少→節省廣告支出

(3)新品上市太少→顧客喜新厭舊

3.顧客(消費者)本身的變化

《案例二》為何競爭對手某品牌洗髮精突然成為第一品牌?

1.強力廣告宣傳成功

(1)大額度廣告預算,一炮而紅

(2)找對電視CF明星代言人

(3)媒體報導配合良好,記者公關成功

2.定位與區隔市場成功

(1)產品定位清晰有利基點,訴求成功

(2)區隔市場,明確擊中目標市場

3.價位合宜

(1)價位感覺物超所值

(2)宣傳促銷期有特別優惠價

$$\$\$\$\$\$\$\$\$\$$$

4.通路商全力配合

(1)通路商配合廣告宣傳,大量吃貨

(2)賣場展售位置配合理想

5.產品很好

(1)包裝設計突出　(2)品牌容易記住　(3)品質功能性

第 16 章

其他議題

●●●●●●●●●●●●●●●●●●●●●● 章節體系架構 ▼

Unit **16-1**
四個指標看企業值極大化

國內知名的財訊雙週刊雜誌社董事長謝金河專長於財務證券，他曾寫一篇文章，說明如何從四個指標看企業價值極化，該文摘述如下：

一.數字、股價、本益比及總市值，經營必懂

我對這些磐石會的年輕第二代朋友說，未來他們都會是公司的經營者，在面對人生新挑戰，至少要對幾樣東西「敏感」。第一是對數字敏感，「數字」是經營企業最重要的輔助工具，一家公司的經營者必須對自己成績單敏感，例如：每個月營收數字，每一季的營業利益、毛利率、淨利，如此才能一看便知公司經營概況。

第二是對股價敏感，股價高低代表競爭力，像美國的Google或Amazon股價800美元以上，大家不用問就知道這是全世界最有競爭力的好公司，大立光股價直逼5,000元，不用說，大家都知道大立光是臺灣最了不起的企業。股價高低代表公司競爭力，也代表公司形象，像年輕人要去應徵工作，他絕不會去找一家股價10元以下的公司。

臺灣的企業有10元面額的限制，參加一家新創公司的投資，通常起跳的行情是一股10元，假如股價低於10元面額，代表這家公司沒有價值，旺宏股價最慘剩下2.11元。

第三是重視本益比，本益比是市場投資人願意給一家公司多少價值的評價，通常前景愈好的企業，本益比愈高；成長走向夕陽的企業，本益比會比較低；一個好的企業經營者如何維持高的本益比是很艱難的挑戰。以美國企業為例，Intel與微軟這兩家公司EPS（每股純益）曾是2.12美元，但是微軟本益比能夠拉高到30.26倍，而Intel只有16.85倍，代表市場對微軟、Intel的評價完全不同。

這些年，美國有競爭力的企業本益比都非常高，像線上串流的Netflix本益比333.6倍，電子商務龍頭Amazon的EPS只有4.9美元，但股價839美元，本益比高達172.83倍，Amazon不停地向前衝刺，很重要的是因為市場給予高本益比，讓Amazon不停開疆闢土。

第四是企業的總市值，這才是一家公司真正的實力，臺灣最好的企業大立光在1987年創業，那時大股東出資1,000萬元成立，上市股價曾拉到4,800元，市值高達6,445億元。大立光算是資本市場的新學生，但上市不久，市值已搶進到臺灣第六大企業，這是大立光的競爭力。

在臺灣的資本市場，台積電將近5兆元市值保持領先，鴻海1.5兆元以上居次，然後是台塑化、中華電及國泰金，大立光市值超越國泰金控，是難以想像的事。

企業4數字，經營必懂

1.營收與利潤

2.本益比

↓ ↓

經營4大指標

↑ ↑

3.股價

4.企業總市值

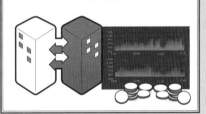

股價與本益比的意涵

| 股價 | = | EPS（每股盈餘） | × | 本益比（P/E） |

| 本益比 | → | 本益比是市場投資人願意給一家公司多少價值的評價！ |

Unit 16-2
現金減資操作學

　　國內知名的今周刊發行人謝金河在一篇現金減資專文中，提出很好的見解，如下摘要：這些年大家趨之若鶩的現金減資，為何現金減資會叫座？這與臺灣的租稅有關。現金減資是經營者覺得公司有龐大現金，但公司無法讓現金運用得更具效率，乾脆把現金還給股東，讓股東自己運用；這是現金減資的第一個初衷。

一.現金減資避稅金牌，成為大老闆的最愛

　　而現金減資最大的優點是減資不用課稅。企業的盈餘必須繳稅。在臺灣，股利所得必須併入綜合所得稅，而對淨所得逾1,000萬元的人，最高稅率45%，再加2%的二代健保補充費，同時兩稅合一扣抵減半；於是企業配現金，高所得股東必須課重稅。在這樣稅制下，大股東通當都會棄息，這是臺灣績優好公司最後都是外資高持股的主因。

　　像臺灣市值最大的台積電106年度配發8元現金股息，約配出2,074.7億元，外國股東只要分離課稅20%即可，本國投資人卻須併入綜合所得稅，於是很多績優公司，外資持股幾乎都過半。

　　現金減資是企業把帳上現金退還給股東，因是退還股款，股東拿到這筆錢完全不用繳稅。在2012年證所稅及其後的健全財政補充方案實施後，我曾預告現金減資會是未來主流，因為這是高所得大股東的最愛，且三年現金減資比率也逐漸升高，例如：2014年37件一般減資案，現金減資占13件，比率是26%；2015年一般減資案30件，現金減資15件，占33.3%，到了2016年，一般減資案34件，現金減資案23件，比重大幅升高到40.3%；2017年現金減資案已超過一般減資案，比率超過五成以上。顯見在現金減資不必繳稅的重大誘因下，現金減資已成為企業大老闆避稅的好途徑。這是從節稅的角度看減資的益處。

　　其次，現金減資是快速達成企業瘦身的最快捷便利方式。臺灣在早期員工分紅配股的環境下，企業喜歡進行盈餘轉增資，企業配發股票股利，同時增發股票給員工，導致公司股本快速膨脹；這些年被動元件產業為什麼熱中現金減資？是因為90年代大家增膨脹速度太快。

二.面對現金減資案，如何抉擇？

　　投資人面對這麼多的現金減資案，如何抉擇？基本上還是要考量公司體質，首先要看公司股本與營收比率，如果每股營收不到10元，進行現金減資是正確的，這是瘦身第一步，二要看公司帳上現金是否充沛，假如負債金額龐大，現金部位不足，打腫臉充胖子，反而自暴其短。三是股本要夠大，像維格資本額只有2.41億元，減資與下市沒有兩樣；國巨減資至35億元的資本額，未來再現金減資的空間也不大了。最後還是要看公司的基本面，假如企業的盈餘持續成長，現金減資減去分母，分子增加，那麼EPS墊高，股東權益增加，公司股價自然容易走上良性循環。

現金減資案抉擇5要點

現金減資案抉擇5要點

1. 要看公司股本與營收比率，如果每股盈餘不到10元，即不減資瘦身！

2. 要看公司帳上現金是否充沛！

3. 股本要夠大才行！

4. 最後，要看公司基本面，如果企業盈餘持續，EPS墊高，股東權益增加，股價自然會好！

現金減資是避稅金牌

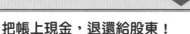

現金減資

把帳上現金，退還給股東！

減資不用課稅，所以大股東最愛！

Unit 16-3
股價、每股盈餘、本益比（P/E）、企業市值之意義

一.股價

在證券市場上，每天股價會上上下下浮動。當公司營運績效好時，或是有好訊息時，股價自然就會上漲；反之，則會下降。

二.每股盈餘（EPS）

$$公式：\frac{稅後淨利}{在外流通總股數}$$

一般：EPS大部分在3元~10元之間，10元以上就算很好了。當年度淨利愈多時，EPS自然就會上漲；淨利差時，EPS自會降低。因此，獲利水準是很重要的指標。

三.本益比（P/E）

$$公式：本益比＝\frac{P}{E}＝\frac{股價}{EPS}，或是股價＝本益比×EPS$$

意義：本益比是倍數的涵數，即每股市價相對於其每股盈餘的倍數。若本益比是15倍，表示投資人認為這家公司持續15年都會有此EPS盈餘。

案例

EX: 若某公司股價為100元，EPS為5元，則本益比即為20倍。一般本益比倍數在5~15倍，若20倍以上，就算相當高了。

EX: 若某公司EPS為10元，本益比為15倍，則其股價即為150元。

【小結】

1. 本益比不合理偏高到30倍、40倍之高時，也代表了它的股價高也是具有風險，也可能會有掉下來的一天而蒙受投資損失。

2. 本益比倍數偏低時，例如：3~5倍，也代表了它的產業前景及公司前景不看好。

四.企業總市值（Corporate Value）

$$公式：公司股價×在外流通總股數$$

意義：企業總市值代表了經營這家公司最後總價值有多少，愈高市值，代表經營績效愈好；市值愈低，代表經營績效愈差，愈沒人要投資。

股價、EPS、本益比、企業市值之意義

(一)股價

在證券市場上，每天股價上上下下的浮動之價格。

(二)每股盈餘（EPS）

公式：$\dfrac{\text{稅後淨利}}{\text{在外流通總股數}}$

(三)本益比（P/E）

公式：$\dfrac{P}{E} = \dfrac{\text{股價}}{\text{EPS}}$，或是股價＝本益比×EPS

(四)企業總市值

公式：公司股價×在外流通總股數

(五)當EPS愈高時，股價就可能會更高。

當本益比倍數愈高時，股價也就可能更高。
當公司股價愈高時，企業總市值就更高。

 知識補充站

企業總市值

- 企業總市值是企業最終經營的總目標與總評量指標。
- 企業總市值愈高，代表企業經營更加卓越；愈低，代表企業經營更加落與退步。
- 而企業總市值又跟市場股價攸關；例如：係亞馬遜、Google、臉書、大立光、台積電、Apple……等之市場股價都很高，故總市值也跟著高起來。
- 而股價之所以高，又跟企業每年經營績效及未來成長有關係，因此，企業應做好每天的經營。

Unit **16-4**

唯有創新，才能帶動價值：價值的三種層次

一.價值創造的三種層次

什麼是消費者心目中的價值呢？大概有三種層次，如下圖示：

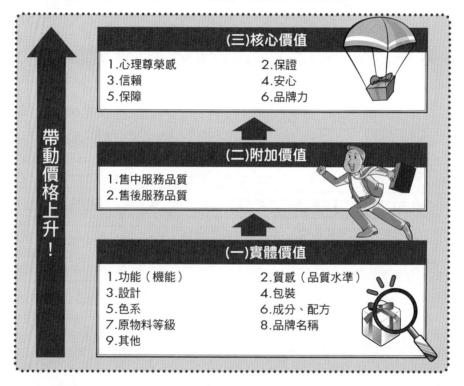

(三)核心價值
1.心理尊榮感　　　　2.保證
3.信賴　　　　　　　4.安心
5.保障　　　　　　　6.品牌力

(二)附加價值
1.售中服務品質
2.售後服務品質

(一)實體價值
1.功能（機能）　　　2.質感（品質水準）
3.設計　　　　　　　4.包裝
5.色系　　　　　　　6.成分、配方
7.原物料等級　　　　8.品牌名稱
9.其他

帶動價格上升！

二.創新價值的案例

(一)近幾年來，有幾家知名一流的國內外公司，在創新價值及企業市值成長方面，都有非凡的成就。例如：Amazon（亞馬遜）、Apple（蘋果）、FB（臉書）、Google、台積電、7-11公司、三星（韓國）……等諸多公司。

(二)產品創新價值之案例，如下：

1. Apple公司：iPod、iPhone、iPad。

2. 臺灣7-11：CITY CAFE、鮮食便當、店面大型化。

3. 台積電：13奈米、7奈米、3奈米。

4. 三星公司：Galaxy Note及S系列手機。

三.要從哪裡創新價值呢？可以如下圖所示的十大價值創新方向：

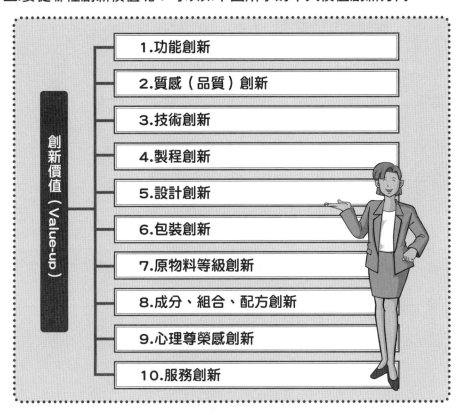

四.公司有6個部門，要共同負責產品及服務價值的提升，如下圖示：

Unit **16-5**
損益平衡點（Break-Even-Point, BEP）概述

一.意義

　　係指某個公司或某個店，每天或每個月處在不賺不賠狀況，即為損益平衡點。損益平衡點有量及金額二者。

二.公式

$$\text{B.E.P.} = \frac{固定成本}{1-變動成本} = \frac{固定成本}{邊際利益}$$

案例　一家麵店如何計算損益平衡點？

〈答〉

假設：

・客單價：150元
・變動成本：50元（材料、水電、瓦斯……）
・邊際效益：150元－50元＝100元
・固定成本（每月）：　人事費3人×3萬＝ 9萬元
　　　　　　　　　　　＋房租　　　　　　5萬元
　　　　　　　　　　　＋折舊　　　　　　1萬元
　　　　　　　　　　　　合計：　　　　　15萬元
・故，損益平衡點為（每月）：
　15萬元÷100元＝1,500碗麵（每月）
　1,500碗麵×150元＝22.5萬元營收額（每月）

〈小結〉

1. 該麵店每個月要賣出1,500碗，或每天要賣 50碗，才會損益平衡。
2. 或每個月營收要達到22.5萬元，才會損益平衡。
3. 該麵店每個月：
　　固定成本：　　　　　　　15萬元
　＋變動成本：50元×1,500碗＝ 7.5萬元
　　　小計：　　　　　　　　22.5萬元

案例　一家咖啡店如何計算損益平衡點？

〈答〉

假設：

- 客單價：120元。
- 變動成本：30元（原料、水電、瓦斯……）
- 邊際效益：120元－30元＝90元
- 固定成本（每月）：　人事費4人×3萬＝　12萬元

　　　　　　　　　　　房租　　　　　　　6萬元

　　　　　　　　　　＋折舊　　　　　　　2萬元

　　　　　　　　　　　合計：　　　　　　20萬元

- 故，損益平衡點為（每月）：

20萬元÷90元＝2,222杯咖啡（每月）

2,222杯×120元＝26.6萬元營收額（每月）

〈小結〉

1. 該咖啡店每個月要賣出2,222杯咖啡，或每天要賣 2,222杯÷30天＝74杯咖啡，才會損益平衡。

2. 或每個月營收要達到26.6萬元收入，才會損益平衡。

3. 該咖啡店每個月：

　固定成本：　　　　　　　20萬元

＋變動成本：30元×2,200杯＝ 6.6萬元

　小計：　　　　　　　　　26.6萬元

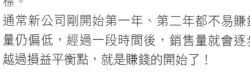

知識補充站

損益平衡點

- 損益平衡點是一家新開店面或一家新創公司的重要評量指標。
- 通常新公司剛開始第一年、第二年都不易賺錢，因為銷售量仍偏低，經過一段時間後，銷售量就會逐步上升，一旦越過損益平衡點，就是賺錢的開始了！

Unit 16-6
ROA及庫存周轉率概述

一.ROA（資產報酬率；Return On Assets）

(一)公式： $\dfrac{稅後淨利}{總資產}$

(二)意義： 企業運用總資產後，其所獲得的報酬率或收益性。此比率愈高，就代表總資產運用的效果愈好，這是正面的。

(三)實例： 假設某公司總資產有10億元，某一年度稅後淨利為1億元，則ROA為10%（即：1億÷10億＝10%）。如果ROA能夠有10%，算是不錯的比例。

(四)變形： ROA可以拆解為

淨利率×資產周轉率

$$\frac{淨利}{總資產} = \frac{淨利}{營收額} \times \frac{營收額}{總資產}$$

$$\downarrow \qquad\qquad \downarrow \qquad\qquad \downarrow$$

資產報酬率　　　淨利率　　　資產周轉率

・所以，提高淨利率或提高資產周轉率，都可以提高資產報酬率。

二.庫存周轉率

(一)公式： $\dfrac{庫存數}{營業額}$

(二)意義： 代表庫存量的周轉效率。愈快，代表庫存數銷售愈快，成效好。

(三)實例： 假設年營業額為10億，而平均庫存數為1億，則庫存周轉率就是10次。亦即，年營業額是平均庫存數的10倍之意思。

(四)庫存周轉天數： $\dfrac{365 \text{ 天}}{庫存周轉率}$

由上例，即為：

$$\frac{365 \text{ 天}}{10 \text{ 次}} = 36 天左右$$

亦即，要將存貨全部銷售完畢，所須的天數約為36天左右。

(五)促銷活動： 如果舉辦促銷活動，則會加快出清庫存數、加快庫存周轉率及下降庫存周轉天數。

ROA：資產報酬率

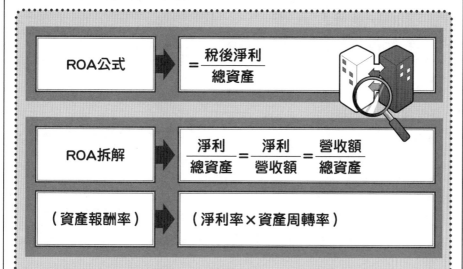

ROA公式	➡	$=\dfrac{稅後淨利}{總資產}$

ROA拆解	➡	$\dfrac{淨利}{總資產}=\dfrac{淨利}{營收額}=\dfrac{營收額}{總資產}$
（資產報酬率）	➡	（淨利率 × 資產周轉率）

庫存周轉率

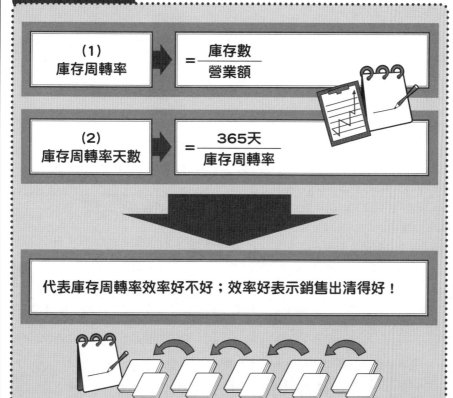

（1） 庫存周轉率	➡	$=\dfrac{庫存數}{營業額}$

（2） 庫存周轉率天數	➡	$=\dfrac{365天}{庫存周轉率}$

代表庫存周轉率效率好不好；效率好表示銷售出清得好！

Unit **16-7**
漲價（提高售價）之評估

廠商對某些產品必須調高末端零售價，有時也是必須採行的經營方法。

一.漲價後的二種狀況：

廠商漲價後，會面對二種狀況：一是因零售價上升而銷售量不變，則銷售額會增加；二是因零售價上升，反而使銷量減少，則銷售額反而也減少了。

二.如下示例：

(一)原來：克寧奶粉一罐350元，每年賣出10萬罐，故銷售收入為3.5億元。
(二)現在漲價一成，從350元漲到385元。
狀況1：385元×100,000罐＝3.85億元
狀況2：385元×90,000罐＝3.46億元
從上述可以看出，狀況2，即是漲價後，客人跑了，反而賣得少了。

三.漲價評估因素

是否一定要調漲零售價格，要看下列因素如何：
(一)漲價的必要性（原物料上漲、匯率變化等）及合理性。
(二)競爭對手的狀況如何。
(三)預計消費者的反應如何。
(四)消費者對此產品需求程度如何。
(五)消費者對我們的品牌黏著度如何。
(六)以及，要漲多少比例及金額，是一次漲足或分階段上漲。

四.漲價應漲多少金額及比例

(一)一般來說，廠商漲價並非得已，漲價是為了反應各項成本上升之故。
(二)案例：
假設克寧奶粉近年來各項成本均上升，包括：
・原物料漲價：每月增加500萬支出。
・人事費用上升：每月增加100萬支出。 ⎫ 小計：每月增700萬支出
・水電費及雜費上升：每月增加100萬支出。 ⎭
・克寧奶粉每月銷售2萬罐奶粉，故：
 700萬元÷2萬罐＝35元成本增加／每罐
・克寧奶粉原售價每罐350元。
・故：35元漲價÷350元＝10%漲價率
・故：350元＋35元漲價＝385元新售價

漲價評估因素

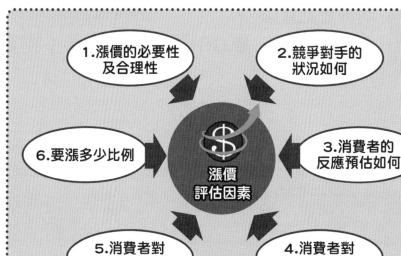

1. 漲價的必要性及合理性
2. 競爭對手的狀況如何
3. 消費者的反應預估如何
4. 消費者對此產品的需求性
5. 消費者對我們品牌黏著度
6. 要漲多少比例

漲價評估因素

漲價對營收的二種不同影響

漲價的二種不同影響

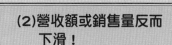

(1)營收額隨同上升！

(2)營收額或銷售量反而下滑！

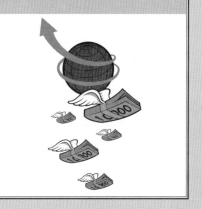

Unit **16-8**
高性價比、高CP值、高CV值（物超所值）

一.公式

(一)高性價比＝$\dfrac{性能（功能）}{價格} > 1$

(二)高CP值＝$\dfrac{Performance}{Cost} > 1$

(三)高CV值＝$\dfrac{Value}{Cost} > 1$

二.舉例

案例

吃一碗牛肉麵150元，但感覺非常大碗、非常好吃，具有300元的價值。

故，$\dfrac{300\,元}{150\,元} > 1$，即具有物超所值感受，下次可能或一定會再來吃。

案例

一件服飾1,000元，但穿起來很好穿、耐穿、好看，感覺有2,000元的價值。

故，$\dfrac{2,000\,元}{1,000\,元} > 1$，即具有物超所值感受，以後可能會再來買。

三.提升價值（Value-up）

(一)廠商應力求提升價值、創造更多附加價值出來，如此即可提升CP值或CV值。

(二)因此，廠商如何從「產品力」、「技術力」著手，不斷改善、精進及創新，創造出更多更高的價值出來，這就是重點。此外，「服務力」、「通路力」、「推廣力」也能有再提升價值的空間。

 提升價值的5大來源（Value-up）

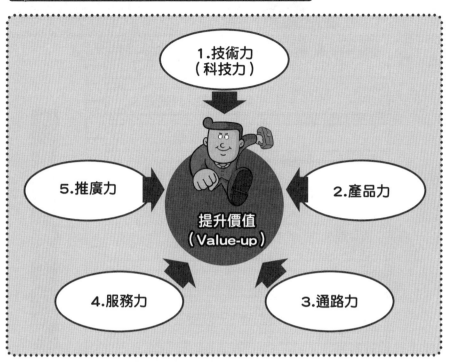

1.技術力
（科技力）

5.推廣力

提升價值
（Value-up）

2.產品力

4.服務力

3.通路力

 企業應擇價值戰略

提高產品附加價值！

做價值行銷戰略！

不做低價戰略！

 第十六章 其他議題

 299

Unit 16-9
廠商大舉拓店與規模經濟效益

一.廠商大舉拓店，為的是什麼？

經常看到很多零售廠商或服務業廠商不斷的大舉拓店，增加據點數，這其中原因有以下幾點：

(一)為了達成規模經濟效益：包括採購成本可以壓低、行銷宣傳費分攤可以降低、總部固定成本分攤可以減少等好處。

(二)為了營收及獲利更多：拓店之後，由於店數的不斷增加，自然可以使總營收及總獲利增加更多。

(三)保持企業再成長：拓店之後，店數及營收均可以獲致再成長之效果。

(四)搶攻市占率，鞏固市場領導地位：據點數的增加，自然可使市場占有率上升，進一步鞏固市場領導地位。

(五)超越損益兩平點：新進市場的廠商，由於店數規模不足，故必然仍處虧損中，故必須加快展店，才能損益兩平，開始獲利。

二.規模經濟效益例

(一)以製造業來說，同樣是汽車製造廠，一家是100萬輛汽車廠，另一家是10萬輛汽車廠，那麼100萬輛汽車廠的生產總成本一定比10萬輛車廠低很多。

1. 低很多來源，一是汽車零組件的採購成本會大幅下降；二是固定成本分攤也會降低。

2. 如此成本下降之後，汽車的定價就更有競爭力，在汽車市場的銷售成績就更好，獲利也會跟著好起來，整個形成良性循環。

(二)另外，以服務業來看，7-11有6,600店，而OK便利店只有800店，二者差距七、八倍之多；7-11顯然具有店數的規模經濟效益，這包括；

1. 7-11的商品採購進貨成本一定比OK便利店更低、更便宜，因為它有5,200店做基礎。

2. 7-11的總部固定成本，每店分攤也會少很多。

3. 另外，廣告費分攤及物流費分攤，也部會相對低一些。

這也就是為何7-11能夠遙遙領先，成為超商市場上不敗的領導者。

廠商大舉拓店的原因

1. 為了達成規模經濟效應！

2. 為了營收及獲利更多！

3. 保持企業再成長！

4. 搶攻市占率，鞏固市場領導地位！

5. 超越損益兩平點！

統一7-11：6,600店的規模經濟效益

1. 商品採購成本會更低！

2. 總部固定成本分攤會更低！

3. 廣告費、行銷費每店分攤會更低！

4. 物流費每店分攤會更低！

Unit **16-10**
Wal-Mart、COSTCO「天天都低價」的原因

一.很多國內外的大賣場都號稱是「365天，天天都低價」

例如：美國的Wal-Mart、臺灣的家樂福、COSTCO、全聯、屈臣氏等都屬之。

二.到底這些賣場為何可以宣稱「天天都低價」，主要有幾個原因：

(一)壓低採購成本。這些賣場利用採購量大，故對採購成本予以殺價，成為最低價的採購來源。同時，採購來源儘量跟原廠採購，不透過其他中間商或代理商，也是採購成本低的原因。

(二)壓低管銷成本。包括：

1. 壓低人事費用率（人事費÷營收率）。
2. 壓低賣場租金費用。
3. 儘量制度化、標準化、系統化，降低日常費用。
4. 壓低物流費用。

三.規模經濟是賣場可以壓低各種採購成本及費用的一個重要因素。因此，這些賣場必須：

1. 積極擴大店數及展店，讓店數規模達到最大。
2. 店數多了，營業額就會大，採購成本就可以殺價壓低。
3. 天天都低價的宣傳，也使得業績會上升，使得更有殺價降低成本的優勢。

小博士解說

- 雖然有些賣場宣傳以「天天都低價」為訴求及號召，但不要忘了，賣場的產品也必須要有特色、獨特性及多元化，才能滿足消費者。
- 價格策略搭配產品策略，二者並進才能勝出！

Wal-Mart天天都低價的原因

1.壓低對外採購成本！
（採購量大，可以殺價）

+

2.壓低管銷成本！
（壓低人事、租金、物流費用）

303

規模經濟是主要因素

營收額提高了

店數多了

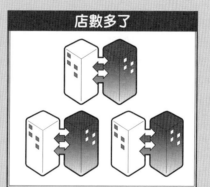

達成經濟規模

可以壓低各種成本及費用

Unit **16-11**
領導者必須知道的改革成功的財務指標 Part I

一.採用BU制度與導入EVA指標

　　日本旭化成公司從2003年10月改為子公司獨立BU（Business Unit）制度之後，將整個公司切成七個BU事業部體制，包括化學、電子材料、醫療用機器、住宅材料、纖維等事業部。自從採取子公司BU責任制度之後，旭化成公司營收增加45%，達到5,000億日圓的歷史高峰，而獲利也倍增到1,250億日圓。

　　旭化成公司的建材專案到2004年時，仍居於長期累虧的不振事業，但在採取BU子公司之後，由於它的資產運用效率提升及營業利益指標也大幅改善。除了BU制度導入的效益之外，旭化成公司在2003年開始起即導入了EVA（Economic Value Added，經濟附加價值）的指標考核。

　　此EVA係指稅後獲利是否大過於其所運用的資金成本額。其公式為：EVA＝稅後獲利額－調選資金成本額。此即表示，如果EVA為正數金額，代表企業的獲利超過運用的資金成本，而產生出對公司的有利價值。反之，如果EVA為負數金額，代表企業的獲利沒有超過資金成本額，此顯示出營運效益不佳，此事業不能長時維持經營，也代表缺乏競爭力，故必撤出此市場。

　　此外，旭化成公司對拉各個子公司資源的投入分配，是依據下圖的兩個指標來看：

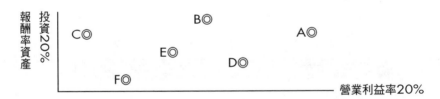

　　‧A事業是最佳的事業，代表高獲利率及高資產投資報酬率。最值得持續投入企業的資源，以維持此事業的持續成長與擴張。

　　‧C事業是獲利率不算好，但資產報酬率算不錯。

　　‧D事業是獲利率佳，但資產報酬率卻不佳。

　　‧F事業是二者皆不佳的狀況。必須撤退此事業，因為不賺錢的事業，長久下來將影響企業經營。

　　旭化成公司CFO（財務長）伊藤一朗即表示，公司高層認為執行改革必須授予財務長，從財務面找出企業經營的問題點，包括從EVA、ROA、ROE、獲利率等財務指標著手，解決企業收益力不足或不佳的根本問題點。換言之，旭化成公司是使整個企業重視高收益目標而改革。

旭化成公司採用BU制度

採用BU利潤中心制度

⬇ 營收增加45%！

⬇ 利潤倍增！

旭化成公司導入EVA指標

EVA公式 ➡ ＝稅後淨利額－資金成本額

EVA如果是正數，即表示企業獲利超過運用的資金成本，而對公司產生有利價值！

旭化成公司五大財務指標

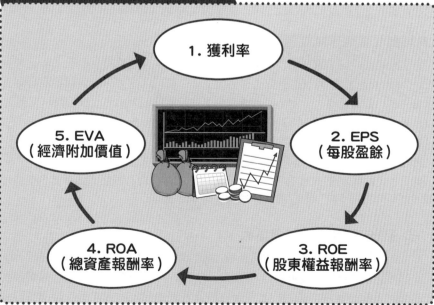

1. 獲利率

2. EPS（每股盈餘）

3. ROE（股東權益報酬率）

4. ROA（總資產報酬率）

5. EVA（經濟附加價值）

Unit **16-12**
領導者必須知道的改革成功的財務指標 Part II

二.Forster電機公司重視ROE經營

　　日本Forster電機公司是一家生產數位隨身聽產品的公司，該公司2016年營收額達866億日圓，獲利72億日圓；這個數據比三年前的營收增加54%，而獲利則是倍增。Forster電機公司總經理將此歸因於該公司重視ROE（自有資金報酬率；Return on Equity）的財務數據經營。簡單說，ROE經營即代表著對股東出錢資金的運用效益高不高。

　　ROE的公式如下：

　　ROE＝獲利÷自有資本

　　　　＝收益性×資產運用效率×財務運用槓桿

$$=\frac{獲利額}{營收額}×\frac{營收額}{總資產}×\frac{總資產}{自有資本額}$$

　　Forster電機公司2017年的ROE達到16%，連續三年都是二位數上升的理想狀況。ROE數據好，必須同時考慮到：(1)收益性好不好、(2)資本運用效率好不好、及(3)財務槓桿運用好不好的三個關鍵點。換言之，Forster電機公司同時針對上述三個關鍵點，深入洞察在營運管理上如何強化改革、改善、提升效率及效能，而能消除收益性差、資產運用效率差的不利因素所在，而徹底達到高收益、高資產運用效率及高財務槓桿運用效率。

三.丸紅商社重視ROA經營

　　日本丸紅商社是一家在國內外有很多轉投資經營的綜合商社。該公司則比較重視ROA（即Return on Asset；總資產投資報酬率）經營。主要是因為轉投資事業，即代表著對轉投資資產是否有效活用，讓運用這些資產能產生出營收額及獲利額出來。

　　此外，丸紅商社也在2002年開始即導入PATRAC（Profit After Tax less Risk Asset Cost）的風險經營管理指標經營，其公式為：

　　PATRAC＝該事業的獲利－風險性資產×10%

　　如果PATRAC的數據連續三年均為負數，即代表公司必須撤退此事業，不值得再經營下去。同時，也代表著經營此事業的風險性太高。

四.CFO時代的改革成功財務指標

　　在面對全球經濟景氣低迷、企業競爭加劇、微利時代與成長趨緩的不利環境下，企業必須展開各項革新與改革行動，而執行此行動則應奠基在若干個重要關鍵財務指標的檢視。從此檢視中，去找出企業存在的不利問題點，然後才可以正確地對症下藥。財務指標確實可以有效的做好改革的根基，也是改革成功的必要方針。

日本Forster電機公司重視ROE指標

ROE公式（股東權益報酬率）

＝獲利÷自有資本

＝收益性×資產運用效率×財務運用槓桿

$$= \frac{獲利額}{營收額} \times \frac{營收額}{總資產} \times \frac{總資產額}{自有資本額}$$

＝Return on Equity

日本丸紅商社重視ROA的指標

ROA公式（總資產報酬率）

＝Return on Assets

$$= \frac{獲利額}{總資產額}$$

ROE＋ROA：最競爭力公司

（1）
ROE
優良

＋

（2）
ROA
優良

➡

最具
競爭力公司

Unit **16-13**
價格＝價值（Price=Value）

一.價值認知

定價最重要的部分是什麼？我認為是一個詞：價值（Value），進一步的說，即：「對顧客的價值」。顧客願意支付的價格，就是公司能取得的價格，這反應出顧客對商品或服務的「價值認知」。

通常高品牌、高品質的產品，定價的確比一般的貴一些。例如：在家電類，SONY、Panasonic、象印、虎牌、日立等，品牌的定價都比別的品牌貴一些。這是因為顧客認知到這些的品牌具有較高的品質及保證性，故願意付出較高的價格。

二.價值的三種類

行銷經理對價值的操作，可有三種類，如下：

(一)創新價值（Value-Creation）：有關材料的品質等級、性能表現、設計時尚感等都會激發顧客內心中的認知價值，而這也是公司要求研發人員及商品開發人員在「創新」（Innovation）方面可以發揮作用的地方。

(二)傳遞價值（Value-Transfer）：包括描述產品、獨特銷售主張、打造品牌力、產品外包裝、產品陳列方式等，都可以影響價值的傳遞；亦即，在傳遞價值方面也可以提高分量。

(三)保有價值（Value-Keep）：售後服務、產品的保證、保障、客製化的服務等，都是形塑持續正向價值認知的決定性因素。

三.價格設定在產品理念構思之初就開始了

其實，價格設定高、低或中價位，在產品理念構思之初期就應該開始了。當我們設想這個新產品將是具有創新性、高品質、高價值感的時候，就知道這也將是我們高價位品項的一種。

四.價格終將被遺忘，只有產品的品質還在

所謂「一分錢，一分貨」，即代表價格與品質，價值是同一方向的，高價格就必然是高品質。價格常常很短暫，而且很快會被遺忘；很多消費者行為研究，就算是剛買的東西，有時也想不起它具體的價格。

但是產品的品質水準認知，不管是好還是壞，都會伴隨著我們。

小結

1. 記住，最根本的購買動力，源自於顧客眼中的認知價值（Perceived-Value）。

2. 只有讓顧客感受到價值，才能創造顧客購買的意願。

3. 若能強烈讓顧客感受到價值創新與出色的傳遞價值，會讓顧客更願意付錢購買。

4. 行銷經理人應該協同公司的研發團隊及商品開發團隊，努力去創造三種價值：
   (1)創新價值；(2)傳遞價值；(3)保有價值。

5. 行銷經理人必須確保產品的高品質，並且不斷加以改良、改造、升級、強化及全面提升。

提升顧客對品牌的認知價值，價值三種類

| 1. 創新價值 | 2. 傳遞價值 | 3. 保有價值 |

價格＝價值＝對顧客的價值

| 1. 價格 | 2. 價值 | 3. 對顧客的價值 |

確保及提升高品質！

不斷改良、不斷升級價值感！

Unit 16-14
成功的高價策略

高價→高毛利→高利潤，似乎是一個邏輯；但顧客只有在確保能獲得高價值產品或服務時，才會支付高價格。而且，如果取高價，但銷售量不足時，高價定位也不會成功。

一.成功高價定位的案例

以國內市場為例來看，取高價策略的有：

1.家電產品：SONY、Panasonic、日立、大金、象印、膳魔師、虎牌等。

2. iPhone、iPad、三星Galaxy S系列手機、SONY Xperia手機等。

3.汽車產品：賓士（BENZ）、BMW、Lexus（凌志）、賓利等。

4.化妝業產品：Sisley、Lamer、雅詩蘭黛、蘭蔻、Dior、SK-Ⅱ等。

二.高價策略的成功因素

(一)優異的價值是必備條件：

只有為顧客提供更高的產品附加價值，高價品牌的定價策略才會成功。

(二)創新是基礎：

創新是持續成功的高價品牌的定價基礎，這種創新可指革命性創新或持續不斷的改進，永遠追求更好。

(三)始終如一的高品質是必備條件：

要確保產品品質與服務品質，都是高端的。

(四)高價品牌擁有強大的品牌影響力：

高價策略的支撐，在於品牌的高級形象所致。

(五)高價品牌在廣告定價上投入資金：

高價品牌每年都會投入適當的廣告費用，以維繫品牌聲量與曝光度。

(六)高價品牌儘量避免太多的促銷：

促銷與打折會危害品牌的高價定位，除了週年慶外，應儘量避免促銷活動。

高價策略的成功因素

1. 優異的附加價值是必要條件

2. 創新是基礎

3. 始終如一的高品質是必備條件

4. 擁有強大的品牌影響力

5. 在廣宣上投入適當資金

6. 應儘量避免太多促銷活動

成功高價定位的案例

Sony家電	Panasonic 家電	日立家電	大金冷氣
象印家電	iPhone	三星手機	SONY手機
BENZ汽車	BMW汽車	Lexus汽車	Sisley
雅詩蘭黛	蘭蔻	Dior	SK-II

Unit 16-15
成功的特高價奢侈品定價策略

圖解財務管理

高價商品再上去就是名牌精品的奢侈品了。

一.奢侈品的案例：

例如歐洲的名牌精品，包括：

LV、Gucci、Chanel、Dior、Hermes、Burberry、PRADA、Cartier、ROLEX、百達斐麗、愛彼錶、伯爵錶、OMEGA錶、寶格麗等均屬之。

這些特高價名牌精品的價格高，利潤也極高。

二.奢侈品定價策略的成功因素：

1.奢侈品必須永遠保持最好等級的產品性能、設計品質。

2.聲望效應是重大推動力：奢侈品具有傳達和給予非常高的社會聲望。

3.價格既能提升聲望效應，又是反映品質的指標。

4.設定產量上限，形成稀少性感受。

312

5.嚴格避免折扣，打折的活動。這會損害產品、品牌或公司形象，而且會使產品價值加速消失。

6.頂尖人才必不可少：

每個員工的素質都必須達到最高標準，工作表現必須達到最高水準。這包括在整條價值鏈上，從設計、製造、品管、銷售、行銷廣宣到專賣店銷售人員的儀容等。

7.掌控價值鏈是非常有利的。

8.遵守「高價格，低產量」原則。

歐洲奢侈品品牌案例

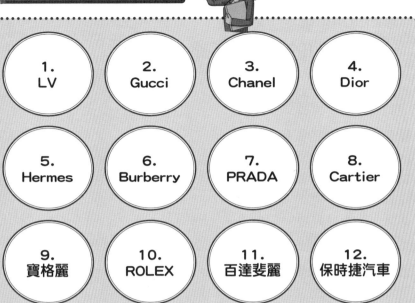

1. LV	2. Gucci	3. Chanel	4. Dior
5. Hermes	6. Burberry	7. PRADA	8. Cartier
9. 寶格麗	10. ROLEX	11. 百達斐麗	12. 保時捷汽車

奢侈品極高訂價策略的成功因素

1.永遠保持最好等級的性能設計與品質

2.聲望品牌效應是重大推動力

3.價格能反映高品質的指標

4.設定產業上限，形成稀少性

5.嚴格避免折扣或打折促銷活動

6.頂尖人才必不可少

7.掌控整個價值鏈，確保品牌價值

Unit 16-16
成功的低價策略

低價定位也可能取得商業上的成功。

一.低價定位成功的案例

1.國外案例：Wal-Mart（沃爾瑪）量販店、IKEA居家店、H&M、ZARA及UNIQLO服飾連鎖店、國外的廉價航空（如愛爾蘭的瑞安航空）、美國Dell電腦、美國Amazon亞馬遜網購等。

2.國內案例：COSTCO（好市多）、家樂福、路易莎咖啡連鎖店、五月花衛生紙，其他諸多的茶飲料、礦泉水、蛋糕、小火鍋和虎航廉價航空等品牌。

二.低價策略的成功要素

1.經營非常有效率：

所有成功的低價定位公司，都是基於極低的成本和極高的運作效率來經營。這使得他們儘管以低價銷售產品，卻依然有很好的毛利及獲利。

2.確保品質穩定並始終如一：

如果產品的品質不好和不穩定，即使以低價出售，成功也是不可能的。持續的低價成功，需要有穩定且始終如一的品質。

3.採購高手：

這意味在採購上立場強硬。

4.推出自有品牌：

例如：沃爾瑪、好市多、家樂福、Dell電腦……等，均是推出低價的自有品牌供應給消費者。

5.定位清楚：

低價公司一開始就定位在低價格及穩定品質的經營政策上。

6.鎖定最低成本生產：

尋找最低勞工工資及最低原物料生產的地方製造，以確保低成本生產。

低價定位成功的案例

Wal-Mart（沃爾瑪）	COSTCO（好市多）	IKEA（宜家家居）	UNIQLO
H&M	ZARA	Dell	Amazon（亞馬遜）
家樂福量販店	路易莎咖啡店	momo網購	虎航（廉價航空）

低價策略的成功要素

1.經營非常有效率

2.確保品質穩定並始終如一

6.鎖定最低成本生產

3.採購高手

5.定位清楚

4.推出自有品牌

Unit 16-17
成功的中價位策略

中價位策略也是經常見到的，特別是針對中產階級及中階所得的顧客。

一.成功中價格定位的案例

以國內市場為例來看，取中價位策略的有：

1.手機：華為、OPPO、vivo、三星A系列等品牌。

2.家電：東元、大同、歌林等品牌。

3.餐飲：陶板屋、西堤等品牌。

4.汽車：TOYOTA的Camry品牌。

5.化妝保養品：資生堂、萊雅、植村秀等品牌。

二.中價位策略的成功因素

中價位策略成功的因素，可以歸納如下：

1.具有中高等級與穩定的品質水準。

2.具有一定的品牌知名度與品牌形象。

3.消費者有物超所值感及一定特色。

4.以中產階級及中等所得水準的顧客為對象。

5.消費者的心理狀態為：不放心太低價的品質水準，不追逐太高價格的虛榮心。

三.中價位策略為何能夠存在

一般認為在M型消費的社會中，企業定價應該儘量尋找高價位及低價位兩端方向走，而認為中價位的市場空間不大。不過，這幾年的市場發展顯示，在社會裡占有一群為數不少的中產階級或中等薪水收入者，他們需求的仍是中價位的定價事實存在。

這一群人的消費特質是：既不放心太低價的低層次品質水準，但也不會去追逐太高價的奢侈品牌水準，他們要的是介於高價與低價二者間的中價位定價。

事實上，以中價位為定價的品牌有愈來愈多的趨勢。

成功中價位定位的案例品牌

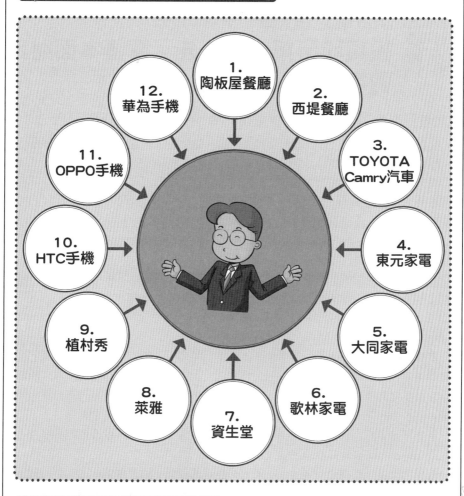

1. 陶板屋餐廳
2. 西堤餐廳
3. TOYOTA Camry汽車
4. 東元家電
5. 大同家電
6. 歌林家電
7. 資生堂
8. 萊雅
9. 植村秀
10. HTC手機
11. OPPO手機
12. 華為手機

中價位策略的成功因素

1. 具有中高等級與穩定的品質水準

2. 具有一定的品牌知名度與品牌形象

3. 消費者有物超所值感及一定特色

4. 以中產階級及中等所得水準顧客為對象

5. 不放心太低價格的品質水準，不追逐太高價格的虛榮心

Unit 16-18
投資股票第一課：先了解基本面財務數字

圖解財務管理

一.股票投資先了解基本面，首重殖利率、ROE、EPS、穩定配息。

投資股票並不是每天要盯著盤面殺進殺出，如果能做好選股的功課，選擇殖利率高、穩定的公司，長期持有，穩穩領股息，這是未來理財規劃很重要的一課。

臺灣上市櫃公司在2021年EPS（每股稅後純益）超過十元，也就是一年賺超過一個股本的公司超過169家，創歷史新高紀錄。股王大立光2021年每股稅後純益EPS為139.28元，大立光連續五年EPS超過100元，這是資本市場難得的記錄。2022年Q2大立光毛利率達55.82%，營業利益率達41.71%，ROE（股東權益報酬率）達3.42%，這是大立光代表臺灣最高EPS的成長型公司。

具臺灣之光形象的台積電，財報數字亮眼，從2022年Q2財務指標來看，台積電毛利率59.06%，營業利益率49.07%，ROE為10.13%，每股淨值達96.27元。

二.要在乎股價！

臺灣的資本市場就像是一個秀場，每一家公司經營者都走在伸展臺上，臺下的觀眾就是投資人。這些觀眾會給走秀的人打成績，上市櫃公司每季都要交一次成績單，而年報是年度最重要的成績單，可以檢視過去一年經營團隊的成果，同時也決定經營者要分潤多少經營成果給臺下當啦啦隊的小股東，這是資本市場的生態。

有些經營者說「我不在乎股價」，其實，這個觀念是錯的，股價是經營者身上穿的外衣，也是公司經營形象的延伸。

最簡單來說，股價是市場給予一家公司評定的價值，股價高與低，延伸的效果一定不一樣。例如：每年企業都會到學校去招攬人才，大家可發現股價高、市值高的企業門庭若市，那些低價公司一定乏人問津。

對投資人來說，把一生積蓄選擇好的公司投資，這是自己財富增值重要手段。

總之，高股息、高EPS、高獲利、高市值、高ROE等，都是投資人可以長期追蹤投資的好公司。

投資股票第一課：先了解基本財務數字

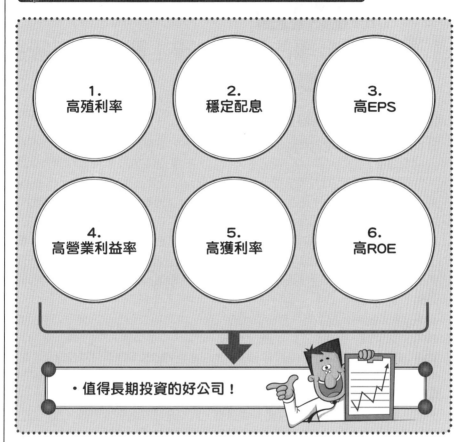

1.
高殖利率

2.
穩定配息

3.
高EPS

4.
高營業利益率

5.
高獲利率

6.
高ROE

・值得長期投資的好公司！

投資股票第二課：選擇好的經營者

第一課：
先了解基本財務數字

第二課：
選擇好的經營者

Unit 16-19
資本市場的聖山之寶：高殖利率吸引外資青睞

一.殖利率名列前茅，臺股最大屏障

外資青睞臺股，最大憑藉就是臺股的高殖利率。臺灣資本市場的高殖利率在全世界一向名列前茅，從全市場的報酬率來看，上市櫃公司2021年現金股利高達2.35兆元，整體殖利率高達4.2%高居首位，這個高殖利率已成臺股最大屏障。超過3%的只有歐元及新加坡，然後是2%左右的市場，有東協的馬來西亞、印尼、泰國、香港、中國、2%以下的是日本、美國、韓國、菲律賓。

台塑四寶2021年配出1,760億元，表現出色，股息穩定的中華電信這十年配出3,917億元股息，台積電2022年配出2,852億元股息。過去八年間，台積電配出1兆1,000億元，堪稱是臺股最大的配息大戶，這也是台積電外資持股比率高達77%的最重要原因了。

臺灣具代表性的公司都具有殖利率高的特質，2022年公布台塑四寶中的南亞高達8.35%、台塑7.7%、台化5.7%、台塑化也有3.97%。中華電信力守4%以上，台泥也有7.8%；廣達7.8%、華碩18.1%、中鋼3.97%、國巨13.8%、南亞科技11.8%之高。

二.臺灣資本市場質變，長線投資者增加

臺灣的資本市場這些年正發生質變與量變。首先是成交量逐漸下降，這是因為投資人逐漸減少短線進出，很多績優公司，像台積電股本2,593億元，但成交量只有一萬多張。也就是說，長線投資者增加，而短線投機客減少，股市週轉率下降，很多好公司逐漸成為有錢人長期的投資標的。

第二個變化是過去投資人喜歡賺價差，現在很多人重視股息回報的概念。大家會開始計算殖利率，尤其是每年配息穩定的公司，如果年年都保持3%～5%的穩定息率，這會比投資房地產更受到青睞。

高股息回報也會逐漸成為外資投資的最大誘因，因臺股的高殖利率也會成為臺灣資本市場最重要靠山。大家只要拿美股、中國深滬股市及香港股市的殖利率比較一下，就可知道臺灣資本市場具有多麼大的吸引力。

殖利率達5.34%，成臺股最大屏障

**2022年9月臺灣上市櫃公司
整體殖利率達5.34%**

・成為外資投資臺灣最大動機！
・長線長期投資者增多！

高殖利率的個股表現

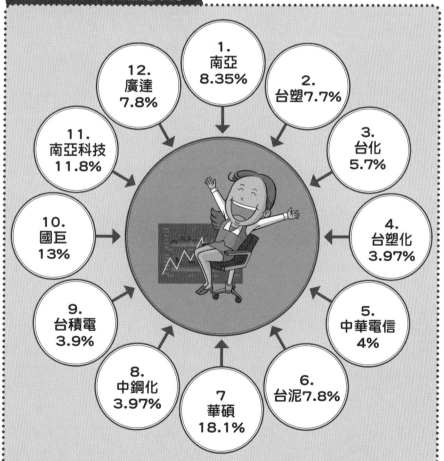

1.
南亞
8.35%

2.
台塑7.7%

3.
台化
5.7%

4.
台塑化
3.97%

5.
中華電信
4%

6.
台泥7.8%

7
華碩
18.1%

8.
中鋼化
3.97%

9.
台積電
3.9%

10.
國巨
13%

11.
南亞科技
11.8%

12.
廣達
7.8%

附錄——財務企劃實例

〈個案1〉某公司申請銀行「中長期聯貸」企劃案

壹.成立中長期聯貸專案工作小組暨任務分配

一.營運企劃書撰寫組。

二.會計報表組。

三.財務接洽組。

貳.預計工作時程表與工作事項

一.提供主辦銀行及參貸銀行營運企劃書（未來五年計畫）。

二.與主辦銀行洽商聯貸條件：

(一)利率。

(二)擔保品／抵押品。

(三)聯貸總額。

(四)償還期限及償還方式。

(五)連帶保證人。

(六)其他條件（例如：資金限定用途、限定使用方式、加附擔保品等）。

三.與各參貸銀行洽談參與聯貸意願。

四.主辦及參貸銀行參訪本公司並聽取本公司簡報。

五.主辦銀行邀請各參貸銀行及本公司舉行聯貸說明會。

六.主辦銀行內部承辦單位完成放款評估報告。

七.各參貸銀行承辦單位完成放款評估報告。

八.主辦銀行及參貸銀行將本放款案提報董事開會核定通過。

九.完成與主辦銀行、參貸銀行及律師對放款合約內容確定及簽約手續。

十.董事會通過後，主辦銀行及參貸銀行相關後續手續完成。

十一.正式撥款。

參.安排本公司高階主管及董監事分別拜訪各參貸銀行高階主管，爭取參與聯貸作業

肆.預計十家參與本次聯貸之銀行（分行）及可能參貸額度匯總表

伍.完成期限時間表

陸.結論

〈個案2〉某公司「上市審議委員會」簡報企劃案

壹.產業現況及前景說明

一.產業規模現況。　　　　　　二.產業價值鏈分析。

三.產業獲利主力架構分析。　　四.產業競爭優勢與關鍵成功因素所在。

五.產業生命週期分析。　　　　六.產業技術發展。

七.國內與國外競爭同業概況。　八.產業前景。

貳.公司經營管理現況

一.公司組織架構與人員分析。　二.公司經營團隊。

三.公司主要營運項目。　　　　四.公司產能介紹。

五.公司主要顧客分析。　　　　六.公司董事成員與持股比例説明。

七.公司內部管控説明。　　　　八.公司競爭優勢與核心專長分析。

九.公司未來三年重大發展計畫説明。

參.市場競爭分析

一.市場占有率分析。

二.主要競爭者各項指標分析。

三.品牌地位分析。

四.如何維繫並提升市場占有率計畫説明。

五.全球競爭趨勢分析與因應對策説明。

肆.本公司財務績效

一.過去歷年損益表概況：(一)營收成長。　　　　(二)獲利成長。

二.財務結構各種指標強化概況：

1.自有資金比例。	2.負債比率。	3.獲利率。
4.EPS（每股盈餘）。	5.ROE（股東權益投資報酬率）。	6.利息保障倍數。
7.應收帳款周轉天數。	8.流動及速動比例。	

三.現金流量穩健。

四.轉投資效益分析説明。

五.股利政策。

六.未來三年重大財務計畫（配合營運計畫）。

伍.未來五年本公司發展策略規劃與願景

陸.結語

〈個案3〉某電視公司「私募增資」說明書

壹.產業概況介紹

一.產業價值鏈說明。

二.產業主要競爭者說明。

貳.本電視公司發展介紹

一.本電視公司發展歷程。

二.本電視公司營運現況說明。

三.本電視公司主要競爭優勢。

四.本電視公司營運策略及市場定位。

五.本電視公司未來成長契機分析。

六.未來二年內上市（櫃）計畫。

參.本次增資資金需求規劃

一.改善財務結構。

二.擴增採購先進設備。

三.增資效益分析。

肆.財務預測

一.歷年（五年）財務資料。

二.今年上半年財務績效暨未來五年財務預測：

(一)上半年損益狀況。

(二)未來五年預估損益表。

(三)未來五年資產負債表。

(四)未來五年現金流量表。

(五)未來五年股東權益變動表。

伍.募股計畫

一.本次增資總股數及總金額。

二.每股價格。

三.募股時間。

陸.附件

• 〈個案4〉某百貨公司發行「有擔保公司債」公開說明書 •

壹.摘要

一.種類：有擔保普通公司債。

二.金額：新臺幣○○億元整。

三.利率：甲、乙兩券，年利率皆為4.25%。

四.發行條件：發行總額為新臺幣○○億元整。每張面額均為新臺幣一百萬元整，共計○百張。本公司債期限為五年，依發行日期之不同，分為甲、乙兩種券。甲券發行金額為新臺幣○億元整、乙券發行金額為新臺幣○億元整。甲、乙兩券每年單利制、付息一次，各券皆自發行日期到期一次還本。

五.公開承銷比例：不適用。

六.承銷及配售方式：私募。

七.本次資金運用計畫之用途：償還借款，節省利息支出。

八.預計可能產生效益概要：請參閱本文。

貳.公司概況

一.公司簡介。　　　　二.公司組織。　　　　三.資本及股份。

參.營運概況

一.公司之經營。　　　　　　　二.固定資產及其他不動產。

三.轉投資事業。　　　　　　　四.重要契約。

五.營運狀況及其他必要補充說明事項。

肆.營業與資金運用計畫

一.本年度營業計畫概要。　　　　二.產銷計畫。

三.處分或取得不動產或長期投資計畫。　四.本次計畫分析。

伍.財務狀況

一.財務分析。　　二.財務報表。　　三.財務概況及其他重要事項。

陸.特別記載事項

一.內部控制制度執行狀況。　　　　二.信用評等報告。

三.證券承銷商評估總結意見。　　　　四.律師法律意見書。

五.經會計師覆核之案件檢查表匯總意見。

六.本次募集與發行有價證券於申報生效（申請核准）時，經證交所通知應補充揭露事項。

〈個案5〉國際知名券商「實地訪查」提問問題

壹.第一天實地訪查

一.公司沿革介紹（Corporate History）。

二.法規環境及關鍵特許條件（Regulatory Environment and Key License Terms）。

三.公司股東（董事會）結構（Shareholding Structure）。

四.公司及其子公司結構重組（Restructuring）。

五.公司長期貸款（Loan）。

六.集團的事業模式（Business Model of Group）。

七.歷史性財會報表（Historical Financials）：

(一)一般綜論（General Overview）。　(二)營收（Revenue）。

(三)營運成本（Operating Expense）。　(四)稅負（Taxation）。

(五)流動資產（Current Assets）。

(六)應收帳款（Account Receivables）。

(七)固定資產（Fixed Assets）。

(八)負債（Liabilities）。

(九)應付帳款（Account Payable）。

(十)其他資產與負債（Other Assets and Liabilities）。

八.財務預測（Financial Projections）：

(一)事業預測（Business Projections）。

(二)資本支出（Capital Expenditure）。

貳.第二天實地訪查

一.一般環境綜論（General Macro Environment）。

二.國內○○產業概況（Overview of ○○ Industry）。

三.競爭環境（Competitive Environment）。

四.公司營運策略（Corporate Business Strategy）。

五.顧客、產品及收入（Customer, Product, and Revenue）。

六.加值服務（Value Added Service）。

七.銷售與行銷（Sales and Marketing）。

八.顧客服務及收款（Customer Service and Billing）。

九.網路系統（Network System）。

十.管理與人力（Management Employes）。

十一.法令（Legal）。

十二.其他項目。

〈個案6〉某電視公司「影片及節目」鑑價報告書

壹.產業概況

貳.○○電視頻道經營現況

參.價值評鑑

　一.基本說明（鑑價方法）：

　　(一)成本法（Cost Based Methodology）：

　　　1.歷史成本法。

　　　2.重置成本法。

　　(二)市價法（Market Based Methodology）：

　　　1.淨變現價值法。

　　　2.清算價值法。

　　　3.併購價值法。

　　　4.Tobin Q 係數法。

　　(三)經濟效益法（Economy Based Methodology）：

　　　1.市場餘額法。

　　　2.淨現金流量折現法。

　二.評鑑標的內容：自我版權之節目與影片數量。

　三.限制因素說明。

　四.鑑價假設。

　五.重要參考資料匯總。

　六.價值評鑑說明。

　七.價值評鑑結果說明：○○億元。

肆.結論

伍.附件

〈個案7〉某醫美集團募資計畫書

壹.產業與市場分析：

一.臺灣醫美產業與市場概況分析。

二.中國大陸醫美產業概況分析。

三.臺灣醫美產值規模概況與未來成長遠景分析。

四.產業五力架構分析。

貳.競爭分析

一.國內主要醫美競爭業者概況分析。

二.○○醫美集團在市場領導地位分析。

三.○○醫美SWOT分析。

參.○○醫美成立歷史概述及其經營理念

一.成立歷史概述。

二.經營理念（五大承諾）。

肆.○○醫美組織架構與經營團隊說明

一.組織架構說明。

二.經營管理團隊說明。

伍.○○醫美發展願景與競爭優勢分析

一.未來長程發展願景目標。

二.競爭優勢分析。

陸.○○醫美集團未來五年的成長策略與重點營運計畫說明

一.未來短中長期的成長策略與成長方向。

二.未來重點營運計畫說明：

(一)診所事業的重點計畫。

(二)產品事業的重點計畫。

(三)海外事業（大陸及東南亞）的重點計畫。

(四)電子商務事業的重點計畫。

柒.○○醫美集團過去三年損益概況暨未來五年財務預測

一.過去三年損益概況。

二.未來五年（2023～2027）損益表預估。

三.資產負債表預估。

四.現金流量表預估。

捌.募資說明

一.現有資本額與預計募資金額（增資新股）。

二.董監事席位安排。

三.預計募資時程。

玖.風險評估與因應對策

拾.附件

〈附記〉

成功爭取外面投資的九項要件：

(一)董事長（創辦人老闆）的個人魅力及是否正派與專業經營。

(二)公司經營（管理）團隊是否堅強。

(三)是否在該行業的前三大領導品牌。

(四)募資計畫書的撰寫水準與可行性。

(五)該公司是否具備競爭優勢與核心競爭力。

(六)該公司所在的產業前景與成長性如何。

(七)財務報表達成的可行性。

(八)過去經營的成就如何。

(九)該公司未來展望與發展潛力如何。

國家圖書館出版品預行編目資料

圖解財務管理／戴國良著. －－三版. －－臺
北市：五南圖書出版股份有限公司, 2022.12
　　面；　公分
ISBN 978-626-343-507-0 (平裝)

1.CST:財務管理

494.7　　　　　　　　　　111017881

1FRP

圖解財務管理

作　　者 ― 戴國良

發 行 人 ― 楊榮川

總 經 理 ― 楊士清

總 編 輯 ― 楊秀麗

主　　編 ― 侯家嵐

責任編輯 ― 侯家嵐

文字校對 ― 許宸瑞

內文排版 ― 張淑貞

封面完稿 ― 王麗娟

出 版 者 ― 五南圖書出版股份有限公司

地　　址：106台北市大安區和平東路二段339號4樓

電　　話：(02)2705-5066　　傳　　真：(02)2706-6100

網　　址：https://www.wunan.com.tw

電子郵件：wunan@wunan.com.tw

劃撥帳號：01068953

戶　　名：五南圖書出版股份有限公司

法律顧問　林勝安律師事務所　林勝安律師

出版日期　2012年1月初版一刷
　　　　　2016年9月初版六刷
　　　　　2018年5月二版一刷
　　　　　2019年10月二版二刷
　　　　　2022年12月三版一刷

定　　價　新臺幣450元

經典永恆·名著常在

五十週年的獻禮——經典名著文庫

五南，五十年了，半個世紀，人生旅程的一大半，走過來了。

思索著，邁向百年的未來歷程，能為知識界、文化學術界作些什麼？

在速食文化的生態下，有什麼值得讓人雋永品味的？

歷代經典·當今名著，經過時間的洗禮，千錘百鍊，流傳至今，光芒耀人；

不僅使我們能領悟前人的智慧，同時也增深加廣我們思考的深度與視野。

我們決心投入巨資，有計畫的系統梳選，成立「經典名著文庫」，

希望收入古今中外思想性的、充滿睿智與獨見的經典、名著。

這是一項理想性的、永續性的巨大出版工程。

不在意讀者的眾寡，只考慮它的學術價值，力求完整展現先哲思想的軌跡；

為知識界開啟一片智慧之窗，營造一座百花綻放的世界文明公園，

任君遨遊、取菁吸蜜、嘉惠學子！